建设工程精品范例集

2019

张宁宁　主编

东南大学出版社
SOUTHEAST UNIVERSITY PRESS
南　京

图书在版编目（CIP）数据

建设工程精品范例集 .2019 / 张宁宁主编 .—南京：东南大学出版社，2020.6
 ISBN 978-7-5641-8910-5

Ⅰ.①建… Ⅱ.①张… Ⅲ.①建筑工程－工程施工－案例－中国－现代 Ⅳ.① TU7

中国版本图书馆 CIP 数据核字（2020）第 090995 号

建设工程精品范例集（2019）
Jianshe Gongcheng Jingpin Fanli Ji (2019)

主　　编	张宁宁
出版发行	东南大学出版社
社　　址	南京四牌楼 2 号　邮编：210096
出 版 人	江建中
网　　址	http://www.seupress.com
电子邮件	press@seupress.com
经　　销	全国各地新华书店
印　　刷	南京文瑞印务有限责任公司
开　　本	700 毫米 ×1 000 毫米　1/16
印　　张	16.25
字　　数	336 千
版　　次	2020 年 6 月第 1 版
印　　次	2020 年 6 月第 1 次印刷
书　　号	ISBN 978-7-5641-8910-5
定　　价	168.00 元

本社图书若有印装质量问题，请直接与营销部联系。电话（传真）：0.25-83791830

《建设工程精品范例集》编写委员会

主任委员：张宁宁

委　　员：（按姓氏笔画排序）

丁舜祥　于国家　王静平　成际贵　伏祥乾

任　仲　纪　迅　孙振意　杨国忠　时建民

张大春　张俊春　陈海昌　赵正嘉　赵铁松

徐宏均　蔡　杰　薛乐群

主　　编：张宁宁

副 主 编：纪　迅　于国家　成际贵　蔡　杰　任　仲

编　　审：赵正嘉　张大春

编　　撰：赵铁松　钱　亮　谢　伟　吴碧桥　李国建

陈惠宇　陈　辉　庞　涛　周　阳　马　俊

主编单位：江苏省建筑行业协会

序

  2019年，是中华人民共和国成立70周年。新中国成立以来，建筑业的国民经济支柱产业地位逐步确立，作用日益突出。江苏建筑业在江苏省委、省政府的正确领导下，产业规模持续扩大，建造能力不断增强。在改善城市、城镇和城乡面貌，解决劳动力就业，满足人民美好生活需求，打造"江苏建造"品牌等方面作出了重要贡献。

  建设工程是建筑业辉煌成就的集中体现。70年来，我省广大建筑业企业和建设者们砥砺前行，建成了一大批高、大、难、尖的精品工程。为将江苏建筑业蓬勃发展所取得的成果及时展示给社会，我会于2018年编撰了《建设工程精品范例集》，并出版发行，得到了业内及社会的广泛关注和认可，获得一致好评。为此我会继续开展《建设工程精品范例集（2019）》编撰工作。

  本书详细介绍了荣获2018年度中国建设工程"鲁班奖""国家优质工程奖"，以及部分质量评价为精品的"华东地区优质工程奖"、江苏省优质工程"扬子杯"等奖项的工程创建的全过程。尤其以江苏大剧院为代表的文化设施工程、以西津音乐厅及实验剧场为代表的古建重建工程、以蠡湖香樟园为代表的住宅工程、以苏州中心广场D地块7#楼为代表的酒店写字楼工程，等等，这些工程的质量均达到了国内领先水平，为江苏经济发展、文化建设、民生改善和基础设施建设等发挥了巨大促进作用。我会认为，书中所展示工程的创建心得值得我省从业者学习和借鉴，故决定继续组织编撰《建设工程精品范例集》，希望此书能够激励我省3万余家建筑业企业和800余万从业者，继续秉持"精益求精、追求卓越"的工匠精神，建设出更多代表"江苏建造"品牌的经典工程。

  习近平总书记在党的十九大报告中指出："我国经济已由高速增长阶段转向高质量发展阶段。"党的十九大报告提出的这一重大判断为建筑业的发展指明了方向。新时代成就新伟业，新伟业造就新英雄。让我们坚持以习近平新时代中国特色社会主义思想为指导，贯彻落实党的十九大精神，牢固树立和自觉践行新发展理念，加快我省建筑业改革发展，提升"江苏建造"品牌的含金量和影响力，为建设"强富美高"新江苏作出应有的贡献。

张宁宁

二〇一九年十二月二十八日

目　录

1　苏州中心广场 D 地块 7# 楼
　　——中亿丰建设集团股份有限公司 ………………………………………… 1

2　江阴江南水务业务用房
　　——江阴建工集团有限公司 …………………………………………………… 9

3　南京青奥体育公园项目——市级体育中心体育馆
　　——南京建工集团有限公司 …………………………………………………… 17

4　无锡 XDG-2009-41 号 2-6 蠡湖香樟园 1#-6# 楼及地下车库工程
　　——江苏南通二建集团有限公司 ……………………………………………… 25

5　江苏大剧院
　　——中国建筑第八工程局有限公司 …………………………………………… 34

6　扬州西部交通客运枢纽工程
　　——江苏扬建集团有限公司 …………………………………………………… 42

7　镇江西津音乐厅及实验剧场
　　——镇江建工建设集团有限公司 ……………………………………………… 50

8　宿迁恒力国际大酒店
　　——南通四建集团有限公司 …………………………………………………… 58

9　南通星湖城市广场 A 标工程
　　——南通建工集团股份有限公司 ……………………………………………… 66

10　中国医药城（泰州）会展交易中心二期工程
　　——中国江苏国际经济技术合作集团有限公司 ……………………………… 74

11　泰州数据产业园综合楼（三期）
　　——江苏扬建集团有限公司 …………………………………………………… 82

12	海门市公共资源交易中心等服务型项目	
	——龙信建设集团有限公司	89
13	盐城金融城4#楼	
	——江苏中南建筑产业集团有限责任公司	96
14	江苏盱眙农村商业银行股份有限公司营业大楼	
	——江苏南通六建建设集团有限公司	103
15	苏州科技城医院	
	——中亿丰建设集团股份有限公司	114
16	扬州长青大厦3＃楼及裙房、4＃楼、地下室	
	——江苏省江建集团有限公司	123
17	盐城国投嘉园酒店写字楼	
	——江苏金贸建设集团有限公司	134
18	江苏太仓市金融大厦	
	——江苏南通三建集团股份有限公司	143
19	万科溧水2014G01A-05A地块项目2-08#楼	
	——南京建工集团有限公司	150
20	中国移动（江苏无锡）数据中心二期工程	
	——江苏无锡二建建设集团有限公司	155
21	济南宜家家居商场项目	
	——中亿丰建设集团股份有限公司	161
22	苏州同程网研发办公楼项目	
	——中亿丰建设集团股份有限公司	169
23	苏州工业园区设计院办公大楼工程	
	——中亿丰建设集团股份有限公司	176
24	金湖县城南新区九年一贯制学校	
	——振华集团（昆山）建设工程股份有限公司	185

25	南通高新区科技之窗A区A1、A2和B区工程	
	——南通新华建筑集团有限公司……………………………………	192
26	连云港凤祥铭居住宅小区一期工程（10#、13#、14#）	
	——江苏省苏中建设集团股份有限公司…………………………………	201
27	扬州科技综合体项目（西区）工程	
	——江苏邗建集团有限公司………………………………………………	208
28	江苏省交通技师学院1#楼	
	——江苏润祥建设集团有限公司…………………………………………	217
29	盐城市串场河小学（教学楼、1#连廊、2#连廊）	
	——江苏省千和建设工程有限公司………………………………………	222
30	徐州嘉源大厦	
	——江苏集慧建设集团有限公司…………………………………………	228
31	徐州茶庵220 kV变电站工程	
	——徐州送变电有限公司…………………………………………………	235
32	常州西太湖220 kV变电站工程	
	——常州润源电力建设有限公司…………………………………………	242

1 苏州中心广场D地块7#楼

——中亿丰建设集团股份有限公司

一、工程概况

苏州中心广场D地块7#楼即苏州W酒店，位于苏州工业园区星港街与苏惠路交叉口，总建筑面积约9.5万 m²，建筑高度168 m。其中，地下3层，主要为停车场及设备用房；地上38层，1～4层为各类宴会及会议厅，5～10层为公寓，11～38层为客房及餐厅。

本工程由苏州工业园区金鸡湖城市发展有限公司投资，中亿丰建设集团股份有限公司总承包施工，上海市政工程设计研究总院（集团）有限公司和中衡设计集团股份有限公司设计，上海建科工程咨询有限公司监理。工程于2013年6月5日开工，2017年5月18日竣工。

苏州W酒店是江苏省首家绿色全数字

图1-2　苏州中心广场D地块7#楼特写图

智能酒店，苏州W酒店带着纽约城的新潮与时尚，熠动金鸡湖。W酒店的绽放，不但提升了苏州工业园区的世界影响力，更是成为金鸡湖商圈一颗璀璨的明珠，经一年多使用，未发现质量问题，得到使用方和社会各界的一致肯定和赞誉。

二、工程创优

中亿丰建设集团股份有限公司本着"以工匠之魂打造时代精品"的初心在创精品工程的道路上下求索，铸就了中亿丰创优"五步法"，即"一种精神、两个定位、三个重点、四个抓手、五大成果"。一种精神——鲁班精神：中亿丰从1999年获得第一个鲁班奖开始，就对鲁班文化"传承规矩，创新工具，精美建筑，诚信服务"情有独钟，对鲁班文化的核心"鲁班精神"更有独特的见解，即"妙、巧、精、新、准、义"。妙——妙思（独特巧妙的思维和构想），

图1-1　苏州中心广场D地块7#楼外立面图

巧——巧做（运用合理的方案与方法，最大化地发挥生产力），新——创新（善于发明新技术、新工艺），精——精细（严格要求工艺纪律精工细作），准——准确（工料精确计算），义——排忧解难（帮助他人，用智慧解决工程难题而从不索取）。十余年来中亿丰从国营到民营，在激烈的市场竞争中披荆斩棘，追逐梦想，为城市发展增添新的价值，为社会经济发展和百姓安居乐业提供最优质的建筑产品与服务。两个定位——团队和项目：团队包括业主方、设计方、监理方、总承包方及专业分包等所有创优参与方，总承包方是创奖的责任主体，在鲁班奖创建的全过程中起主导作用，主持各个层级的创优策划，确定创优方案，对工艺、材料、施工进行全方位的监督和把控，确保成型质量，与业主、设计、监理、政府等相关单位保持良好的沟通，建立共同协作的关系，将所有专业分包都纳入总体质量管理体系中，以同一个标准为前提，合理地组织协调各专业的施工，使各方目标一致，为创鲁班奖工程共同努力；项目的定位为设计理念先进、建筑方案新颖、建造过程绿色、施工技术先进、建设过程合规、项目管理科学。三个重点——策划、深化、美化：策划要考量策划跨度、策划广度、策划深度，做到全过程策划、全方位策划、全员参与策划；深化以综合图为目标，BIM为表现方式，联动设计院，各施工方参与共同完成；美化突出以人为本，保证结构安全，做出中亿丰特色。四个抓手——考核、激励、检查、总结：考核以《中亿丰工程创优管理实施办法》为依据，集团与项目部签订创优管理目标责任书，通过月度考核、季度考核、专项考核确保目标实现；激励以物质激励和精神激励为主，每年会对创优过程中付出辛勤劳动的优秀管理人员颁发荣誉证书及发放奖金，为创优过程优秀人才提供上升通道；检查由集团和分公司责任部门组成联合检查组，按照《中亿丰国家级奖项项目检查综合评价表》进行打分；项目施工过程中收集优秀创优节点做法、工艺，制作成族库和虚拟交底动画，高效普及创优项目，组织召开年度创优总结大会，每年解决一类问题，在集团OA平台的知识中心内创建创优平台，将创优资料分享，编制《创鲁班奖优质工程指导文件》并且根据创优情况进行年度修编。五大成果——经验、成果、品牌、人才、效益：每一次创建鲁班奖工程，都会涌现一批具有丰富的创优工作经验、具备较高的组织管理水平的高级人才，涌现一批参与鲁班奖创建的组织指挥、创优策划、实施把关、工程资料编制、申报资料和汇报资料编制的创优骨干，涌现一批在鲁班奖创建工程中手艺精湛、创优意识强烈、富有工匠精神的能工巧匠，他们定期总结，将实践提取汇总成经验体系，通过讲座、交流、实践的方式分享、反馈、应用于项目，从而提升企业品牌、项目品牌、个人品牌，进而产生经济效益和社会效益。

三、工程质量管理

1. 地基与基础工程

7#楼桩基设计采用钻孔灌注桩。主楼桩径900 mm，桩长57.6～62.9 m。裙楼桩径700 mm，桩长33 m，190根；桩径800 mm，桩长53 m，46根。工程桩总数为470根（主楼234根，裙楼236根）。

88根（71根+17根）工程桩进行声波透射试验，抽查结果：Ⅰ类桩88根，占抽检总根数的100%，无Ⅱ、Ⅲ、Ⅳ类桩。57根工程桩进行低应变检测,抽查结果:Ⅰ类桩57根,占抽检总根数的100%,无Ⅱ、Ⅲ、Ⅳ类桩。静载共检测11根,全部合格。建筑设13个沉降观测点,累计最大沉降量30.54 mm,最后一次沉降速率0.01 mm/d,已趋于稳定。地下室防水等级二级,地下室配电间、地下室顶板(种植屋面)防水等级为一级,地下室筏板底面、外墙板迎水面及地下室顶板面采用聚合物水泥防水涂料,施工过程中细部处理规范,至今无渗漏现象。

图1-4　拉索式幕墙

图1-3　灌注桩钢筋笼检查和地下室防水检测

2. 主体结构

工程结构安全可靠、无裂缝;混凝土结构内坚外美,棱角方正,构件尺寸准确,偏差3 mm以内,轴线位置偏差4 mm以内,表面平整偏差4 mm以内,受力钢筋的品种、级别、规格和数量严格控制,满足设计要求,墙体采用ALC蒸压砂加气混凝土砌块及ALC板材,墙体工程施工中,严格按规范要求砌筑,垂直、平整度均控制在5 mm以内。

3. 装饰装修

工程外幕墙由横明竖隐玻璃幕墙系统、点支撑式玻璃组合系统、拉索玻璃幕墙系统等组成。玻璃幕墙面积约39 870 m²,安装精确,稳定牢固,节点处理严密。幕墙"四性"检测符合规范及设计要求。

内装墙面采用软硬包、石材、乳胶漆等面层装饰,内墙乳胶漆涂刷均匀;石材墙面垂直平整,阴阳角方正,接缝顺直,缝宽均匀。

图1-5　点支式幕墙

图1-6　软包墙面

图1-7　硬包墙面

大理石、花纹砖等,拼缝严密、纹理顺畅、收边考究。2.11万 m² 花纹地毯,平整服帖。

工程吊顶有石膏板吊顶、木饰面吊顶等,接缝严密,灯具、烟感探头、喷淋头、风口等位置合理、美观,与饰面板交接吻合、严密。

图1-8　花纹地毯

图1-9　石材地面

图1-10　木饰面吊顶

图1-11　灯具、烟感探头、喷淋头、风口等

4. 电梯工程

本工程共设置18台直梯,4台扶梯。电梯前厅简洁大方,墙面与电梯门套相结合,地面采用石材对缝铺贴,色调和谐统一;电梯、扶梯设计合理,运行平稳、安全可靠。

5. 屋面工程

屋面防水层采用1.5 mm厚聚合物防水涂料、4 mm厚SBS改性沥青防水卷材;保温层采用XPS保温板;50 mm厚防水细石混凝土。防水节点规范细腻,防水工程完工后经24 h闭水试验,使用至今无渗漏。屋面面层采用面砖饰面、景观绿化等多种形式,石材、面砖整体平整,景观绿化设置合理。

图1-12　扶梯

图1-13　电梯前厅

图 1-14 地砖屋面

图 1-15 种植屋面

6. 安装工程

174 400 m 电缆、桥架安装横平竖直；接地规范可靠，电阻测试符合设计敷设及规范要求；504 个箱、柜接线正确，线路绑扎整齐；灯具安装牢固运行正常，890 个开关、插座使用安全。13.2 万 m 管道排列整齐，支架设置合理，安装牢固，标识清晰。给排水管道安装合格，固定牢靠连接正确。3.7 万 m^2 风管制作工艺统一，管连接紧密可靠，风阀及消声部件设置规范，各类设备安装牢固、减振稳定，系统运行平稳。

7. 智能化工程

15 种智能化子系统多重安全方案，数据高效管理，设备安装整齐，维护和管理便捷，布线、跳线连接稳固，线缆标号清晰，编写正确；系统测试合格，运行良好。

四、工程技术重难点

（1）难点一：紧邻地铁基坑分坑施工技术

本工程基坑西侧紧邻苏州轨道交通 1 号线，最近距离 6.5 m，苏州中心南区基坑

图 1-16 电缆桥架

图 1-17 DHC 机房

图 1-18 安保监控系统

图 1-19 DHC 能源监控系统

总面积约 6.74 万 m², 基坑总延长 1 200 m。开挖深度 20～22 m, 竖向围护在临地铁侧设 1 m 厚地下连续墙, 墙深 34.25 m; 其余区域采用 0.8 m 厚地下连续墙。

主要解决方法：

基坑采用分坑施工技术, 结合有限元分析法进行计算, 将地下室分为 5 个区, 先施工远离地铁侧, 后施工近地铁侧。通过现场监测数据表明, 施工过程中未对轨道交通及周围环境产生影响, 变形及沉降均满足设计规范的要求。

图 1-20　基坑分坑图

图 1-21　基坑作业图

（2）难点二：钢支撑自伺服系统

邻轨交一号线侧小坑设置四道内撑, 第一道支撑采用混凝土支撑, 第二至第四道支撑采用带自伺服系统钢支撑, 共计 99 根钢支撑。

钢支撑自伺服系统在无人值守情况下实现可靠的自动补偿动作, 保证支撑系统压力自动维持。系统还可以通过切换实现在项目监控室内进行远程补偿控制、参数设定、数据采集监控等, 以确保在施工过程中基坑的稳定。

图 1-22　带自伺服系统钢支撑作业图

图 1-23　带自伺服系统钢支撑 BIM 图

（3）难点三：地下空间匝道连通口施工技术

苏州星港街隧道工程中匝道的连通口位于苏州中心广场（南区）项目地下连续墙的东外侧, 连通口对接需破除中隔墙。

主要解决方法：

在匝道筏板结构施工并养护完毕后, 在 1# 墙板通道对接口区域钻 φ100 水冲通孔, 然后对 1# 墙板进行地下连续墙破拆施工（即破拆下图中 1# 墙板）。

图 1-24　地下空间匝道连通口完成图

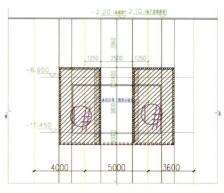

图1-25 地下空间匝道连通口施工图

在1#墙板破拆结束后安装四根钢格构柱托换。然后对2#墙板进行同1#墙板的施工步骤，完成2#墙板破拆。

通过一系列施工措施完成破除及转换工作，保证了新旧结构之间的可靠连接。

（4）难点四：大面积、多曲面GRG天花、墙面施工技术

为了满足"悬浮"的设计理念，现场大量运用了GRG材料完成多曲面的装饰面。

主要解决方法：

通过在三维软件中进行复杂的组合几何体的拆分，掌握其构成原理。利用三维模型获取施工所需的详细放线数据，提高工作效率，同时增强准确性。

（5）难点五：旋转钢结构玻璃饰面楼梯

西班牙餐厅（37～38层）设螺旋式楼梯，楼梯围绕一根单柱布置，即中心受力。在楼梯的外侧行走踏步板会出现细微晃动，越靠外晃动越大。

主要解决方法：

图1-26 "新娘房"GRG悬浮造型图

图1-27 大堂Woo吧GRG多曲面饰面图

图1-28 旋转钢结构玻璃饰面楼梯图

对旋转钢楼梯进行建模分析，对钢管立柱、旋转梯梁、玻璃踏步板、钢框架梁的尺寸进行优化，同时对构件之间的连接尺寸进行优化，增加了楼梯的稳定，消除了晃动情况。

（6）难点六：隐藏式电视背景墙安装技术

总统套房内设置隐藏式电视背景墙，电视机上下设置移动轨道，电视机可以隐藏于墙内。移动电视背景墙的尺寸定位，强弱电线路的定位及安装固定是本工程的难点。

主要解决方法：

采用钢架连接圆中和侧面保证移动的平衡，预装后经过反复测试调试达到与固定部分的吻合。线路集中用金属软管穿好从左上角下来从移动部分的右上角穿入木饰面内直到电视后方正常安装面板，反复调整与测试。确保移动过程中的稳定。

图1-29 隐藏式电视背景墙图

（7）难点七：超大金属波纹板墙面安装技术

金属波纹板从32层地面至33层顶面，高7 m，宽5.65 m；中间有一大两小相连的圆形造型，且造型有三维角度。

主要解决方法：

采用分段式加工，现场成品拼接，将造型墙分为四部分按照图纸精准定位预拼，再与墙体钢架加固焊接，弧形铝板按照设计排版进行预排，采用专用工具进行现场加工，成功解决了金属波纹板安装难题。

图1-30　超大金属波纹板墙面图

（8）难点八：客控与多媒体融合技术

酒店客房将智能客控+浴室多媒体+DVB-C数字电视三者原本独立的系统进行融合，实现浴室天花音响（一键SPA）灯光自动变换模式，浴室背景音乐自动响起。

主要解决方法：

在电视机房核心设备固定了一个数字频率，利用TV系统基础线路，将信号传输至每间客房内，通过智能客控的微型逻辑控制系统相连接，定义至面板，最终实现了系统融合功能且运行稳定。

图1-31　智能客控房间图

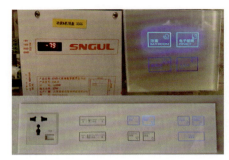

图1-32　智能客控面板

五、工程获奖情况

本工程获得实用新型专利3项，2013年度省级工法1项《紧邻地铁分坑式深坑支护结构中隔墙部位地下室结构施工工法》，2016年度省级工法1项《SJY15-A型集成附着式升降脚手架工法》，LEED金奖及江苏省优秀勘察设计，2018年江苏省"扬子杯"工程，2017年全国绿色施工示范工程，2015年江苏省工程建设优秀质量管理小组活动成果三等奖，2018年全国工程建设质量管理小组活动成果奖，2017年江苏省建筑业新技术应用示范工程，2014年江苏省建筑施工文明工地，2015年全国建筑业企业创建农民工业余学校示范项目部称号，发表省级论文7篇、核心刊物2篇。

苏州W酒店获得的鲁班奖是中亿丰获得的第11个鲁班奖，但它不是中亿丰创优之路的终点，而是一个新起点。鲁班奖既是创新、技术、管理、施工、设备等方面的综合能力的集中展示，更是一个企业对质量目标、企业荣誉和品牌效应的不懈追求。随着创优工作的深入持久开展，重质量、严管理、做精品工程已逐步成为中亿丰领导和工程管理、工程技术人员乃至全体管理人员共同追求的目标，成为企业的质量灵魂和生存发展的资本，成为企业在工程建设中的自觉行动的一种驱动。

（李建华　陈云琦　祁　晶）

2 江阴江南水务业务用房
——江阴建工集团有限公司

一、工程概况

（1）工程名称：江南水务业务用房工程。

（2）工程类别：公共建筑。

（3）工程规模、性质及用途：

总建筑面积为44 693 m²，其中地下室建筑面积12 070 m²，建筑总高度81.5 m，地下1层，地上17层，桩基筏板基础，框架-剪力墙结构，总投资额2.3亿元。它是江阴地区集供水信息调度、水质化验、智能水务系统、管网动态调度、办公、会议、培训等功能为一体的综合性建筑。

（4）工程开工日期：2015年4月4日。

（5）工程竣工备案日期：2017年6月30日。

图2-1 建筑立面图

二、工程施工难点与新技术推广、绿色施工技术应用情况

1. 工程施工难点

（1）本工程组合幕墙由石材、玻璃幕墙构成，不同幕墙接缝处的处理、分格轴线的准确测量和校核及高空施工中收口收边处的防水密封质量均为施工控制的难点。

图2-2 幕墙实景图

（2）本工程屋面面积较大，设备多，交叉作业频繁，在后续施工时对前道工序的成品保护要求高。

图2-3 屋面成品过桥

（3）装饰工程中各楼层部位由于不同的使用功能，对装饰材料的材质有不同的要求，内装饰材料品种繁多，105种材料、52种做法涉及专业工种多、交叉密；同时工程质量要求高，必须精工细雕。

图 2-4 裙房会议大厅吊顶

(4) 该工程水电、暖通、消防、智能化系统等各项功能齐全,地下室、各楼层吊顶内各种管线纵横交错,错综复杂。施工配合、成品保护要求高、总包单位协调工作量大。

2. 新技术推广应用

(1) 新技术推广应用:推广应用住房和城乡建设部(以下简称住建部)10项新技术中9大项21小项,应用江苏省10项新技术中4大项5小项,通过江苏省新技术应用示范工程验收,达到国内先进水平。

(2) 技术创新:自主创新应用"四新技术"4项,形成省级工法一项。

图 2-5 江苏省新技术应用示范工程证书

图 2-6 江苏省省级工法证书

3. 绿色施工技术应用

(1) 在节材、节水、节能、节地和环境保护方面的突出成效,主要表现在:

① 节材方面:标准化、工具化、定型化防护设施的大规模应用;短木方现场接长技术的推广应用,钢筋、模板余料的重复利用。

② 节水方面:现场设置雨水收集池,经处理后用于现场冲洗、冲厕、喷洒道路等;节水器具的普及,节水龙头、淋浴房花洒式喷头、脚踏式开关,小便池感应式冲水设备,杜绝"长流水"现象,节约水资源。

③ 节能方面:节能灯具普及率100%;生活区设置限流器,控制大功率用电器具的使用;临时用房采用矿棉防火保温板搭设,热工性能符合规定。

④ 节地方面:合理规划施工现场区域,提高土地利用率;现场裸露土方均覆盖密目网,主要施工道路两侧均绿化,防止水土流失。

⑤ 环境保护方面:建筑物四周满挂密目网,安全网悬挂高度超出工作面1.5 m,施工现场垃圾装袋运输,现场采用洒水车洒水降尘;现场出入口设置冲洗台,对驶出车辆均进行冲洗,降低对场外道路的污染和扬尘;现场所有临时道路、加工区均硬化,非硬化区域种植草坪绿化;现场设置噪声监测点,制定有效降噪措施,防止扰民事件的发生。

(2) 该项目获得第五批全国建筑业绿色施工示范工程。

图 2-7 全国第五批绿色施工示范工程奖牌

三、工程质量情况

1. 工程技术资料

工程技术档案资料共15卷合计135册,编制了总目录、分目录、卷内目录,分类合理,查找方便。施工组织设计、专项施工方案、图纸会审、施工日志、设计洽商、技术交底、分部分项验收资料、隐蔽验收等施工技术管理齐全。各种原材料、半成品均有产品质量证明和现场复试报告,均有见证取样,数据准确可信,签字、盖章齐全。工程技术资料真实齐全、数据准确,可追溯性强。

2. 工程质量验收及获奖情况

单位工程质量一次验收合格。

规划、消防、电梯、防雷、环评、档案等专项验收合格。

该项目荣获江苏省"扬子杯"优质工程奖、江苏省建筑施工标准化文明示范工地、江苏省建筑业新技术应用示范工程、江苏省优秀勘察设计奖、江苏省级二星绿色建筑设计奖。

该项目在施工技术方面获江苏省工程建设优秀质量管理小组活动二等奖一项、优秀奖一项,江苏省省级工法一项。

3. 工程实物质量情况

(1)地基基础及沉降观测变形

本工程地基基础采用钻孔灌注桩+筏板基础,其中主楼桩长54 m,设计单桩承载力3 300 kPa,裙房桩长20～31 m,设计单桩承载力1 000 kPa。经静载检测承载力满足要求,对全部761根桩进行低应变检测,Ⅰ类桩占98.8%,Ⅱ类桩占1.2%,无Ⅲ类桩。

筏板基础厚1.5 m,混凝土强度等级C35,抗渗等级P8。地下室防水工程采用

图2-8 项目破桩头实景图

高分子自粘防水卷材、JS防水涂料,防水效果显著。整个工程地下室底板、顶板、墙板均无渗无漏。

建筑物共布置沉降观测点14个,观测65次,累计最大沉降量−33.4 mm,最小沉降量−31.1 mm,相邻观测点最大沉降差为2.3 mm,最后100 d沉降速率为−0.002 mm/d,沉降已稳定。

 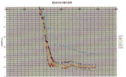

图2-9 现场沉降观测点　图2-10 沉降观测报告

(2)主体结构工程

钢筋工程:原材料复试全部合格,直螺纹接头质量符合Ⅰ级接头标准;主体结构工程钢筋保护层实体检验合格。

图2-11 钢筋绑扎实景图

模板工程:对异形模板、电梯井模板等关键节点制作定型模板,对楼板模板采

用硬拼缝法保证模板拼缝严密、不漏浆。由于对模板工程严格把关，确保了轴线位置，几何尺寸准确，梁柱节点方正。

图 2-12　模板实景图

混凝土工程：混凝土表面平整、光滑，截面尺寸准确，试块采用现场养护，专人负责管理，经检测均达到设计要求。

图 2-13　现场拆模后混凝土实景图

工程实体结构安全可靠，现场检查中未发现影响结构安全的裂缝。

裙房钢结构屋面总用钢量269 t，焊缝按设计要求检测质量等级全部合格，防火涂料的形式和厚度经检测达到设计要求。

（3）屋面及防水工程

所有屋面及卫生间经蓄水试验，无一渗漏。

地下室防水等级为Ⅰ级，采用P8抗渗混凝土和自粘高分子改性防水卷材，JS防水涂料等设防措施，地下室防水效果经检查，无渗无漏。

（4）外墙装饰工程

外墙装饰由石材幕墙、玻璃幕墙组成。总计2.05万m^2，幕墙施工图设计、计算书齐全。外玻璃幕墙使用的均为安全玻璃，分缝均匀，胶缝顺直饱满，交接平整。"四性"、结构胶相容性等试验检测均合格，幕墙气密性达到3级，水密性、抗风压性达到3级，平面内变形性能达到3级。

图 2-14　幕墙外立面实景图

（5）内装饰工程

室内装饰装修工程策划在先，施工中精工细雕，风格各异，满足使用功能要求。

室内甲醛、氨、氡、苯、TVOC含量5项指标，经专业检测机构检测符合规范要求，室内装饰用大理石、陶瓷砖、木材等建筑材料甲醛释放量等指标经复试，符合要求。

图 2-15　会议大厅实景图

（6）设备安装工程

本工程机电设备系统布局合理，排列有序，安装紧固，运行平稳，各类管道安装顺直，介质和流向标识清晰准确，支吊架安装牢靠,分布均匀,防晃支架齐全,消防喷淋头安装成行成线,管道井整洁、干净、防火封堵严密。吊顶内管道接头处理细腻,丝扣接头机加工部位经过了防腐处理,各类管道保温层平顺、密实,卫生洁具安装整齐划一,安装牢固。

图2-16　消防泵房实景图

(7) 建筑给排水工程

给排水管道布置合理,排列整齐,接口严密,水压试验合格,流向标识清晰准确,无渗漏。生活给水经冲洗、过滤消毒后并经相关检测,符合国家生活饮用水标准。

图2-17　冷冻机房管线实景图

(8) 建筑电气工程

各系统所用材料及设备进场验收均合格,各项原材料复试均合格。

图2-18　强点间实景图

高低压配电柜、配电箱布置合理、安装稳固,电气控制灵敏,各项功能检测正常。系统绝缘及接地可靠,等电位连接测试值均达到规范要求经检测全部合格。项目于2017年4月10日通过了江阴市气象局防雷办的专项验收。

(9) 智能化工程

智能化系统共包括综合布线系统、火灾自动报警及消防联动控制系统、卫星定位系统、入侵报警系统、楼宇自控系统、广播系统、电气火灾监视系统、视频监控系统、多媒体信息发布系统、有线电视系统总计10个子系统,经严格调试,信号灵敏,功能完善,使用效果良好。

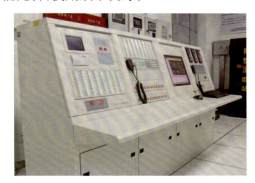

图2-19　消防总控制室实景图

(10) 建筑节能

保温板按规范要求送检复试,系统节能性能检测合格,节能专项验收合格。

4. 工程交付后使用运行情况

工程建成之后成为江阴全市供水调度的枢纽及供水管网动态指挥中心,为200多万江阴市民用上放心水提供了物质基础保障。同时项目集成了行政管理、教育培训、水质化验、企业文化展示等多项功能,为业主单位江苏江南水务股份有限公司的日常行政管理提供便利。

项目投入使用以来,结构安全可靠,各系统运行良好,用户非常满意。

四、工程质量特色及亮点

（1）亮点一：13.4 m高接待大厅美观大气，宽敞明亮，层次感强，装修新颖别致。

（2）亮点二：12 000 m² 会议用房布局合理，装修大气，节点处理细腻。

（3）亮点三：大跨度职工餐厅策划在先，装饰一次成型。

（4）亮点四：8 200 m² 地面石材，表面平整，排版合理，色泽一致，无变形、无打磨痕迹。

（5）亮点五：2.6万 m² 吊顶工程，造型新颖，所有末端设备均居中布置，成行成线。

（6）亮点六：管道式日光照明装置体现，节能环保、使用效果佳。

（7）亮点七：公共大厅、电梯厅采用感应式LED灯，表面采用透光膜，光线柔和、美观节能。

（8）亮点八：52间卫生间经精心策划，阴阳角方正，套割精细，整体造型美观。

（9）亮点九：木门安装牢固，五金齐全，合页安装方向正确，门窗缝隙一致，开启灵活，油漆色泽均匀，光泽一致，手感光滑、细腻。

接待大厅实景图

会议大厅实景图

员工餐厅实景图

装饰细部做法实景图

走廊装饰实景图

管道式日光照射装置实景图

LED透光膜天棚实景图

卫生间装饰实景图

小五金安装实景图

图2-20　工程质量特色及亮点

（10）亮点十：不锈钢栏杆、玻璃栏杆安装牢固，高度满足要求。楼梯踏步高度一致，石材对缝整齐，滴水线顺直。

（11）亮点十一：12 000 m² 车库环氧地面，色泽一致、平整美观、停车库分色清晰。

（12）亮点十二：江南水务业务用房工程3 580 m² 屋面分隔缝直接从屋面混凝土基层自下而上通长分隔，下部采用定制直尺塑料条，上部满贯结构胶嵌缝成型。分隔开间尺寸小采用1 m×1 m，有效控制面层裂缝的产生。

整个施工工程策划在先，样板先行，计算机放样后局部样板实施最后大面施工有效保证了施工质量，确保了该项目屋面工程自竣工交付以来历经风雨考验无渗无漏。

（13）亮点十三：25 900 m管道排列有序、保温严密、标识正确,末端设备喷淋头居中成线。

（14）亮点十四：安装工作系统多,管线综合布置复杂,运用BIM技术进行综合系统优化,达到策划与实际协调统一,立体分层、标识清晰、排列紧凑美观。

（15）亮点十五：消防系统设备安装布置紧凑,运行正常,油漆色泽均匀,标识清晰完整。仪表阀门标高准确,朝向一致。

（16）亮点十六：228只室内消火栓采用不锈钢包边,安装平整、标识醒目、开启灵活。

（17）亮点十七：水泵房整洁,设备布置合理、安装稳固,阀门、仪表成线。

（18）亮点十八：冷冻机房设备排列整齐,布局合理,基础接地可靠,标识齐全。

（19）亮点十九：2 280只配电箱、柜排列整齐,接地良好,配线整齐,标识清晰。

（20）亮点二十：桥架安装牢固、横平竖直,所有的支吊架均设置在接缝处,垂直对缝。

（21）亮点二十一：风管每隔20 m加设闭合防振动固定架,运行时减振降噪。

楼梯间实景图

地下车库耐磨地坪实景图

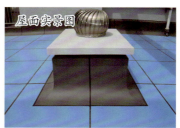
屋面实景图

地下车库消防安装实景图

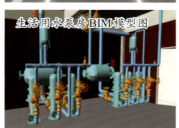
生活用水泵房BIM模型图

消防泵消防报警铃安装实景图

楼层消防箱安装装饰实景图

生活水泵房实景图

冷冻机房实景图

弱电箱内接线实景图

地下室桥架安装实景图

风管防晃支架安装实景图

图2-21 工程质量特色及亮点

（22）亮点二十二：智能化设备整洁美观，线路规整，系统运行稳定，视频监控图像清晰。

图2-22 安防监控大屏幕实景图

五、工程质量综合评价

该工程符合基本建设程序，申报单位创建"鲁班奖"工程质量目标明确，质量体系健全，创优措施到位，做到了"策划在先、过程精品和一次成优"；广泛应用建筑业10项新技术和自主创新技术，获得了一项省级工法；施工中大量运用"四节一环保"的绿色施工理念，取得了显著的经济效益和社会效益，荣获第五批全国建筑业绿色施工示范工程。工程地基基础和结构安全可靠，沉降均匀稳定；装饰、装修工艺精细、美观，使用功能完善；技术资料真实、完整、可追溯性强。工程交付使用以来，各项功能良好，系统运行正常，为江阴供水调度提供了良好的支撑，得到社会各界高度评价，建设、监理、设计、质监和使用单位对工程质量非常满意。

六、结束语

自设立中国建设工程鲁班奖以来，极大地推动了全国建筑业的创精品意识，提高了精品工程质量水平。江阴建工集团有限公司把提高企业整体素质和提高所承担工程项目的质量总体水平放在第一位，一如既往地在质量兴企的道路上不断探索质量管理的新方法、新经验，继续高举名牌精品鲁班奖的大旗，为企业的振兴做出更大的贡献。

（吴晓东　朱佳伟　徐锦德）

3 南京青奥体育公园项目——市级体育中心体育馆

——南京建工集团有限公司

一、工程简介

南京青奥体育公园市级体育中心体育馆位于南京市江北新区，是南京江北新区新地标。南京青奥体育公园建设是将南京建设成为亚洲体育中心城市和世界体育名城的重大举措，是提高广大市民身体素质的惠民工程、民生工程，更是实现江北新区现代化，提升江北新区城市功能品质的重要工程。

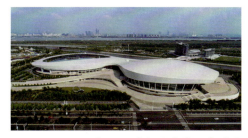

图 3-1 市级体育中心鸟瞰图

图 3-2 体育馆立面图

体育馆为甲级体育建筑，规模为特大型，是国内自主设计建设的第五代特大型体育建筑，也是亚洲地区最大的体育馆。可承办 NBA 比赛，集合演艺、比赛、健身、休闲、商业、会展等功能。总建筑面积 127 786.07 m²，其中地下建筑面积 37 790.78 m²，地下一层，地上六层，建筑高度 43 m，看台座位数 20 672 座。屋顶为管桁架钢结构，屋面为金属屋面。地下 1 层为设备用房、停车库及训练场地。1 层为运动员、媒体、赛事组委会、裁判、贵宾、场馆运营及安保用房。2～5 层为观众服务用房及看台。体育馆内场地尺寸 53 m×84.2 m，可进行篮球、手球、冰球、羽毛球、体操等多个项目的比赛。

工程建设单位为南京城建项目建设管理有限公司，设计单位为江苏省建筑设计研究院有限公司，监理单位为中咨工程建设监理公司和南京第一建设事务所有限责任公司，施工总承包单位为南京建工集团有限公司。工程于 2012 年 3 月 13 日开工，2017 年 6 月 20 日竣工。

二、工程创优管理

1. 目标明确，组织到位

工程作为集团的重点工程，在开工起即明确了"鲁班奖"的创优目标，并根据创优目标制定了各项如科技研发、绿色施工、新技术应用、安全文明施工等子目标，各子目标编制创优计划，分步骤实施。目标管理贯穿于工程实施全过程，以过程精品保证"鲁班奖"总体目标的实现。

根据集团公司要求做到组织落实、人员落实、责任落实、经费落实，建立健全管理体系和管理制度，定岗定责，合适的人做合适的事,做到组织结构合理,管理流程畅通,为争创鲁班奖工程提供重要的组织保证。创建"鲁班奖"工程,领导重视是前提,集团成立了以总裁为创优第一责任人的创优领导小组,生产副总裁现场挂帅任项目创优指挥长,选派具有多项工程创优经验的项目经理为现场创优负责人,项目经理创优经验丰富,技术水平先进,具有极强的工作责任心和项目管理能力。项目组建了精干高效的创优管理团队,成立了项目技术中心,邀请外部专家组建了专家顾问团队,与多所高校就项目课题开展产学研合作,切实保证项目创优的有效实施。项目部建立了创优管理机制,定期召开创优专题例会。集团根据项目创优进展给予"人、财、物"全方位的支持。

鲁班奖工程是一项综合优质工程,不仅仅只是承包商的事情,它牵扯到项目建设的各方,需要各方协作起来,需要取得项目各方的支持。以建设单位为主的项目相关方的共同支持成为整个项目创优成功的关键。

2. 精心策划,样板先行

策划是创优工作最重要最关键的工作,是创优实施的指导文件。在工程开工之初,项目在集团各部门的指导下编制了《体育馆工程创建"鲁班奖"工程策划书》,策划书分为总体目标要求,土建、安装、装饰工程创优策划方案,创优实施标准,创优工作计划等内容。创优策划内容覆盖工程所有分部分项工程,在各个分部分项工程中明确了创优要求、细节做法、验收标准,验收标准高于国家和行业标准。施工前按照首件施工原则,样板先行,质量预控。

3. 相关方分工合作,共铸精品

与项目相关分包方进行洽商,理清创优关系,明确创优责任,确定核算办法,解决分包单位的后顾之忧,统一思想,共同行动,为创鲁班奖工程扫清障碍,全面形成争创鲁班奖的环境氛围。创建鲁班奖必须得到建设单位、设计单位和监理单位等相关单位的支持和配合。在开工之初项目部即主动与建设单位、设计单位、监理单位及相关单位沟通,取得了各单位支持,各单位均对项目争创鲁班奖有强烈的热情和信心。尤其是建设单位对创建鲁班奖高度重视,成立了以南京城建集团项目管理公司董事长为组长的工程创优领导小组,督促设计、监理等单位支持和配合集团创建鲁班奖,并多次召集相关单位召开创建鲁班奖专题会议,落实推进鲁班奖创建工作。

4. 科技引领,技术先行

集团技术中心为项目科技攻关和科技创新提供了强有力的技术支撑,成立专门的项目技术研发组织,及时解决项目出现的技术难题。集团以体育馆项目创建鲁班奖为契机,成立南京建工集团BIM技术应用中心,创新性地利用BIM技术为项目部提供技术支持。在集团公司的大力支持下,项目部高度重视科技研发和投入,运用新技术将绿色、人文、科技融合到施工中。项目部先后与东南大学、江苏大学、盐城工学院、江苏城市职业技术学院等国内知名高校展开合作,成立了江苏省企业研究生工作站、南京建工集团教授博士柔性企业工作站、江苏大学研究生工作站,开展各种形式的技术研究和技术攻关。项目部还与多所知名高校开展广泛的学术交流活动,成立了江苏大学实践教学基地,盐城工学院教学实习基地、就业实习基地等,通过多种形式的合作为项目技术创新拓展了空间。

5. 强化过程控制,一次成优

现场实体施工质量是鲁班奖工程创建

的基础,也是创建鲁班奖工程最主要的部分。项目部以高的质量意识,高的质量目标和高的质量标准,通过严格的质量管理、严格的质量控制和严格的质量检查验收进行过程控制和管理。对每个分部分项工程,项目部对照标准,认真检查,采用高于国家标准、行业标准、地方标准和同期同类工程标准的企业标准对工程实体质量进行验收。严格执行施工方案制度、技术交底制度、样板先行制度、材料半成品进场质量控制制度,确保一次成优。项目部梳理出各分部分项的特点、难点,对这些重要部位,重点管理,重点控制,以体现出鲁班奖工程应有的质量水平;对于个别施工难点依靠科技进步,将工程难点变成工程创优亮点,始终将科技进步与工程质量紧密结合。

6. 工程资料及时准确,编目规范

施工技术资料是工程质量的见证记录,实物质量和资料质量是相辅相成的,不容忽视。强化建设过程中工程资料的收集、整理、装订,尤其是要对专业分包单位的资料收集加强检查和指导,做到资料统一收集、统一整理、统一归档。向各劳务分包单位、专业分包单位宣传争创鲁班奖的重要性。前期报建资料齐全,符合基本建设程序。

本工程资料共15卷,449册,目录齐全,组卷编目清晰,内容齐全、完整、真实、有效,与工程同步,可追溯。工程共计10个分部,161个分项,12 564个检验批,各分部分项一次验收合格。

三、工程技术重点难点及措施

1. 大跨度管桁架钢结构屋盖施工

本工程屋盖为管桁架屋盖,空间交叉桁架结构体系,由正交的纵横向单片主桁架、环向单片桁架、钢管支撑及马道组成,单榀主桁架最大长度195 m,最大跨度138 m,安装高度最高处标高43.2m,桁架自身最大高度8.96 m(杆件中心间距),单榀主桁架最大重量213.2 t,钢管最大截面为 $\phi 800 \text{ mm} \times 30 \text{ mm}$,体育馆屋盖桁架重、跨度大是其结构特点,施工难度最大。

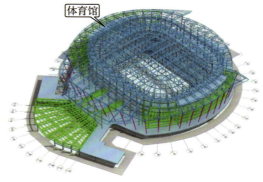

图3-3 体育馆钢结构模型

工程单榀主桁架最大长度195 m,最大重量213.2 t。利用MIDAS/GEN 8.0对施工阶段全过程进行仿真模拟计算,对钢结构在整个施工过程进行分析,模拟在整个施工过程中刚度和强度的变化情况。体育馆施工全过程模拟分析一共分为17个施工工况(cs-1~cs-17)和6个卸载工况(xz-1~xz-6)。

图3-4 体育馆典型分块吊装模型

根据结构受力特点及设计院分段划分要求,对屋盖桁架进行合理分段划分,对部分桁架分段在地面拼装成吊装单元,利用大型履带吊高空吊装定位;待馆内外屋盖桁架全部安装完成并焊接结束后,对临时支撑进行分区卸载。

2. 异形双曲造型屋面施工

金属屋面为多变双曲面建筑造型,面积 26 780 m²,采用 3 mm 厚不锈钢天沟。外观的大面及局部双曲面的平滑度、装饰铝板板面的纹理线条流畅性,是本工程施工管理的重点。

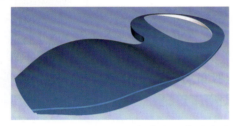

图 3-5 金属屋面造型模型

措施:确定建筑三维控制点;进行外表皮的三维建模及板面的曲线分隔;与钢结构模型的校对复核,及时调整钢结构尺寸和外皮模型;根据表皮三维控制点,建立从外向内标高控制的方法,通过全站仪在钢结构上确定控制点进行檩条、屋面板、装饰板的施工;多道尺寸调节控制,减少累积误差。

3. 大体量鱼腹式拉索玻璃幕墙施工

本工程幕墙主要为拉索玻璃幕墙,折线成弧,由 48 跨拉索幕墙组成。最大高度 27.39 m,最大宽度 15.4 m,最大外伸 16.2 m,单索最大预张力 99 kN。每跨拉索幕墙由玻璃面板、拉索桁架、拉索支承结构 3 个部分组成,它主要是将玻璃通过球铰夹具固定在拉索桁架上的全玻璃幕墙。拉索体量大,形控和力控难度大。

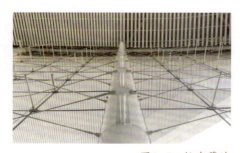

图 3-6 拉索幕墙

对安装工况进行模拟分析,分阶段逐层逐跨张拉,成型准确。采用有限元软件 SAP2000 对安装工况进行模拟分析,根据结构设计要求结合本工程的特殊性,对拉索幕墙预拉力值进行分批、分次进行张拉。拉索张拉以索型控制为主、索力控制为辅,张拉时严格按照设计预张力表要求数值进行张拉。根据分析结果对钢管格构柱和钢桁架结构中重要位置的应力情况进行监测,成形检测符合设计及规范要求,保证了设计目标的实现。

图 3-7 检测、测量

4. 多功能自然排烟窗施工技术

通过与排烟窗厂家联合科研攻关,设计出具有消防联动、远程控制、手动开启、熔断开启四种开启控制的防火排烟窗,实现了设计的自动排烟功能、手动排烟功能、日常通风功能等功能要求,并申报了专利。

5. 比赛大厅通风空调技术创新

比赛大厅要求满足国际羽联的技术标准,在羽毛球比赛场地的气流扰动所造成的风速≤0.2 m/s,要控制空调通风系统带来的气流扰动,不能对羽毛球的运动轨迹产生影响,既要满足比赛要求,又要让运动员和观众感觉舒适,温度和风速控制要求高。比赛大厅采用智能全空气低速风道系统,空调机组可根据场地负荷情况变频调节送风量,经过深化设计,采用计算机模拟,精心施工,科学调试,满足羽毛球比赛等特殊环境需要。

图3-8 比赛大厅空调与通风

6. 智能照明系统施工

现行国家规范及国家体委的相关标准对各种运动场地的照度指标均有相关的要求,这取决于每种体育项目的特点、所需要的运动空间及运动速度,同时还要考虑使用者的比赛规格和技术难度等因素。现代体育馆还要充分考虑彩色电视转播的技术要求。多软件多模式照度设计,多方案精确照度检测,保证了运动员集中注意力充分发挥竞技水平,使现场观众有一个轻松良好的视觉环境。

7. 马道管线综合施工

马道上有消防、电气、照明、弱电等管线和设备,既要保障各项设备功能的实现,又要保证马道通行畅通,施工深化难度大。通过BIM辅助管线综合技术,调整部分设备的安装位置,使用共用支架,保证了各项预定目标的实现。

图3-9 BIM模型节点马道管线安装完成

8. BIM深化设计技术

机电安装采用BIM深化设计,在预留预埋、机电综合、精装配合、竣工运维四个阶段进行了深度运用。具体表现为管线设备合理布局、管道支吊架、设备优化选型,科学组织大型管道及设备运输、吊装,压缩了机房主管线设备使用空间。

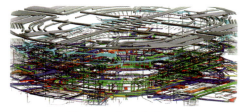

图3-10 机电安装BIM深化模型

模型碰撞检查,解决碰撞点约18 000处,方案更改43条,减少了返工及材料浪费。运用BIM技术,对拟采用的安装方案进行模拟,达到预期机电安装效果。

四、工程质量管理

1. 地基与基础工程

本工程共设38个沉降观测点,累计最大沉降量为12.86 mm,最后百天沉降速率0.01 mm/d,沉降已稳定。工程无裂缝、无倾斜、无变形。

本工程桩基础为钻孔灌注桩,共计1 884根,对21根工程桩进行了抗压静载测试,对8根工程桩进行了抗拔静载测试,测试结果符合设计及施工验收规范要求。对924根桩进行低应变测试,测试结果:Ⅰ类桩909根,占抽检总根数的98.4%,Ⅱ类桩15根,占抽检总根数的1.6%,无Ⅲ类桩。

地下室防水等级为二级,地下室顶板防水等级为一级,采用三元乙丙橡胶防水卷材,施工过程中细部处理规范,至今无渗漏现象。室外土方分层回填压实,压实度检测共253次,全部合格。

2. 主体结构工程

本工程混凝土结构内坚外美,棱角方正,无裂缝。构件尺寸准确,截面偏差3 mm

以内,轴线位置偏差4 mm以内,表面平整清洁,平整偏差4 mm以内。混凝土标养试块1 144组,同条件试块470组,评定结果全部合格。检测钢筋原材料10 651 t,复试组数249组,复试结果全部合格。直螺纹机械接头211 500个,试验组数423组,检测结果全部合格。砌体工程施工严格按标准砌筑及验收,检测35组,检测结果全部合格。结构保护层厚度检测合格。

混凝土结构实体质量检测全部合格。主体钢筋混凝土结构最高32.2 m,全高最大垂直度偏差15 mm,符合设计及规范要求。

图3-11　梁柱节点

3. 钢结构工程

钢结构由江苏沪宁钢机股份有限公司制作和安装,钢结构工程专业承包一级。本工程总用钢量约11 723 t,现场安装一次成优。21 100 m焊缝饱满,顺直,过渡平整,焊缝超声波一次性检测合格率为99.8%,质监站监督抽检及第三方检测合格率为100%。体育馆桁架挠度委托南京工业大学检测中心进行测量复核,桁架挠度设计允许最大值为160 mm,桁架挠度实际测量结果在36 ～ 90 mm之间,挠度值结果符合设计和规范要求。钢材复试抽检106组,焊材复试检测完成16组,高强螺栓复试检测完成12组,防火涂料复试检测完成2组,材料复试结果全部合格,符合设计和规范要求。防火涂料厚度检测符合设计要求。

图3-12　钢结构分块吊装

4. 金属屋面工程

36 927 m²三维双曲金属屋面弧度平顺顺滑,挂板曲线流畅,成形美观,设计精美,尺寸精确,排水通畅,板材咬合严密,节点规范,无渗漏。石材屋面铺贴整齐、缝道均匀,落水口排水通畅。

图3-13　金属屋面纹理造型

5. 外幕墙工程

工程外幕墙由鱼腹式拉索点支式玻璃幕墙、石材幕墙、铝板幕墙等组成。外墙石材面积约15 157 m²,玻璃幕墙面积约14 817 m²,铝板面积约10 913 m²,幕墙总面积40 887 m²,安装精确,稳定牢固,节点处理严密。幕墙计算书齐全,"四性"检测符合要求。

图3-14　外倾玻璃幕墙

6. 建筑装饰装修工程

室内装饰原材严格筛选,复试合格,墙

面、地面、吊顶有机组合,施工精细,室内环境检测符合Ⅱ类民用建筑要求。无障碍设施完备可靠。

图 3-15　包间　　　图 3-16　会议室

图 3-17　箱、柜安装　　图 3-18　桥架排列

7. 防水工程

防水施工过程规范,地下室、屋面、外墙、卫生间等防水部位使用至今无渗漏。

8. 给排水工程

146 794 m 管道排列整齐,安装牢固,接口严密,无渗漏,支架设置合理,标识清晰。主机房设备布置合理,安装规范,固定牢靠连接正确,给排水管道安装一次合格,设备运转正常,墙、顶、地消防系统布置到位、联动运行可靠。

图 3-19　给排水管道　　图 3-20　消防泵房

9. 通风与空调工程

支吊架及风管制作工艺统一,风管连接紧密可靠,风阀及消声部件设置规范,各类设备安装牢固,运行平稳。

10. 建筑电气工程

矿物电缆6.6万m,耐火电缆8.8万m,桥架安装横平竖直;防雷接地规范可靠,电阻测试符合设计及规范要求;707个箱、柜内接线正确、线路绑扎整齐;灯具运行正常;开关、按钮开启灵活、安全。

11. 建筑智能化工程

工程智能化21个子系统、多重安全方案,高效数据管理,机柜安装平稳、布置合理;控制设备操作方便、安全,系统测试合格,运行良好。

图 3-23　消防控制中心　　图 3-24　数据机房

12. 电梯工程

本工程共设置14台直梯,22台扶梯。运行平稳、无振动、无冲击、安全可靠。一次性通过了南京市特种设备安全监督检验研究院电梯专项验收。

图 3-25　扶梯　　　图 3-26　观光电梯

13. 体育工艺

斗屏、环屏、大屏安装精细,扩声系统、智能照明系统测试合格,运行良好。

图 3-27　斗屏　　　图 3-28　大屏

图 3-21　空调机房　图 3-22　室外机组敷设绑扎整齐

其中大屏显示系统、扩声系统、比赛照明系统、体育木地板由建设单位委托北京华安联合认证监测中心有限公司检测，检测结果合格。体育木地板检测结果符合《国际篮联竞赛规则》的相关要求，扩声系统达到体育馆一级指标，比赛照明系统符合Ⅵ级即HDTV转播国家重大比赛、重大国际比赛的相关要求。

重大比赛前相关专业联合会如国际篮联、国际羽联、国际轮滑联合会等均自行委托专业检测单位对体育馆的各项技术指标和综合比赛条件进行检测，结果均符合各类各项比赛要求。

五、工程获奖情况及社会效益

工程应用建筑业10项新技术中的10大项19小项，应用江苏省10项新技术中的4大项5小项，另创新应用复杂地连梁监控技术、大跨度结构施工过程中受力与变形监测和控制技术、全过程BIM技术应用等新技术，通过了江苏省建筑业新技术应用示范工程验收，整体达到国内领先水平。工程获得发明专利3项，实用新型1项；获得国家级工法1项，省级工法2项，完成专著1项；完成全国工程建设优秀QC成果1项，省市级优秀QC成果8项；获奖省级学术交流论文14篇。

本工程获2019年鲁班奖工程、江苏省优秀勘察设计、南京市优质结构工程、中国钢结构金奖、江苏省建筑施工文明工地称号、住建部绿色科技示范工程，中建协"卓越BIM工程项目奖"。

经过两年多的使用，本工程安全可靠，设备运转正常，系统运行良好，功能满足设计和使用要求，成功举办了多场国际比赛等大型赛事活动，获得广泛肯定和赞誉，相关单位非常满意。

图3-29　2019年男篮世界杯预选赛

图3-30　2018年道达尔世界羽毛球世锦赛

图3-31　2017—2018赛季CBA同曦主场赛

图3-32　2017年世界全项目轮滑锦标赛

（王　进　鲁开明　逯邵慧）

4　无锡XDG-2009-41号2-6蠡湖香樟园1#-6#楼及地下车库工程
——江苏南通二建集团有限公司

一、工程概况

XDG-2009-41号2-6蠡湖香樟园1#-6#楼及地下车库工程,位于秀美的无锡蠡湖边——中南路与鸿桥路交界处,北靠太湖大道,西临蠡湖风景区,交通便利、周边环境优雅宜人,是一座做工精细、绿色环保、环境优雅、高端智能的生态住宅小区。

本项目由6栋地上34至40层的高层住宅及地下一层的整体地下室组成。总建筑面积203 806 m^2;整板筏板桩基基础,框架剪力墙结构,地下室为车库及设备用房;地上一层为架空层,二层以上为拎包入住的精装修房,地上8个单元共819套住宅。见图4-1、图4-2。

项目由无锡融创绿城湖滨置业有限公司投资建设,江苏南通二建集团有限公司施工总承包,无锡市三利工程建设监理有限公司监理,浙江绿城东方建筑设计有限公司设计。

图4-2　室内精装修

项目于2012年7月9日开工建设,2017年3月5日竣工验收,2017年5月3日竣工备案并交付使用,项目总投资额8亿元。

二、工程特点及施工难点

(1)建筑设计采用端庄稳重的对称布局方式,在整体格局上形成均衡对应的构图关系。中心绿地布置在庭院中心,使得前后住宅均可享受到中心绿地的景观。见图4-3、图4-4。

图4-1　工程鸟瞰图

图4-3　建筑均衡对应

图4-4　中心绿地

图4-6　单元式玻璃幕墙

（2）40 242 m² 超长超宽地下室，结构变形控制难度大，通过纵横向设置5条后浇带，优化混凝土配比及施工工艺，确保地下室无变形开裂、无渗无漏。

（3）工程总防水面积达92 318 m²，质量要求高，攻克住宅工程渗漏水隐患施工难度大。

（4）30 700 m³ 砌体、645 000 m² 内外墙抹灰，量大面广，住宅无通病、质量零投诉是施工的重大考验。

（5）本工程外立面均采用单元式玻璃幕墙，安装高度达140 m，幕墙加工安装、节点处理、防水施工难度大；其标高及排版要求统一，给幕墙的排版、安装带来很大的难度。见图4-5、图4-6。

（6）室内精装修要求高，涉及97种材料、65种工艺做法。装饰造型复杂，节点构造实现困难，如何在装饰工程中精细化策划与优化设计也将是本工程的重大考验之一。见图4-7、图4-8。

图4-7　装饰造型复杂

图4-8　装饰构造复杂

（7）地下室面积大，保证地坪平整度、色泽一致，无空鼓、无裂缝施工难度大。见图4-9、图4-10。

（8）地下室各专业大型管道相互交叉，各种管线纵横交错，施工配合、成品保护难度大。

（9）小区智能化程度高、功能齐全，火灾自动报警及消防联动、安全防范系统、物

图4-5　单元式玻璃幕墙

图4-9 地下室面积大

图4-10 地坪施工要求高

业管理系统、公共广播系统等弱电系统多施工复杂,保证使用功能是本工程的重点。

三、创优工程项目管理

工程开工伊始,就确立了创"鲁班奖"的质量目标,并紧紧围绕目标,采取了四大保证措施。

1. 建立有效的创优组织保证体系

工程开工时,成立了以董事长为首的创"鲁班奖"工作组,全程参与决策和控制,建立了以总承包为中心,融建设、设计、监理等相关方为一体的组织体系。见图4-11。

2. 明确创优流程和标准

明确创优流程和标准,围绕目标组织考核,确保创优目标不偏移。见图4-12。

3. 推广实施创优、创新做法

在严格按照国家施工质量验收规范和创建鲁班奖指导书等基础上,严格按照集团公司《工程创优创新施工标准》图集及《创优作业指导书》指导现场施工。见图4-13、图4-14。

图4-11 组织体系

图4-12 目标分解

图4-13 创建鲁班指导书

图4-14 集团创优工艺图集

4. 坚持"方案先行,样板引路"的施工原则

推行实物样板区,编制创优策划等预控文件,对关键部位和特殊做法采用施工工艺展示、实物样板引路,严格过程控制,做到一次成优。

四、新技术应用及技术攻关

在施工过程中积极推广应用建筑业10项新技术中的8大项、23小项,江苏省新技术3大项、7小项,自创新技术7项;提高了工程质量和使用功能,促进了施工技术进步;并荣获江苏省新技术应用示范工程,经济效益显著,新技术应用达国内领先水平。

通过技术创新及改进,获得省级优秀论文1项,国家级QC成果1项,形成省级工法1项,获实用新型专利3项,发明专利1项。

五、工程实体质量情况

1. 地基与基础工程

(1) 6栋高层住宅采用泥浆护壁钻孔灌桩,共951根、桩径800 mm;地库桩采用400 mm×400 mm预制方桩,共644根。低应变全数检测发现,Ⅰ类桩达95.1%,Ⅱ类桩4.9%,无Ⅲ类桩;单桩静载、单桩抗拔检测承载力满足设计要求。

(2) 共设50个沉降观测点,相邻观测点最大沉降差为2.3 mm;最后一次观测周期沉降速率小于0.01 mm/d,沉降均匀已稳定,结构安全可靠。

(3) 地下室一层,基坑最深处−7.85 m,支护结构为土钉墙支护。施工中加强过程监控,重点对周边环境、支护结构、地下水

位等进行监测,施工过程中,基坑支护结构无变形、无位移。见图4-15、图4-16。

图4-15 沉降观测点

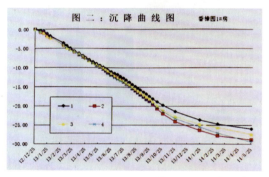

图4-16 沉降曲线图

(4) 地下防水工程为弹性体改性沥青防水卷材、聚氨酯防水涂料,防水效果显著。整个地下室底板、顶板、墙板均无渗漏。

2. 主体结构工程

(1) 模板工程采用了集团自主研发的剪力墙三道支撑体系、防烂根处理、高低差型钢吊模、可调夹具、模板免开洞等技术,模板拼缝严密,无胀模、漏浆等现象,使得混凝土成型质量表面平整、光滑,截面尺寸准确,无明显色差,达到清水混凝土效果。见图4-17、图4-18。

(2) 钢筋工程先检后用,绑扎横平竖直,保护层采用塑料限位件,固定方便,位置准确。

(3) 30 700 m^3加气混凝土砌块砌筑规范,采用加气块免开槽施工工艺,使得各类

图4-17 剪力墙三道支撑体系

图4-18 模板免开洞工艺

实测实量数据均符合规范要求。构造柱按规范及图纸要求设置,马牙槎先退后进,上下顺直。构造柱封模时,模板面设专用嵌条,墙面贴双面止水胶带,避免漏浆,采用对拉螺栓进行加固。

(4)梁、板、柱结构尺寸准确,柱梁轴线位置偏差在4 mm以内,截面尺寸偏差控制在-2~+4 mm以内,表面平整度偏差均在5 mm以内。主体结构全高垂直度偏差10 mm,小于规范允许值24 mm,楼层层高最大误差3 mm,小于规范允许值5 mm。该工程主体结构外光内实,无结构裂缝。

3. 建筑装饰装修工程

(1)外装饰工程

153 000 m² 幕墙工程计算书及专项审查手续齐全,建筑外形新颖大方,幕墙造型现代感强,线条明晰、流畅,安装牢固,色泽均匀,接缝精准,275 600 m胶缝饱满顺直、十字接头平顺光滑、深浅一致、收口严密。"四性"检测合格,钢化玻璃抗冲击性能检测合格,经淋水试验和两个雨季考验,至今无渗漏现象。

(2)内装饰工程

室内装饰原材料复试合格率100%,放射性试验、甲醛释放量等检测均符合规范要求。室内环境检测经抽取980点,符合Ⅰ类民用建筑工程要求。

室内有防水要求房间,材料复试合格,蓄水试验共2 865批次,无渗漏。

各类原材料复试合格,木材甲醛释放含量、石材放射性等指标符合要求。

4. 屋面工程

屋面防水等级为一级,采用刚柔结合多层防水;防滑地砖饰面,经蓄水试验和半年来的风雨考验无任何渗漏。防滑面砖表面洁净,设备基座周边施工精细。整个屋面整洁美观,细部处理得当,装饰效果俱佳。见图4-19、图4-20。

图4-19 屋面全景图

图4-20 屋面局部图

5. 建筑给排水工程

给排水工程管道布置合理、排列整齐，接口严密，水压试验合格，输水流畅，无渗漏。生活给水管道系统经冲洗、消毒和水质检测，符合国家生活饮用水标准的要求。

减振设施齐全，机房设备固定牢靠、运行平稳，各种阀、部件排列整齐，压力稳定，管道安装顺直，固定牢靠，坡度准确，排水通畅，色标醒目，穿墙管道周边封堵严密，运行中无"跑冒滴漏"现象。

消防系统管道安装顺直，运行正常、可靠，消防、喷淋各系统联合调试一次成功。见图4-21、图4-22。

图4-21 机房全景图

图4-22 消防管道局部图

6. 建筑电气工程

电气工程各类原材料复试合格，各类测试满足设计及规范要求，并于2016年11月3日通过了无锡市气象局的防雷专项验收。

高低压配电室成列配电柜排列整齐，布置合理，安装稳固。

桥架安装牢固，跨接规范、无遗漏、柔性防火封堵严密。

7. 通风与空调工程

地下室风机安装端正，隔振装置齐全有效；防排烟系统联动调试合格。

地下室风管安装严密，厚度符合设计要求，运行时无振动、无噪声。见图4-23、图4-24。

图4-23 风机房全景图

图4-24 风管安装平直端正

8. 智能化工程

智能建筑工程共包括10个系统，各系统经严格调试信号灵敏，功能完善，使用效果良好。

9. 电梯工程

共设有27部曳引式电梯。电梯导轨间距、支架水平度符合规范要求。电梯运行平稳，平层准确。电梯"空载""50%额载""满载"三种工况试验和电梯超载试验符合要求。

27部电梯均通过了无锡市特种设备监督检验技术研究所的验收。

10. 节能工程

工程按照综合节能50%设计,幕墙玻璃耐热性、可见光透射比检测合格,系统节能性能检测合格,节能专项验收合格。外墙岩棉保温板复试6组,屋面聚苯保温板复试6组,系统节能性能检测合格,节能专项验收合格。

11. 工程资料

工程技术档案资料共13卷365册,编制了总目录、分目录、卷内目录和卷内细目录,分类合理,查找方便。施工组织设计、专项施工方案,图纸会审,施工日志,工程设计洽商,技术交底,分部和分项工程验收资料,隐蔽验收等施工技术管理资料齐全。各种原材料、半成品均有产品质量证明和现场复试报告,均有见证取样,数据准确可信,签字、盖章齐全,质量控制和安全使用功能资料可追溯性强。

六、工程主要特色

1. 8大特色,传承工匠精神,铸就一流品质

(1)特色1:本项目为无锡独树一帜的高端住宅小区,设计理念追求人与自然的结合,在庭院空间处理上,通过建筑自然围合出大尺度的绿化庭院,有机组织绿地、游泳池等内容,景观设计强调对称性和序列感,积极凝聚住户的归属感和认同感。2.35万 m^2 小区绿地,绿化率达45%,建筑之间有顶连廊和建筑底层的架空设计,丰富了空间的层次。见图4-25、图4-26。

(2)特色2:地下室顶板种植土堆高达1.5 m,超长超宽、荷载不均的地下结构使用

图4-25 小区设计理念先进

图4-26 有顶连廊

至今无变形、无渗漏。

(3)特色3:小区智能化程度高,出入人车分离,整个小区进出入均采用门禁系统,均由地下室刷卡通往房号住宅内。同时小区安防系统严密,采用了智能识别停车、可视对讲视频、进出入门禁刷卡、公共部位监控、110联动等一系列安保智能系统,目前整个小区安防保卫工作零案件、零投诉。

(4)特色4:外立面玻璃幕墙采用热桥中空Low-E镀膜玻璃,反射率低,耐紫外线辐射,室内效果冬暖夏凉。幕墙龙骨固定牢靠,封边收口严密,室内防护采用双层钢化夹胶玻璃,安装牢固,抗冲击性能检测合格,落地玻璃窗、开放式阳台等,不仅起到了很好的通风、采光效果,还大大地节约了能源。见图4-27、图4-28。

(5)特色5:819户住宅质量观感统一,无渗漏、空鼓、开裂、起砂等住宅通病,净空

图4-27　LOW-E中空玻璃幕墙

图4-29　屋面设备基座　图4-30　屋面水刷石泛水、不锈钢压条

图4-31　地下室耐磨地坪

图4-28　幕墙龙骨固定牢靠

尺寸控制合理、层高极差均控制在4 mm以内。2 565个卫生间采用同层排水设计,卫生洁具安装牢固整齐,墙地面石材深化设计,对缝粘贴,牢固、无空鼓。所有卫生器具逐个进行冲水试验,排水通畅无渗漏。

(6)特色6:屋面采用防滑面砖饰面,分隔合理、透气孔美观耐用。水刷石泛水工艺精湛,不锈钢压条顺直通畅。出屋面透气管包边美观、接地良好,落水口水簸箕做工精细。设备基座周边施工细腻。整个屋面整洁美观,细部处理得当,装饰效果俱佳。见图4-29、图4-30。

(7)特色7:40 242 m² 地下室耐磨地坪,分隔缝设置合理,色泽一致,平整如镜,无裂缝、空鼓、渗漏、积水现象。见图4-31。

(8)特色8:设备安装牢固、排列整齐;设备与管线连接正确,接口严密,仪表阀门标高朝向一致。机电安装各类管道,总长29.6万m,5 916个给水末端,无一处跑、冒、滴、漏,系统调试一次合格,3 924个排水端口通畅,无渗漏。见图4-32、图4-33。

图4-32　设备安装稳固

图4-33　设备仪表阀门朝向一致

2. 16个亮点,做到精雕细刻

(1)亮点1:1 280株乔木品质优级,四季变化丰富多样,群落自然性与生态效益显著。

（2）亮点2：819个厨房间橱柜安装美观牢固，灶具、油烟机运行良好。

（3）亮点3：室内石材地面色泽均匀，镶贴合理，拼缝均匀。见图4-34。

图4-34　地面石材色泽均匀

（4）亮点4：内墙壁纸粘贴牢固、平整、细腻、色泽一致、接缝严密、纹路对应。

（5）亮点5：47 200套室内插座预埋位置精确，安装平整无缝隙，标高尺寸统一。

（6）亮点6：楼梯踏步粗粮细作，高宽一致，扶手安装细腻，高度满足功能要求。

（7）亮点7：汽车坡道面层采用环氧树脂喷砂技术，坡度正确、角线圆滑顺弧、消声耐磨，防滑耐用。

（8）亮点8：管道支、吊架设置通过受力计算，制作、安装均通过策划，成型后横成行、竖成列、斜成线；所有的末端装置均在一条直线上。见图4-35。

图4-35　末端设备成行成线

（9）亮点9：84 850 m给排水管道坡度准确，排水通畅，色标醒目，穿墙管道周边封堵严密美观。

（10）亮点10：消防系统设备安装布置紧凑，运行正常；油漆色泽均匀，标识清晰完整。

（11）亮点11：设备基础、排水沟槽规整、美观，设备机房洁净清爽。见图4-36。

（12）亮点12：3 980台配电箱、柜排列整齐，接地良好，配线整齐，标识清晰。

（13）亮点13：12 500 m桥架安装准确，跨接正确无遗漏。

（14）亮点14：避雷带敷设顺直、引下线标识醒目；室外防雷测试点安装平整。见图4-37。

图4-36　设备机房　　图4-37　避雷带安装顺直

（15）亮点15：7300 m^{2}风管安装牢固、平稳、端面平行。

（16）亮点16：智能化设备整洁美观，线路规整，系统运行稳定，视频监控图像清晰。

七、工程综合效益及获奖情况

本工程先后获得了无锡市优质结构工程奖、无锡市"太湖杯"优质工程奖、江苏省"扬子杯"、2018年度中国建设工程"鲁班奖"、江苏省建筑施工文明工地、江苏省新技术应用示范工程、江苏省优秀勘察设计奖等荣誉，并获科技管理类奖项多项。

本工程以出色的工程质量和先进的科技理念、舒适的居住环境，赢得了社会和用户的一致好评，现小区入住率达85.3%，住户均表示非常满意。

我们将以此次创建精品工程的活动为契机，传承工匠精神，精益求精，打造更多的优质工程。

（黄鑫岳　黄海峻　唐超智）

5 江苏大剧院
——中国建筑第八工程局有限公司

一、工程简介

图5-1 江苏大剧院正大门

江苏大剧院作为江苏省最大的文化工程，被定位为"世界级艺术作品的展示平台、国际性艺术活动的交流平台和公益性艺术教育的推广平台"，是江苏省弘扬高雅艺术，推动国际文化交流的重要殿堂，又是面向公众的文化活动平台，文化惠民的开放场所，是规模仅次于国家大剧院的国内一流、世界先进的现代化大剧院。建筑以荷叶水滴造型矗立于长江之畔，深度契合"山水城林"的南京城市特色，完美诠释"水韵江苏"的设计理念，是南京市乃至江苏省的地标性建筑，对于江苏文化强省战略的深入推进具有重大里程碑意义！

江苏大剧院总建筑面积26.55万 m^2，建筑高度47.3 m，位于长江之滨的南京河西新城核心区，在河西中心区东西向文体轴线西端。它是一个集演艺、会议、展示、娱乐等功能为一体的大型文化综合体，分为歌剧厅、音乐厅、戏剧厅、综艺厅、共享空间等五部分，能满足歌剧、舞剧、话剧、戏曲、交响乐、曲艺和大型综艺演出的功能需要，功能齐全，视听条件优良，技术先进，设备完善。

本工程造型复杂，设计新颖，设计使用年限50年，桩基为混凝土钻孔灌注桩，地下室属于超长超宽混凝土结构，采用框剪核心筒+外罩水滴形钢结构，剧场和舞台周边的剪力墙和核心筒兼做竖向承重结构及抗侧力构件，屋盖及外围护体系采用大跨空间钢结构，两者组合成一种混合结构体系。外围护结构由钛金属板及玻璃飘带组成，金属屋面与玻璃飘带大部分为双曲面。

图5-2 江苏大剧院航拍

图5-3 公共大厅

图5-4 歌剧厅

图5-5 音乐厅

图5-6 戏剧厅

图5-7 综艺厅

二、如何创建精品工程及创建过程

1. 精品工程综合要求

精品工程是具有优良的内在品质和精致的外观效果的工程（内坚外美），是优中选优的工程。要创建精品工程，首先要了解精品工程的要求，精品工程的整体水平应从以下五个方面进行综合评价：质量、科技、绿施、管理、综效。

（1）工程安全、适用、美观

各项技术指标符合国家工程建设标准、规范、规程。

设计先进合理，功能齐全，满足使用要求。

地基基础与主体结构安全稳定可靠，符合设计要求。

设备安装规范，管线布置合理美观，系统运行平稳、安全、可靠。

装饰细腻，工艺考究，观感质量上乘。

工程资料内容齐全、真实有效、编目规范，具有可追溯性。

（2）积极推进技术进步与科技创新

获得省（部）级及以上科技进步奖，获得省（部）级及以上工法或发明专利、实用新型专利。

应用建筑业10项新技术中的6项以上，且成效显著；积极采用新技术、新工艺、新材料、新设备，并在关键技术和工艺上有所创新。

通过省（部）级及以上新技术应用（科技）示范工程验收，其成果达到国内先进水平。

（3）施工过程符合"四节一环保"

在节能、节地、节水、节材等方面符合国家有关规定。

在环境保护方面符合国家有关规定，环保等专项验收合格。

获得地市级及以上文明工地和省部级、国家级绿色施工示范工程荣誉称号。

（4）工程管理科学规范

质量保证体系和各项规章制度健全，岗位职责明确，过程控制措施有效。

运用现代项目管理方法和信息技术，实行目标管理。

符合建设程序，资源配置合理，管理手段先进。

项目管理成果获省部级奖项。

（5）综合效益显著

项目建成后产能、功能均达到设计要求。

主要经济技术指标处于国内同行业同类型工程领先水平。

建设和使用单位满意，经济效益和社会效益显著。

2. 目标设立及创优策划

创建精品工程首先要设定创建目标，并进行合理的目标分解。根据招标文件要求、合同约定，以及项目自身条件等，确立创优目标。

创优相关方包括：建设单位、工程勘察单位、设计单位、监理单位、工程总承包单位、分包单位、各行业内的固定施工单位、社会与政府监督管理机构等。通过责任主体的沟通互动，达成共识，统一目标，明确责任，坚定信心，形成凝聚力、合心力。另外，领导层重视质量管理是关键，确保长效的质量目标得以实现。

施工之前要进行详细的创优策划，策划要层层围绕目标开展工作，以工作质量保证工序质量，以工序精品保证过程精品，以过程精品保证工程精品。过程中进行岗位考核，对专业分包和作业班组用合同的奖罚条款予以约束。施工前对施工流程、质量控制、工程细部做法、技术资料收集等方面进行充分考虑，做通盘策划。

主体工程施工要考虑到装饰装修施工，装饰装修施工又要考虑到水暖通电等安装工程施工，规划好工种间、工序间在时空上的穿插。对建筑物功能性、美观性有较大影响的工序质量要尤其重视。

策划时要重视资料的收集，从定位放线、桩基施工开始到竣工验收整个施工阶段不间断地进行资料收集。同时还要重视绿色施工和新技术应用。务必把创建绿色施工示范工程、新技术应用示范工程与创建优质工程有机结合起来。

策划时要尤其重视工程亮点的确立，努力做到"人无我有、人有我优、人优我精、人精我特"，要根据工程本身特点或周围环境等因素，创造出一些令人耳目一新的亮点。

针对主要分项工程进行专项策划，根据工程特点，确定各分部、分项工程的质量标准，明确施工工艺标准，设计工程细部质量特色与亮点，规划技术亮点，制定质量通病防治措施等。必须遵守强制性条文，符合现行设计、技术及验收规范。

总包项目部立足于"服务指挥部，服务管理专业工程承包商"的理念，做好与指挥部、其他专业分包单位的配合协调工作。以"提前介入、分别商议、集中解决、互谅互惠"的方式，对各专业单位进行协调，保证工程的快速有序进行。

平行建立总承包管理团队，以安全及文明施工为抓手，以工程质量为核心，以工期管理为主线，运用目标管理、过程管理、信息化管理等手段，紧紧围绕工程的重点和关键点，通过程序化、标准化、规范化的项目管理，达到令行禁止、步调一致，最终实现工期、质量、安全、科技、绿色施工的目标。

图 5-8 创优"四化"原则

3. 经典创优做法

1）钻孔灌注桩桩头截桩工艺

（1）工艺名称：钻孔灌注桩桩头截桩工艺。

（2）规范要求：桩嵌入承台内的长度对于中等直径的桩不宜小于 50 mm；对于大直径桩不宜小于 100 mm。

（3）工艺要点

① 引测桩头标高控制线至桩头。

② 采用圆盘锯对钻孔灌注桩保护层进行切除，控制切割深度，切割深度小于保护层厚度 10 mm。

③ 剔除桩头嵌入端以上钢筋保护层，在锯桩头顶标高上 30 mm 处沿桩边对称打眼，用钢楔切断桩头。

④ 采用风镐对桩头进行修平，确保桩头质量及嵌入长度

（4）工艺照片及节点详图

图 5-9　现场截桩

图 5-10　截桩完工照片

2）耐磨地坪施工工艺

（1）工艺名称：耐磨地坪施工工艺。

（2）规范要求：整体面层平整，误差小于 4 mm，无裂纹、无起砂；硬化耐磨层厚度、强度等级、耐磨性能满足设计要求。

（3）工艺要点

① 对地面进行仓块划分，仓块按照轴线划分，仓块划分与地面切割分缝大小一致，分仓间距不大于 4.5 m，宜 3 m。

② 分仓模板采用槽钢支设，槽钢顶为混凝土面标高，槽钢支设时每边应大于分仓缝 2 cm。

③ 采用条形填仓法施工。第一次浇筑时以侧模槽钢（排水沟处使用角钢）边口为混凝土面层标高，填仓浇筑时以分仓缝边口为标高点。使用 5 m 刮尺跨两边钢模（填仓缝边口）进行一次性刮平，仓块内不进行灰饼布置。此方法有效避免了灰饼处面层开裂，提高了整体平整度，局部浇筑如图 5-11 所示。

④ 地坪混凝土浇筑时分两层浇筑，先浇筑 5～7 cm 厚，浇筑长度 4～5 m，刮平放入抗裂钢筋网片，再浇筑面层混凝土，依次向后退浇。

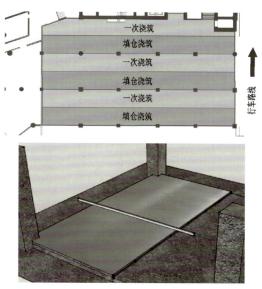
图 5-11　跳仓法浇筑及刮平示意图

⑤ 一次浇筑仓块强度满足拆模条件后，拆除型钢模板，并弹线切割分仓缝，确保分仓缝顺直，然后填仓浇筑。

⑥ 基层混凝土浇筑刮平后立即撒耐磨粉，用量控制在 5 kg/m²，收光时清除接缝处的水泥砂浆。

（4）工艺照片及节点详图

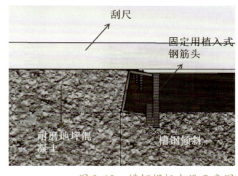
图 5-12　槽钢模板支设示意图

图 5-13　耐磨地面完成后效果

3）曲面造型GRG墙面吊顶施工

（1）工艺名称：曲面造型GRG墙面吊顶施工。

（2）规范要求：GRG吊顶表面平整，无凹陷、翘边、蜂窝麻面现象，GRG板接缝平整光滑；安装牢固可靠，转角过度平滑，涂料喷涂均匀分色界面清晰。

（3）工艺要点

① 工序

现场三维数据采集→点云建模→模型对比→数字化下单、加工→三维空间测量放线→GRG单元板安装→嵌缝处理→做面层

② 工艺做法

A. 现场三维数据采集

对施工现场进行三维扫描，采集相关信息，生成相关数据报告，为后续的信息模型建立工作提供优先条件。

B. 点云建模

点云建模，也可称作逆向工程或者反求工程。依据扫描仪生成的点云外形，采用专业的逆向软件来反求出与扫描对象吻合的三维模型。

C. 模型对比

将现场曲面网壳基层GRG模型与设计模型做数据比对，进行施工前的模型碰撞试验，找出存在冲突的区域，针对该区域设计进行空间调整。

D. 数字化下单、加工

根据之前做的数据扫描工作及调整后的模型，将模型做合理化的分割后再进行后场加工。

E. 三维空间测量放线

大型异形空间GRG曲面网壳基层是没有办法运用常规的放线方式来指导施工的，项目部运用大空间自由曲面三维数字化施工工法进行放线、定位。

通过BIM系统，在已建立的装饰三维模型中生成三维轴线网，并通过三维轴线网，结合面层材料的板块分割位置，生成各板块自有的三维坐标控制点，来指导面层材料的安装定位。

F. 固定GRG单元板

GRG单元板之间用6 mm螺杆连接，螺杆中在单元板之间用小木块做垫片。

G. 嵌缝处理

在天花GRG板安装完成后，检查对拉螺栓是否全部拧紧，所有板缝填补密实后，再在板背面的拼接缝部位，采用用专用嵌缝膏填实板缝。GRG专用填缝剂，配10%～20%的玻璃纤维丝拌和成浆，顺着拼接缝的反边整体进行坞绑，坞绑层的厚度应大于GRG板自身厚度。进一步加强天花的整体强度和刚度，避免天花在板块自重的下垂力作用下出现开裂。填实后1 h再均匀地刮一层嵌缝膏并贴好玻璃纤网格胶带（50 mm宽），再刮一遍嵌缝膏，使带嵌入膏体内，三道工序连续处理。

（4）工艺照片

图5-14 歌剧厅GRG墙体

图 5-15 公共大厅 GRG 吊顶

4）钛复合板制作及安装

（1）工艺名称：钛复合板制作及安装。

（2）规范要求（质量要求）：横向缝保证 100 mm ± 2 mm，竖向缝隙保证 25 mm ± 1 mm，表面平整度 100%。

（3）工艺要点

① 钛复合板加工

钛复合板和铝复合板均为复合板材，但钛复合板的面材为 0.3 mm 钛金属板，底面为 0.3 mm 不锈钢板，材质的硬度强度都远高于铝板，所以钛复合板的加工与铝复合板的加工工艺基本相同，但是加工设备则有很大不同。

② 板材的切割

钛复合板的裁切以及开槽等工艺均采用 CNC 加工中心进行。加工时要同时加入水基的冷却喷雾和冷空气。冷却雾和冷风应吹向刀具的切割面上，理想的加工需要每分钟 10～20 ml 的冷却雾。

工序的加工方法：首先用 12 mm 的平头刀铣去背板；然后用 11 mm 球头刀或 V 形刀刨槽。在沟槽的底部保留 0.3 mm 的芯材非常重要，可以保证刨槽刀不碰到底部的金属板。刨槽刀是普通硬度合金钻头，第三道工序是板子边缘的外形加钛复合板可以使用传统的加工金属或塑料板材的方法弯弧加工。

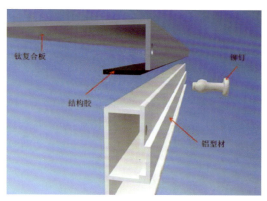

图 5-16 钛复合板、铝型材连接示意图

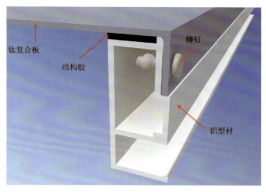

图 5-17 钛复合板、铝型材连接节点

③ 钛复合板与铝型材连接

首先将开槽折边好的钛复合板准备到位，做好清洁处理，采用固定钳固定，防止铝型材与钛复合板之间发生相对移位，采用手电钻进行钻孔并使用铆钉固定。固定完成后清理铝屑等污染物，再进行耐候结构胶注胶工序，结构胶的固化时间：50% 湿度，+25℃：7～14 天，所以钛复合板加工完成后要放置 7 天左右才可以进行安装。

无论是平板还是弧板，其副框工艺是相同的，只是弧板需要对板进行弯弧处理，铝型材首先要形成完整的框架，四条主框相交部位需要切斜角，组框时要使用铝制组角件，并调整好组角机的角度，中间加筋副框采用铝制 L 形连接件，直接在外部使用铆钉连接。铝框形成一个完整的整体后再去和钛复合板连接,钛复合板折边与铝型材之间用铆钉机械固定。

注胶完成后注意将板面清理干净,放在通风处让结构胶充分固化。

④ 钛复合板安装

利用3D激光扫描技术对现场外罩钢结构进行3D扫描,以施工测量控制网中的基准点,建立次檩条的平面控制网。选取部分檩条作为定位檩条进行复测,得出误差后再进行调整,最后安装。最后利用檩条模型,进行钛板板块的分块及点位测量、安装。

(4) 工艺照片

图5-18 钛复合板施工过程

图5-19 钛复合板完工效果

三、工程获得的各类成果

江苏大剧院建成后,秉承"高贵不贵,文化惠民"的理念,已提供经典演出200余场,30万人次陆续走进剧场,打造成为南京市民的文化客厅;并成功承办了"520"江苏省发展大会,第十二届江苏省人民代表大会第六次会议,第十三届江苏省人民代表大会第一次会议,政协江苏省第十二届委员会第一次会议等重大活动。结构安全可靠,设备运转正常,系统运行良好,功能满足设计和使用要求,业主非常满意。

该工程先后获得以下奖项(见表5-1):

表5-1 获得奖项一览表

序号	奖项名称	颁奖单位	获奖年份
1	南京市优质结构工程	南京建筑业协会	2016年
2	南京市"金陵杯"优质工程奖	南京建筑业协会	2014年
3	江苏省优质工程奖"扬子杯"	江苏省住房和城乡建设厅	2018年
4	鲁班奖	中国建筑业协会	2018年
5	中国钢结构金奖	中国建筑金属结构协会	2017年
6	江苏省勘察设计行业协会优秀设计	江苏省勘察设计行业协会	2018年
7	江苏省建筑业新技术应用示范工程	江苏省住房和城乡建设厅	2018年
8	中国金属围护系统工程"金禹奖"	中国建筑防水协会	2017年

续表

序号	奖项名称	颁奖单位	获奖年份
9	"中建杯"(优质工程金质奖)	中国建筑股份有限公司	2018年
10	江苏省建筑施工文明示范工地	江苏省住房和城乡建设厅	2015年
11	第四批全国建筑业绿色施工示范工程	中国建筑业协会	2017年
12	全国优秀焊接工程一等奖	中国工程建设焊接协会	2016年
13	全国工程建设优秀QC小组一等奖	中国建筑业协会	2016年
14	全国工程建设优秀QC小组活动成果一等奖	中国建筑业协会	2016年
15	上海市工程建设优秀QC成果一等奖	上海市工程建设质量管理协会	2015年
16	江苏省工程建设优秀QC成果三等奖	江苏省建筑行业协会	2016年
17	中国建设工程BIM大赛卓越工程项目奖	中国建筑业协会	2015年
18	中建总公司科学技术奖三等奖	中国建筑工程总公司	2017年
19	江苏省优秀论文一等奖	江苏省土木建筑学会建筑施工专业委员会	2015年

（黄　海　汪贵临　章　群）

6 扬州西部交通客运枢纽工程
——江苏扬建集团有限公司

一、工程概况

扬州西部交通客运枢纽工程是扬州市政府基础设施建设的重点项目，为一级客运站。具有公路客运、旅游集散、城市公交、公共服务、交通枢纽等功能。与拟建地铁、城市轨道交通"无缝对接"，是一项零距离换乘的民生工程。本工程地下1层（局部2层），地上4层（局部5层），项目总投资约4.21亿元，总建筑面积82 099 m^2，东西长164 m，南北宽165 m。钻孔灌注桩，独立+筏板基础；钢筋混凝土框架结构；钢结构金属屋面。见图6-1。

图6-1　项目照片

建筑造型独特、新颖，内部结构错落有致，大气磅礴，极富现代气息。从建筑、结构、设备、暖通、给排水、智能化设计到材料选用，均体现现代化交通客运枢纽的科技、节能、环保、绿色理念。它为旅客安全、便捷、优质的出行打开了方便之门，为扬州市搭建了"跨过长江、融入苏南、接轨上海"新的快速跑道。

本工程由江苏省扬州汽车运输集团公司兴建，扬州市筑苑岩土工程责任有限公司勘察，中设设计集团股份有限公司设计，扬州市建苑工程监理有限责任公司监理，江苏扬建集团有限公司施工总承包。工程于2013年3月10日开工，2015年7月30日竣工验收。

二、工程施工管理、主要技术难点及技术措施

工程开工前，各单位及项目部、施工班组明确制定了"确保省优质工程、争创鲁班奖"的质量目标。项目部确立了"策划先行，重视过程管理"的项目管理策略。以项目经理为核心，落实项目责任制的管理方法，制定针对性措施，协调交叉作业，保证工程质量，按期顺利竣工。见图6-2。

图6-2　创优小组

强化事中过程质量控制措施,重视事后质量落实和成品保护措施,确保创优目标的实现。

(1)工程量大,交叉作业多,总承包管理难度大。项目部编制工程创优策划书(见图6-3),落实专项方案编制与审批,制定针对性措施,协调交叉作业,保证工程质量,按期顺利竣工。

图6-3 工程创优策划书

(2)标准化建设。根据集团编制的安全质量标准化图集,现场临建设施、安全防护设施做到定型化、工具化、标准化,见图6-4。

图6-4 标准化

(3)施工中设置约500个坐标点、标高控制点。工程测量精度高、工作量大,应用了省级"电子图与全站仪、GPS数据无缝链接放线施工工法",全站仪与电脑AutoCAD联合测量放线,成功地解决了工程占地面积大和放线效率低等难题。

(4)地下室墙板最长193.76 m、最厚800 mm,制定相应措施,解决了混凝土墙体抗裂和渗漏难题,获得国家级工法"防渗混凝土墙设置抗裂钢塑复合网施工工法"和"采用钢塑抗裂格栅网浇筑混凝土墙板的施工方法"发明专利。见图6-5。

图6-5 钢塑抗裂格栅网

(5)地下室东西长193.76 m,南北长167.57 m,底板最厚1 300 mm,属于超长、超厚大体量混凝土,采取"整体分块跳仓法"施工浇筑技术、温度监控及蓄水养护等措施,确保了混凝土内在质量和成型美观效果。获得国家级工法"超大面积地下室混凝土结构整体跳仓法施工工法"1项、"用于超大面积地下室结构的高性能、低收缩混凝土"发明专利1项。见图6-6。

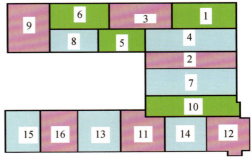

图6-6 跳仓网格

（6）二层屋面发车平台12 933 m²，面层为200～400 mm厚混凝土，通过优化设计（排水方向、天沟布置、屋面构造等），结合无粘结预应力空心楼盖，应用了省级工法"停车屋面变形缝施工工法"，成型美观，无贯穿裂缝，经数次大暴雨检验，无积水、渗漏现象。见图6-7。

（7）金属幕墙7 600 m²，其中屋面檐口"水滴"金属艺术造型2 300 m²（计48个），曲面放样、制作精度控制难度大。为达到"水滴"自然效果，采用Rhino软件做出了多个"水滴"造型的三维模型，优化出最"自然"的模型，指导现场实际施工，见图6-8。

图6-7　发车平台　　图6-8　水滴造型

（8）给排水管23 922 m、消防管50 811 m、通风管30 000 m，安装管线种类多、管径大、错综复杂；大量穿越消防分区墙、楼板及沉降缝，标高各异、安装空间小、施工难度大。结合BIM技术，使用Magicad软件进行图纸预装配，避免发生管道线路的位置冲突和标高重叠。通过BIM技术应用获得安装之星全国BIM应用大赛一等奖，见图6-9。

图6-9　安装之星

三、工程质量情况

1. 地基与基础分部

（1）工程桩检测

桩基公司施工的钢筋混凝土钻孔灌注桩，由扬州公诚监测有限公司进行了相关桩基检测，低应变、超声波、静载荷试验结果均符合设计要求。低应变检测107根；超声波检测20根；静载检测6根均为Ⅰ类桩。Ⅰ类桩达到100%，无Ⅱ、Ⅲ类桩。见图6-10。

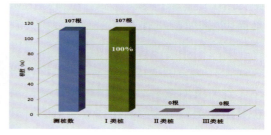

图6-10　桩基类型分布图

（2）沉降观测

建筑物共设置28个沉降观测点，做工考究，美观适用。经江苏省工程勘测研究院实际测量，建筑物沉降观测最后100天最大沉降速率0.001 7 mm/d。建筑物结构自竣工以来，经观察无裂缝、倾斜、异常变形等现象发生。见图6-11、图6-12。

  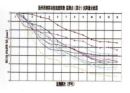

图6-11　沉降盒　　图6-12　沉降曲线

2. 主体结构工程

（1）工程主体结构混凝土柱、梁、板截面尺寸准确，节点方正，内实外光，施工质量优良，主体测量垂直度偏差最大值2 mm，无影响主体结构安全的裂缝。见图6-13。

图 6-13　主体结构

（2）Q345B 劲钢-混凝土组合柱 18 根、梁 12 根，采用摩擦型高强螺栓拼装，连接可靠。钢结构制作、安装，焊缝经超声波检测全部合格。防火、防腐、涂料涂层厚度检测全部满足设计要求。见图 6-14、图 6-15。

图 6-14　劲钢-混凝土组合柱、梁　　图 6-15　超声波检测

3. 建筑装饰装修分部

（1）室内涂料墙面，粉刷无空鼓、裂缝现象，阴阳角方正、顺直，涂料色彩一致，细部处理精细。

（2）室内白色金属铝板干挂墙面，节点牢固，表面平整、色泽一致，板缝均匀平直，板面无明显划痕或污渍，胶缝平直，无缺陷。见图 6-16。

（3）楼地面白麻花岗岩、玻化砖、PVC 塑胶地板、实木地板，粘贴牢固，平整光洁，接缝平顺严密，无空鼓。见图 6-17。

（4）成品复合门、防火密闭门、过道落地玻璃隔断、铝合金窗等安装牢固，开启灵活，胶缝平顺美观。小五金安装规范、细腻，油漆光滑手感好，无交叉污染现象。

（5）金属挂板、铝板、石膏板等吊顶造型简洁，板块排列美观，板缝顺直、宽窄均匀，做工精细。见图 6-18。

图 6-16　金属铝板干挂墙面　　图 6-17　白麻花岗岩　　图 6-18　金属挂板

（6）外立面采用中空 Low-E 玻璃、铝单板和花岗石板材等面板的组合幕墙 30 000 m²，经过深化设计与精心施工，分格协调，交接合理、严密。幕墙的"四性"检测结果符合规范及设计要求。外立面幕墙与主体结构连接牢固，整体性强；立面和造型平顺、挺拔，表面无色差、无二次切割和打磨现象，观感极佳。见图 6-19。

4. 建筑屋面分部

金属屋面 13 117 m²，板长 36.50 m，应用省级工法"大面积复杂建筑造型金属屋面施工工法"，采取现场搭设适宜高度的设备平台，使用成套设备高空制作铝镁锰屋面板，屋面板通长无接头、一次成型、360°直立锁边，整体防水效果特别佳，至今无渗漏。见图 6-20。

5. 建筑给排水与采暖分部

给排水管道选材正确、安装合理、支架牢靠、坡度顺向、排水通畅。设备调试到位、运行良好，通水、通球、满水、压力试验等均通过现场检测，联动灵敏可靠，水质卫生达标。见图 6-21。

图6-19　外立面幕墙

图6-20　金属屋面

图6-21　给排水管道

6. 通风与空调工程

风管成型美观、安装牢固,管道保温严密无结露。组合式风机处理柜标识清晰,风管接口连接严密、牢固,柔性短接,松紧适度,无扭曲。见图6-22。

图6-22　通风与空调工程相关图片

7. 建筑电气工程

配电箱、柜排列整齐、盘面平整、标高一致、固定牢靠、布线整齐,电管、桥架安装横平竖直、排列有序,接地、绝缘电阻测试合格,照明全负荷试验仔细检查、记录齐全。见图6-23。

图6-23　配电箱柜

8. 电梯工程

自动扶梯、电梯运行平稳,停层准确,无撞击声,松闸无摩擦,安全可靠。见图6-24、图6-25。

图6-24　垂直电梯

图6-25　自动扶梯

9. 智能化消防工程

多媒体、计算机网络、自动售票等13个智能化系统,系统众多线缆敷设顺直,信号通畅、运行灵敏可靠,见图6-26。空间智能灭火、消火栓、自动报警系统等消防末端设备安装牢固可靠,各系统管道安装横平竖直,支架布置合理。联动控制系统,经检测符合消防验收规范要求。

10. 绿色建筑及节能工程

扬州西部交通客运枢纽设计主要取决于各类交通流线的组织和处理,旅客换乘的便捷性,人与车流线之间的合理性。投入运行后,在提高整体管理水平的同时,节省能耗、降低管理成本、提高运作效率,形成绿色、智能、环保型交通客运枢纽。

1) 节地

(1) 地下室设置了375辆机动车和400辆非机动车辆的停车位,以及供电、供水、消防、地源热泵、智能化等设备用房等,节省了土地面积39 540 m²。见图6-27。

(2) 围护墙和内隔墙全部使用非黏土材料,节省了大量土地资源。见图6-28。

图6-26 智能控制

图6-27 地下车库

图6-28 隔墙

2）节材

（1）工程梁、板、柱等结构中广泛采用了HRB400级钢筋11 000 t。它与普通钢筋相比，具有良好的力学性能，不易变形，节约钢筋130 t。

（2）直径超过22 mm的水平钢筋，以及直径超过28 mm的竖向钢筋采用了直螺纹机械连接技术。使用直螺纹接头约32 000个，大大提高了接头的施工和钢筋骨架成型质量，节省了17万元。

（3）钢梁、钢柱等结构中广泛采用了Q345B低合金钢2 000 t，力学性能良好。运用TEKLA软件和BIM技术，进行深化设计和建造模型，使钢材加工制作损耗降为1.5%，节约30 t钢材。见图6-29。

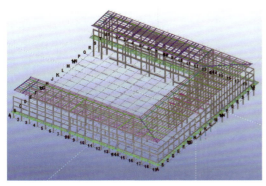
图6-29 TEKLA深化

（4）大量使用金属挂板吊顶、成品隔断、成品天花板，现场可扩展、可拆卸安装。可回收利用，既节能又环保，降低工程投入使用后的运行成本。见图6-30。

图6-30 金属挂板

3）节能

（1）工程采用节能墙体材料，中空Low-E玻璃，管道保温，自动控温空调，智能照明控制，设备自动监控，变频调速装置等。见图6-31。

图6-31 中空Low-E玻璃

（2）采用地源热泵、水冷冷水机组作为空调冷、热源，节能环保；保温严密，减少能量损耗；设备自动监控，变频调速自动控温，实时监控能耗，自动选用最经济运行模式，自动化程度高，操作简便，智能先进，每年节约能源约490.50万元。见图6-32。

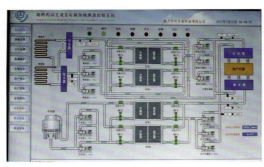

图6-32　地源热泵控制系统

(3) 利用太阳能制备热水,空气能辅助加热,充分利用太阳能,经济环保节能。每年节约能源约43.50万元。见图6-33。

图6-33　太阳能

(4) 大量采用LED光源,灯具控制采用智能照明控制系统。采用多种场景模式,控制方便,每年节约能源约32.85万元。

4) 节水

(1) 利用管井降水的地下水与收集雨水,对浇筑后的混凝土进行养护,以及冲洗车辆设备和浇洒现场的施工道路等,节省自来水约1 840 t。

(2) 使用建筑节水型节水器具与设施,小便器及蹲便器冲洗阀采用按钮式延时阀,从而节约水资源。

5) 环境保护

应用"建筑施工现场绿色施工降尘系统施工工法",使用了立体式喷淋降尘系统与环绕式道路喷淋降尘系统,综合布置在环形围栏、脚手架、塔吊等部位,结合防尘水炮和洒水车,降尘效果明显。见图6-34。

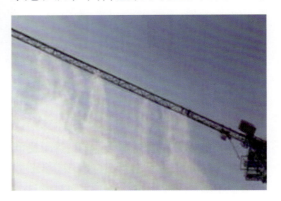

图6-34　扬尘控制

四、综合效果及获奖情况

扬州西部交通客运枢纽工程采用了多项新技术、新工艺、新材料、新方法,施工质量符合国家规范和设计要求,获得的主要奖项和荣誉有:

(1) 获得2017年度江苏省优质工程奖"扬子杯"。

(2) 获得2015年华东片区建设工程质量监督工作年会"示范样板工程"。

(3) 屋面钢结构工程获得2015年度江苏省优质工程奖"扬子杯"。

(4) 内装饰、幕墙工程获得2015年度江苏省优质工程奖"扬子杯"。

（5）获得2015年度江苏省"建筑业新技术应用示范工程"。

（6）获得2015年扬州市建筑施工"文明工地"。

（7）获得2017年江苏省勘察设计行业"优秀设计"奖。

（8）获得2016年度扬州市优质工程奖"琼花杯"。

（9）获2017年安装之星全国BIM应用大赛"一等奖"。

（10）获得国家级工法2项；江苏省省级工法3项。

（11）获得发明专利1项；获得实用新型专利1项。

（12）获软件著作权6项。

（13）"水滴金属艺术造型悬吊施工技术"，被评为2015年装饰装修行业"科技创新成果奖"。

（14）"确保客运车发车平台变形缝的施工质量"QC获2015年江苏省"工程质量管理小组活动成果优秀奖"。

（15）"大型停车场屋面结构施工方法探究""铝镁锰金属屋面成套施工工艺"，获得江苏省"建筑施工优秀论文一等奖"；"水滴金属艺术造型悬吊施工技术""多种室内装饰伸缩缝施工技术"，获得江苏省"建筑施工优秀论文三等奖"。

扬州西部交通客运枢纽工程在施工过程中，多次接受国家、省、市的专项检查，均获得好评；在创优过程中，不断创新，精益求精，与时俱进。工程自竣工近四年的使用，各项功能满足设计和使用要求，所有设备运行正常，日高峰客流量2.5万人次，日均客流量约1万人次。用户非常满意。本工程工程质量优，科技含量高，节能环保佳，综合效益好，已入选2018—2019年度第一批中国建设工程"鲁班奖"。

（任德宁　郭善祥　王跃康）

7　镇江西津音乐厅及实验剧场

——镇江建工建设集团有限公司

一、工程概况

1. 建筑风格

西津音乐厅工程于2013年12月开工，2016年8月建成，位于镇江市西津渡历史文化街区的东北角，北邻长江南岸，属东印度建筑风格，与整个仿明清和西方古典风格的历史街区融为一体，相得益彰。该工程外形精工细雕、均衡对称、线条流畅、古朴端庄；内装豪华典雅，为典型的东印度建筑特点的现代仿古工程。

2. 建筑面积

工程由西津音乐厅和实验剧场两个相邻单体组成，建筑面积10 991 m²，其中地下1层、地上3层、局部钟楼7层。

3. 建筑高度

音乐厅19.2 m、实验剧场12.8 m、局部钟楼33.5 m。

4. 结构及安装工程形式

桩基筏板基础，钢筋混凝土框架结构。工程中配套有给排水、自动喷淋及跟踪定位射流灭火系统、防排烟、空调系统、电梯、智能通信系统等安装系统工程。

5. 装饰工程

外装饰主要为青、红砖砖砌清水墙、拱券、罗马柱、石材线条、铜门窗等；内装饰地面主要为环氧、天然大理石、地砖、实木地板、地毯，墙面主要为石材、木饰面、墙纸、乳胶漆等，吊顶主要为铝板、石膏板及GRG吊顶等。整体造型外观见图7-1。

图7-1　西津音乐厅外形实体照片

二、创"国优"精品的实施过程

1. 建设目标与评估

建设目标为创"国优"精品工程。本工程是历史遗址重建项目，其前身为复兴大戏院，建筑面积10 991 m²，清水砖外墙有浓郁的东印度建筑风格，内装修高端大气，具备创"国优"的仿古建筑的工程性质和体量。

（1）多方合作、精心策划、加强协调、责任到人

工程建设涉及面广、参与单位众多，为实现工程创优目标，总包方、设计、监理、建设单位及质量监督单位共同参与，项目落实创优领导班子成员的岗位职责和工作标准；项目班子各部门成员的岗位职责和工作标准；项目部各管理岗位的职责和工作标准，并实行职责考核和奖罚制度，不定期召开协调会，定时召开现场创优例会。见图7-2。

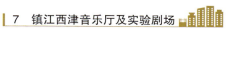

图7-2　及时召开各方协调会

（2）建立创优的专项机构，有计划、有安排、有检查、有落实

本次创仿古建筑国优精品工程是我公司在工程创优历史上的首次，没有经验，所以在工程开工时从公司层面到项目部高度重视，明确创优目标为"国优"，成立以总经理为组长，公司总工程师、公司生产副总和项目经理为副组长，项目部和公司安全工程部主要人员为成员的"创国优攻关小组"，制定创优总体计划及月、周分计划，每项工作责任到人，每周五下午定期召开创优专题会议，对本周出现的问题及时解决，制定下周工作计划。

同时，与建设单位、设计院、项目监理、各专业分包单位及钢筋、混凝土供应商等相关单位达成创国优的一致认识，统一思想。

2. 创优重点、难点、亮点分析

本工程的创优重点是外墙清水砖墙及砖饰线条、主体钢筋混凝土工程、内装饰工程、屋面工程、门窗工程、地面工程和水电、暖通、消防、电梯等安装工程。

本工程的创优难点是仿古外墙清水砖墙和砖饰线条。

本工程创优的亮点是古朴典雅的东印度风格清水砖外墙及精致美观的地面、墙面及吊顶装修。

3. 施工经验与建设成效

1）土建与装饰工程

本文对外墙清水砖墙和砖饰线条做重点介绍，其他分项做一般介绍。所有外墙的工艺实行样板开路，验收合格，达到创优标准后再全面施工。

（1）外墙砖材料要求

烧结砖外形尺寸允许偏差一律按"优等品"规格，具体要求见表7-1。

表7-1　外墙砖材料要求标准

公称尺寸（mm）	优等品		外观要求
	样本平均偏差（mm）	样本极差（mm）	
240	±2.0	≤8	表面平整，色差基本一致
115	±1.5	≤6	
53	±1.5	≤4	

图7-3　砖材料的选择

（2）清水砖墙砌筑

工程内外墙不同材料、不同模数混合搭砌和拉结工艺，既能满足结构抗震要求，又能满足节能要求，是现代框架结构体系与传统砌墙施工工艺相融合的典范。施工时首先要挑选砖的尺寸和平整度，外观合格后提前12 h浇水湿润，砌筑时严格按照皮数杆控制灰缝宽度，缝宽控制在12 mm。验收标准高于国家规范标准允许偏差（小1～5 mm），具体见表7-2。

表 7-2　项目验收标准

项次	项　目		允许偏差（mm）	检验方法	抽查数量
1	基础顶面和楼面标高		±10	用水平仪和尺检查	每一检验批次不少于8处
2	表面平整度	清水墙柱	3	靠尺和塞尺	自然间100%
		混水墙柱	3		
3	门窗洞口高、宽		±3	用尺检查	100%检查
4	外墙上下窗口偏移		15	经纬仪和吊线	100%检查

成品效果见 7-4。

图 7-4　清水墙成品效果

（3）砖拱砌筑

砖拱是本工程东印度建筑特色的主要元素，其美观程度在整个建筑外形中起着极其重要的作用，且施工质量要求高，施工难度大。

施工工艺简述：先按照拱形的尺寸搭设脚手架，用胶合板按拱形的直径、宽度支设模板，在胶合板模板上砌筑砖拱，边缘砖用专门的切割和打磨工具加工成圆弧形，在局部用手提砂轮进行打磨修整。

施工要点：弧形放线要正确，摆砖要先试放，按照整砖排布拱形，再计算和调整平均竖向砖缝的宽度在 10～12mm 范围内，砂浆要均匀饱满。见图 7-5。

图 7-5　砖拱的砌筑

（4）外墙线脚

本工程的外墙线脚层次和形式较多，在每一层的层高处有直线悬挑型、门窗上口圆弧悬挑型，还有女儿墙压顶等。每一种形式的线脚都有圆弧砖，这就要求利用现场的成品砖进行统一的加工，外形圆弧尺寸一致，顺滑美观，色差相近，在砖拱砌筑好以后紧接着施工砖线脚。

要求砂浆饱满，砖缝间隔和宽度一致，直线型线脚要求水平顺直，圆弧形线脚要求连接圆润。见图 7-6。

图7-6 砖线脚的施工

图7-8 勾缝后的美观效果

（5）山墙细部构造

山墙三角尖顶细部构造也是本工程仿古元素的重要部位，要求线条层次分明，横平顺直，悬挑牢靠，凹凸形状一致。这就要求施工前要做好材料准备，在地面放好大样，用三合板做好细部凹陷的模型。施工时精雕细琢，局部打磨修整，最后表面再整体细磨一遍。见图7-7。

（7）钢筋混凝土工程

① 模板工程是混凝土工程的关键，直接影响混凝土的外观质量和后期的装修，配板方案需精心制定，允许偏差高于国标1~2 mm，做到接缝严密，边角方正，轴线顺直，表面平整。制定如表7-3所示的创国优标准。

表7-3 国家优质标准

项　　目		国标允许偏差（mm）	创国优允许偏差（mm）
轴线位置		5	3
底模上表标高		±5	±3
截面内部尺寸	基础	±10	±8
	柱、墙、梁	+4,-5	+3,-4
层高垂直度	不大于5 m	6	4
	大于5 m	8	6
相邻两板高低差		2	2
表面平整度		5	4

图7-7 山墙砖线条细部构造

（6）外墙勾缝

本工程的外墙勾缝是清水墙的最后重要工序，量大、要求高，统一采用凸缝，表面呈圆弧面，俗称"灯草缝"。施工时要自制专用工具，采用内径15 mm的铜管，沿长度方向用小型切割机对剖，长度为20 cm左右，尾端做一10 cm长的小把手。勾缝时，先将砖缝清理干净，并使得砌墙的砂浆缝扣出3~5 mm深，将粉砂砂浆均匀地涂刷在砖缝表面，凸出砖墙5 mm左右，用勾缝铜管做模型，为使得水平缝顺直，需用直尺做靠尺，用在表面均匀地拖过。这样就形成了美观的凸缝。见图7-8。

实施效果举例如图7-9所示。

图7-9 模板创优效果

② 钢筋施工中，采用定型箍筋固定墙柱插筋，用现浇混凝土预制件控制钢筋间距及楼板厚度（我公司工法），用钢筋梯子工艺保证墙体钢筋的位置及间距等措施，有效地控制了钢筋位置及间距，保证了钢筋施工质量。实体效果见图7-10。

图7-10　钢筋绑扎

③ 对于混凝土施工制定了高于国家验收标准的标准，见表7-4。

表7-4　国家验收标准

项次	项目名称		允许偏差（mm）	
			国家验收规范	创国优标准
1	轴线位移	柱、墙、梁	6	5
2	截面尺寸	柱、墙、梁	5	±3
3	垂直度	层高	8	5
		全高（H）	H/1000且≤30	H/1000且≤30
4	表面平整度		4	3
5	脚线顺直		4	3
6	预留洞口中心线位移		10	8
7	标高	层高	±8	±5
		全高（H）	±30	±30
8	阴阳角	方正	4	3
		顺直	4	3

实施结果表明，取得了良好的效果。如混凝土分项达到了内实外光，方正光洁。实例见图7-11。

图7-11　梁板柱混凝土施工实体

（8）地面石材工程

本工程地面墙面做品多种多样，格式要求也不一，但总的创优质量要求是统一的：大理石、瓷砖地面要求表面平整、排布美观合理、边砖裁割对称、拼缝缝隙均匀、图案清晰、色泽基本一致。这就要求在施工铺贴前要对材料的尺寸和颜色在较大面积的地面进行挑选，并根据实际尺寸先进行CAD放大样，确定每块块材的尺寸和边框料的尺寸。各种铺贴地面效果见图7-12。

图7-12　各种石材地面铺贴实体图

(9)墙面大理石装修工程

墙面及地面石材铺设表面洁净、平整、无磨痕,图案清晰、色泽一致、接缝均匀、线条顺直、周边方正、镶嵌正确。见图7-13。

图7-13 大理石墙面实体

(10)吊顶装饰工程

音乐厅及实验剧场内部装修事先精心策划,过程控制,细部节点处理精致、细腻,装修风格简约、大气。见图7-14。

图7-14 各种精致的吊顶

(11)楼梯踏步及挡板装修

楼梯踏步高度均匀、无明显高差,梯段、平台的滴水顺直、挡脚板措施完整。见图7-15。

图7-15 楼梯踏步、挡板

(12)屋面工程

屋面采用3 mm厚SBS防水卷材和刚性防水多道设防,防水卷材铺贴牢固,根部密封处理可靠,面层石材排版均匀,分格合理、坡向正确、缝格均匀一致、灌缝饱满、排水通畅。屋面构架线条顺直,漆面完好。见图7-16。

图7-16 屋面工程实体照片

2)给排水、暖通、电气等安装工程

(1)给排水及消防工程

管道安装横平竖直、坡向正确,布置合理、美观,穿墙封堵密实,标识正确、清晰,管道接口无渗漏。管道支架垂直、醒目,间距合理、均匀。各类卫生器具冲水感应灵敏,居中安装,功能可靠。见图7-17。

图7-17 给排水及消防工程实体照片

(2)通风与空调工程

各类设备及配件位置正确、安装牢固、运行可靠,空调及防排烟系统单机及联动调试合格。

风管安装牢固、平稳、端面平行,风管与法兰连接牢靠、支架设置合理、间距均匀,部件安装方向正确,美观。见图7-18。

图7-18 通风与空调工程实体照片

（3）电气配电及桥架

变配电间内配电柜安装整齐、相序标识清晰,导线分色准确,接地可靠。桥架线槽安装顺直,连接牢固,表面平整、紧密一致,接地可靠。见图7-19。

图7-19 配电间及桥架实体图

（4）屋面避雷

屋面避雷网安装平直牢固,镀锌层完好,焊口有防腐处理,支架间距均匀,标识统一,与引下线连接可靠,室外防雷测试点安装平整,接地扁钢无返锈现象。见图7-20。

图7-20 屋面避雷做法

（5）照明灯具及控制电柜

照明装置安装牢固、整齐美观,等电位连接标识正确。各类控制箱、柜、屏排布整齐、运行可靠。内外灯具与建筑整体装饰协调,成线成形；装饰场景灯采用深夜减光控制方案,节能美观。见图7-21。

图7-21 照明与电柜实体

（6）电梯工程

4台电梯平层准确,运行时平稳低噪,控制信号响应灵敏,安全可靠。见图7-22。

图7-22 电梯实体照片

（7）智能化工程

综合布线系统、计算机网络与电话系统,保安监控系统、入侵报警系统、门禁系统、信息发布系统、灯光系统等按功能及装饰要求进行深化设计；机柜排列整齐、美观,布线整齐、接地可靠；系统运行稳定。见图7-23。

图7-23 智能化工程实体照片

（8）节能保温

地下室外墙采用35 mm厚挤塑聚苯板；外墙采用30 mm厚聚氨酯发泡板；屋面采用45 mm厚挤塑聚苯保温板和100 mm厚岩棉板；门窗玻璃采用隔热铝合金型材加多腔密封6中透光Low-E+12Ar+6透明玻璃。

给水采用变频方式，自动调节水泵转速，延长了变频水泵的启动时间，减少了水泵的启动次数，实现节能给水；90%节能灯具及延时智能控制开关，有效降低能效；采用SCB11干式变压器，具有环保节能、低损耗和低噪声等优点。见图7-24。

图7-24 节能保温工程实体

音乐厅音质特性测试符合设计及规范要求。见图7-25。

图7-25 音质特性检测报告

3）绿色施工情况

我们在保证质量、安全等基本要求的前提下，通过科学管理和技术进步，最大限度地节约资源，减少对环境的负面影响，实现"四节一环保"（节能、节材、节水、节地和环境保护）的建筑工程施工活动。见图7-26。

■ 节能——太阳能热水器　■ 节材——木方回收接木再利用

■ 节水——雨水回收利用　■ 节地——施工场地硬化

■ 环境保护——扬尘防治　■ 环境保护——洒水车定期洒水

图7-26 绿色施工做法

4）工程技术资料情况

本工程资料共17卷，123册，编制了总目录、分目录、卷内目录，分类合理、编目细致、便于查找，所有的施工技术资料齐全、完整，数据真实、准确，填写及时、规范，与工程进度同步。创优创建方案、施工组织设计、专项施工方案、技术交底的编制能够有效地指导施工，各类资料均有可追溯性。

4．工程获奖情况

工程目前已获得"镇江市优质结构工程""镇江市'金山杯'优质工程""江苏省'扬子杯'优质工程""镇江市建筑业新技术应用示范工程""江苏省建筑业新技术应用示范工程""镇江市优秀QC小组活动成果一等奖""江苏省优秀QC小组活动成果三等奖""江苏省二星绿色建筑""全国工程建设项目优秀设计成果二等奖""镇江市工程建设市级工法二项""镇江市建筑施工文明工地""江苏省建筑施工文明工地"等多项荣誉。

（张　平　黄　俊　杨翔虎）

8 宿迁恒力国际大酒店
——南通四建集团有限公司

一、工程概况

恒力国际大酒店是江苏宿迁市十二五规划重大重点项目,位于宿迁市洪泽湖西路8号,现浇钢筋混凝土框架剪力墙核心筒结构。总建筑面积97 454 m²,其中地上68 299 m²,地下29 155 m²。主楼24层,高110.6 m,裙房3层,高21.8 m,地下1层。总投资6.5亿元,是一栋外形优美、功能齐全、设施先进,集餐饮、会务、客房等一体的现代、豪华国际五星级大酒店,也是宿迁市第一个国际五星级酒店。

图8-1 酒店整体效果图

大楼的交付使用,完善了城市功能,彰显了城市形象,对提升城市品位起到重要作用,成为宿迁市的标志性建筑。工程蕴含的产业价值给全市的经济发展带来很大的带动作用,使宿迁市更为世界所了解。

本工程由宿迁力顺置业有限公司投资兴建,北京中建恒基工程设计有限公司设计,江苏建科监理有限公司监理,宿迁市建设工程质量安全监督站质量监督,南通四建集团有限公司总承包。

工程于2011年7月19日开工,2014年6月13日竣工。先后通过了宿迁市公安消防支队、宿迁市建设工程质量安全监督站等主管部门的各项专项验收,2016年4月11日通过宿迁市住房和城乡建设局备案。

二、工程建设主要重点及难点

(1)工程地下室面积为29 155 m²,主楼核心筒最深处达9.6 m,混凝土防渗、抗裂要求高,难度大。

图8-2 地下室基坑

本工程地下水位高,施工中采用掺入NF-6缓凝高效减水剂、SY-G膨胀抗裂剂等技术。并对混凝土的配合比、养护、后浇带的封堵适宜时间等工艺进行优化和严格控制,确保了地下室不渗不漏,地下室结构混凝土达到了清水砼效果。

(2)一层大堂、部分走道采用高支模技术,最高达到13 m,给支撑系统增加了难度;二层宴会厅、三层游泳池上方等部位采用钢结构屋盖,单根钢梁最重26 t,采用地面拼装、吊装施工工艺,钢结构安装和吊装难度大。

图8-3　三层室内游泳池、一层大堂吧

（3）大楼内装饰设计理念超前。材料品种多、档次高，订货、进货计划的预控，精心选材，精心施工，成品保护及施工协调是本工程的一大难点。

图8-4　一层大堂吧、宴会厅

（4）组合式幕墙形式多样，下料精度要求高，安装难度大，一层大堂吧13 000 mm×1 200 mm的吊挂玻璃加工、运输、安装难度大，卡拉麦地金石材色差控制难。

图8-5　组合式幕墙、石材幕墙

（5）内装饰工程工作量大，装饰细部收口多，要求高，施工难度大。

图8-6　多层次石膏线条施工效果

本工程装饰档次高，地面、墙面、顶面均精心策划，因此必须把握好每一个细节收口的质量和美观。如吊顶分项施工中，灯孔、喷淋部位预留孔洞的位置，顶面与墙面交接处理，顶面与灯带的交接处理，不同材料间的搭接、收口、伸缩缝处的饰面等细部处理均影响到工程的整体装饰效果，质量控制难度大。

（6）本工程纸面石膏板吊顶及石膏线条装饰用量大，裂缝控制是本工程的质量难点。

图8-7　不同石膏线条收口处理

（7）工程涉及专业众多，专业设计及施工协调量大，施工安装要求高，管线敷设复杂，智能化程度高，系统调试难度大。

图8-8　设备用房

（8）本工程共有客房399套，卫生间多且屋面面积大，还有游泳池等配套设施，防水防渗漏要求高，难度大。

图8-9　卫生间、游泳池

（9）工程内、外装饰材料如石材、铝板、钢结构等90%以上采用工厂化加工，标准化生产、成品化、环保化装配式施工，且种类多，规格多样，累计面积大，安装终端多。因此现场深化设计工作量大，难度大；现场放线、安装精度、安装质量要求高。现场深化设计工作量大，难度大；现场放线、安装精度、质量要求高。

图 8-10　走廊、餐厅装饰效果

三、项目规划与管理

1. 成立创优小组

为确保创优目标的实现,项目经理部组织成立了以项目经理为组长,项目副经理及技术负责人为副组长,各部门、各专业工程师、质检员为组员的创优实施小组,具体领导、组织、部署、协调、落实创优工作,并明确责任,各司其职,严格按质量保证体系运作。

2. 组织人员教育与培训

工程项目所有管理人员除必须经过业务知识技能培训外,还邀请江苏省建筑"扬子杯"和"国优奖"的评审专家对优质结构和"扬子杯""国优奖"的有关评审标准及申报要求进行讲课,组织项目管理人员和分包单位到公司其他获奖工程进行实地观摩学习。对于特殊工种,按南京市要求,除必须持证上岗外,还将针对本工程的实际情况进行培训,达到项目的要求才可以上岗操作。

单位职能部门组织对项目相关人员进行质量、技术方面的教育与培训,增强全体员工的质量意识、创优意识。

3. 管理措施

(1) 严把分包队伍、材料供应商的评审选择关,强化分包队伍和材料供应商的质量管控措施。

(2) 严格执行"三检"制度,按既定的质量创优方案进行检查,若上道工序达不到创优质量标准,则严禁下道工序施工(实行施工工序质量责任人挂牌制)。

(3) 实施样板引路制度:施工操作注重工序的优化、工艺的改进和工序的标准操作,在每项工作开始之前,首先进行样板施工,在样板施工中严格执行既定的施工方案,在样板施工过程中跟踪检查方案的执行情况,考核其是否具有可操作性及针对性,对照成品质量,总结既定施工方案的应用效果,并根据实施情况、施工图纸、实际条件(现场条件、操作队伍的素质、质量目标、工期进度等),预见施工中可能发生的问题,完善施工方案。

4. 技术措施

(1) 学习《优质示范工程技术指导方案》《关于加强建筑结构工程施工质量管理的若干规定》等相关规定,针对工程中可能出现的质量通病,编制《结构工程创优施工方案》,并按专业进行交底,在施工过程中认真贯彻执行。

(2) 组织项目技术人员和工人等针对本工程的重点、关键点成立QC小组,编制攻关计划并严格实施。

5. 绩效考核措施

为加强质量管理行为,提高质量管理水平,激发项目部管理人员的积极性,公司特制定如下绩效考核措施:

(1) 根据本工程的特点,根据项目质量控制重点,公司制定《本工程质量奖惩管理办法》,加强项目管理人员和广大施工人员的创优意识,提高他们的积极性,推动创优工作上一个新台阶。

(2) 本公司对该项目部管理人员工资上涨35%～50%。

（3）本项目获得"国家优质工程奖"，公司一次性奖励项目部80万元，地方政府奖励30万元。

四、工程主要质量特色

（1）地下室大面积混凝土地坪无空鼓、开裂，环氧地坪平整光洁、美观。

图8-11 地下室环氧地坪施工效果

（2）地下室主体混凝土密实无裂缝，达到清水砼效果。地下室成排混凝土柱装饰后纵、横向平直一线，最大误差小于2 mm。这是项目部对传统工艺的苛刻要求，独具匠心。

图8-12 地下室成排混凝土柱施工效果

（3）9 763 m²屋面工程清爽亮丽，处处体现出精雕细琢的闪光之处，屋面广场砖整洁平整，分缝合理，分色清晰，排水坡度正确，排水沟设置规范，排水通畅无渗漏。

图8-13 屋面工程

（4）一层大堂入口大厅石材地面艺术铺装、表面平整光洁、拼缝严密，石材墙面纹理相通、浑然一体，弧形石膏板吊顶弧形顺畅，多层次石膏艺术线条棱角清晰、尺寸精准一致、精美、耐看。

图8-14 一层大堂入口弧形吊顶与弧形拼花石材地面

（5）室内装饰收口处理讲究，精致、细腻、美观，所有不同交界面处均打胶处理，胶缝饱满均匀、平滑一致、美观适用。

图8-15 室内装饰收口效果

（6）一层、二层共12根石材艺术圆柱，13根方形柱，最高达18 m，精心选材、精心加工，施工拼缝严密，色泽纹理相通；圆柱石材圆度一致，柱座、柱帽端庄大气，与地面石材、石膏板吊顶相交处处理细致，无瑕疵。

图8-16 一、二层石材圆柱、方柱

（7）所有石膏板造型吊顶新颖别致，石膏线条层次分明，错落有致，施工质量精良。细部处理到位，线条阴阳方正、顺直、清晰、美观。灯具、烟感、喷淋等末端装置成排成线、居中对称。

（8）室内装饰地面、墙面、顶面用材深化设计、厂家生产、现场安装，均精挑细选，做到对缝对齐对中,排布设计美观大方、独具匠心。所有石材装饰门套、装饰边框加工精准,安装严密,美观精致。

图 8-17　装饰用材讲究

(9) 楼梯踏步铺贴平整、羊毛地毯地面拼花完整、拼缝严密、粘贴牢固,与石材地面相交处处理细致、平顺、牢固。

图 8-18　地毯拼接效果

(10) 宴会厅、会议厅、餐厅、游泳池等部位装饰形式各异,设计讲究,做工精细,做到了施工材料与艺术效果的完美结合。

图 8-19　会议室、宴会厅

(11) 拼花造型石材地面图案拼接精准、无误差,铺贴平整、光洁美观。马赛克装饰墙面、地面铺贴平整,接缝严密,无色差。

(12) 大堂楼梯造型别致、工艺考究,公共区域栏杆扶手安装牢固,加工制作工艺精良。木门安装牢固,缝隙正确,开启灵活,五金件安装美观。

图 8-20　大堂楼梯、栏杆

(13) 12 个可拆卸式沉降观测点,做工考究,编号清晰,箱体统一策划定制,美观大方。

图 8-21　沉降观测点

(14) 楼梯间做工精细、美观大方。

① 楼梯踏步:地砖铺设经现场精确测量,踏步宽、高度差均在 2 mm 内,观感效果好。

② 方钢扶手安装牢固,护栏美观。

③ 楼梯梁、板粉刷平整,棱角分明,粉刷滴水线槽上下贯通、精细施工、分色清晰。

图 8-22　楼梯

(15) 卫生间墙、地石材对缝铺贴,地漏处石材定制加工、美观大方,卫生器具、洁具居中布置,墙、地石材拼缝美观,整体做到对缝、对中、对称、交圈。

(16) 本工程各专业管线施工前,将

图 8-23　卫生间对缝、对中、对称、交圈

水、电、暖通、弱电等系统运用了 BIM 管线碰撞排布优化技术,达到最佳排布效果。所有管道、桥架走向合理、排布整齐、标识清晰。管道支吊架安装牢固、吊杆顺直、位置正确。管道、桥架穿墙、穿楼板周边防火封堵严密、表面光滑平整,观感效果好。

图 8-24　管道、桥架安装

(17) 冷冻机房、热交换间、消防泵房、生活水泵房经 BIM 策划,设备安装牢固、排列整齐,管道安装整齐美观、标识清晰、观感效果好,基座四周排水布置合理、美观适用。热水水管绝热层铝皮护壳圆顺一致、美观,多节弯处顺水搭接,水泵、风机、冷冻机房等转动设备避振措施到位,运转平稳。

图 8-25　设备机房

(18) 消防箱门与周边墙面装饰一致,背面精装封包,美观整洁。

(19) 大楼内装饰设计新颖、别致、艺术,很多造型做到吊顶与地面上下呼应一致,美观大方,独具匠心。

图 8-26　消防箱门

图 8-27　吊顶上下呼应

(20) 幕墙采用单元式玻璃幕墙、铝板幕墙、石材幕墙,均采用 BIM 设计排版,石材幕墙表面平整,无色差;玻璃幕墙构造合理,线条顺直流畅,铝板幕墙安装牢固、简洁大方。

图 8-28　外幕墙

五、绿色施工应用情况

项目部自工程开工就成立了以项目经理为第一责任人的"全国绿色施工"管理小组,将责任落实到项目部相应部门和责任方。

在施工中推行"四节一环保"的措施:采用基坑降水,雨水收集利用,施工及生活用水分别计量管理等节约措施;现场建筑垃圾分类,回收利用,最大限度地节约建筑材料;采用太阳能热水,节能设备与器具，达到降低能源消耗、保护环境的效果。在绿色施工技术与创新上取得了很好成绩，成效显著。工程被批准为第二批全国建筑绿色施工示范工程。

本项目在设计时按照绿色建筑要求进行策划。主要有以下几个方面：

（1）平面功能上合理布局。

（2）充分利用地下空间：地下空间主要为地下车库和配套用房，减少了地下室的照明能耗。

（3）雨水收集与利用：雨水收集处理后，用于绿化灌溉、道路浇洒和停车库冲洗。

（4）绿化灌溉采用喷灌技术，节约用水。

（5）使用节水型水龙头、节水型便器冲洗设备等节水器具。

（6）现浇混凝土采用预拌混凝土。

（7）智能化系统保证建筑全方位的现代化管理体系。建筑能耗实现分项计量。

（8）采用了光伏发电，减少能耗。

（9）人员密集场所安装二氧化碳传感器，监测二氧化碳浓度，保证室内空气品质。

工程实现了降低成本目标，在绿色建筑技术的集成运用方面取得了良好的经济效益和社会效益，工程获江苏省住房和城乡建设厅二星级绿色建筑设计标识证书。

六、综合效果及获奖情况

宿迁恒力国际大酒店工程通过实行"重目标管理，抓过程控制，铸精品工程"的管理思路，实现了"基础工程优质品，主体工程精品，装饰工程艺术品"的施工效果。

特别是创新传统工艺和精工细作，把施工难点和装饰细部做到极致，成为工程亮点，使建筑工匠作品在项目上处处体现和闪光。特别是业主对客房设置了电动遮光帘、电视自动字幕迎宾、卫生间镜面感应电视、智能马桶等人性化设施，处处体现了建设者的独特理念和酒店的现代豪华感。

工程质量始终处于行业领先水平，安全、文明、信息化施工及综合管理始终处于省市领先水平，经济效益和社会效益显著。

1. 质量效果

工程荣获"宿迁市优质工程奖"、江苏省"扬子杯"奖。

2. 技术效果

（1）设计获奖：荣获江苏省勘察设计优秀奖。

（2）新技术应用示范工程：工程被评为省建筑业新技术应用示范工程，应用水平国内领先。

（3）论文：《宿迁恒力国际大酒店工程钢结构劲性柱一体化施工》于2012年7月在《施工技术》上发表。

（4）QC小组成果：2013年度全国工程建设优秀QC小组活动成果二等奖，2013年度江苏省工程建设优秀质量管理小组活动成果一等奖，2013年度宿迁市工程建设优秀质量管理小组活动成果一等奖。

（5）工法撰写：工法《蒸压轻质砂加气砼（ALC）砌块砌筑施工工法》《金属风管简易吊装与固定装置施工工法》均获得江苏省省级工法。

（6）专利：《一种用于提高建筑工程混凝土接缝质量的方法》《一种装修用脚手架》荣获国家发明专利；《一种悬

挑脚手架的锚固装置》荣获国家实用新型专利。

3. 管理和安全效果

工程施工期间未发生质量、安全事故，未发生拖欠农民工工资现象。建设资金使用合理，结算审查合法真实，与实际相符。

（1）获得第二批全国绿色施工示范工程。

（2）工程荣获2012年度江苏省建筑施工文明工地。

（3）工程荣获2012年度宿迁市建筑施工文明工地。

4. 社会和经济效果

工程竣工交付使用以来，基础与主体结构安全稳定可靠，建筑物室内外装饰装修质量细致均衡，工程无渗漏，各系统功能运转正常，未发现质量问题与隐患，符合设计要求，满足使用功能，业主非常满意。

（张卫国　张　明　周　昕）

9　南通星湖城市广场A标工程
——南通建工集团股份有限公司

一、工程概况

南通星湖城市广场A标工程为单体商业购物中心，位于南通市经济技术开发区通盛大道东，星湖大道北。工程总占地约9.3万 m^2，总建筑面积约25万 m^2。其中，地上三层、局部四层共计建筑面积12.75万 m^2；地下两层总计建筑面积12.30万 m^2。地上一层为以超市为主力店的商铺，地上二层、三层为零售、餐饮及大型电影院、KTV等休闲娱乐场所，局部四层为影院出三层屋面。地下一、二层设有停车场、下沉式广场商业美食街及供配电、通风空调、消防、排污处理等使用配套设备用房。室外为停车广场、内部交通道路和绿化，绿化率为11%。本工程为一类建筑，设计使用年限为50年。结构设计为劲性复合抗拔桩筏板基础，主体框架结构，框架抗震等级为二级。建筑设计外立面为玻璃、铝板、陶土板幕墙；屋面为倒置式保温防水屋面、金刚砂混凝土保护层做屋面停车场。室内部分共设置18台直升梯，76台扶梯。

本工程是苏北建筑面积最大的商业与娱乐为一体的大型综合体，与周边智慧之眼、星湖101大厦等标志性建筑构成开发区的商贸核心区。本工程的建成为周边近100 km^2区域内居民提供了唯一的大型商业购物场所，极大地方便了开发区居民的生活、休闲、娱乐，对整个开发区商业功能的提升起到积极的推动作用。

该工程由南通建工集团股份有限公司总承包施工，江苏星湖置业有限公司投资兴建，南通市规划设计院有限公司设计，南通市东大建设监理有限公司监理，参建单位南通建工安装股份有限公司。工程于2015年11月2日开工，2017年3月31日竣工。

图9-1　工程全景图

图9-2　工程南立面主入口

图9-3　工程东立面北侧格栅、石材、陶土板、玻璃幕墙组合

图9-4 东南立面格栅幕墙、玻璃幕墙组合

图9-8 下沉广场内侧

图9-5 室内中部中庭

图9-9 下沉式广场外侧

图9-6 室内西部中庭

图9-7 贯通不同区域的室内步行街使得店铺内得以自然通风

下沉式广场由玻璃顶覆盖,采用自然光,展现出热闹的南通港的气息。

二、创建精品工程的技术与管理措施

1. 工程创优策划与管理

工程开工之初,公司确立了创建"国家优质工程"的质量管理目标,组建了以高素质管理人员组成的优秀项目部,建立了由集团公司直属管理的以项目经理为第一责任人的创优领导小组。建立了以集团公司建立创优标准和业务指导、分公司确定方案和监督执行、项目部组织资源分步实施的三级管理质量保证体系。确定了"精心策划,精细施工,样板先行,科技攻关"的质量方针。

工程施工按照事前策划、事中控制、事后检查的管控程序,坚持"人无我有,人有我精,总体策划,细节提升"的实施原则,坚持"样板"引路,严抓工程过程质量。对施工难度大、细部处理易出现质量通病的分项工程,开工前进行了严密的质量创优策划,实施专项方案及深化设计,并进行详细的施工前交底;施工过程中严格按照创精品工程的要求抓好过程控制和检查,确保一次成优,达到创优目标实现。

对技术难度大的分项工程,组织开展QC小组活动,项目部共组织了"提高异形大跨度钢结构吊装施工质量"的QC小组、"大跨度铝镁锰板保温屋面施工技术"的QC小组。QC小组活动成果获得省市级优秀成果奖,不仅确保了施工过程中的各分项、分部工程质量优良,同时也为整个工程创建国家优质工程奠定了基础。

建立项目创优组织机构,设立公司层面的项目指挥部,以总公司总经理为总指挥,公司总工程师、分公司总经理为副总指挥的创优攻关小组,制定创优实施计划。

2. 工程重难点及新技术应用

1)工程技术难点及特色

(1)本工程异形、曲线结构复杂,测量放线难度大。

采用GPS-RTK粗精度定位,全站仪及激光经纬仪复核、调差精定位相结合,满足测量精度,极大地提高了测量人员的施工效率,降低了测量成本,同时加快了施工速度。

图9-11　RTK基准站　　图9-12　RTK流动站

(2)本工程抗浮采用水泥土搅拌桩中插入PHA管桩形成复合抗拔桩,抗浮的可靠性取决于劲性复合桩与承台连接,如何处理好桩承台节点是重中之重。

本工程桩头破除采用分段竖横缝切割、千斤顶分段内顶,中小锤凿除的改进桩头打凿方法,将预应力钢棒的损害降到极低程度。

图9-13　切好的桩环、竖缝　图9-14　千斤顶顶裂桩壁

工程桩采用带螺旋叶片钻头的改装钻机进行管桩内坚硬土体的清理,并具备初步扫毛功能,再配合改装的2头、4头桥面凿毛机,管径内壁清理凿毛效果非常好。

图9-10　工程全景俯视图

 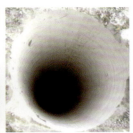

图9-15　桩芯取土采用　图9-16　取土完成后凿
经改装的专用钻机　　　毛前的管内壁

图 9-17 经改造的气压动力桩内壁面凿毛机

图 9-18 凿毛后的管径内壁

(3) 安装专业系统配设齐全,管线错综复杂,利用BIM技术优化设计。

采用Revit软件进行深化设计,将本项目所有机电安装管线均纳入建筑结构模型中并进行三维模拟、碰撞检测和管线调整,做到了对机电安装各系统的设备管线进行精确定位、布置合理、整齐美观、一次成优,缩短工期、避免返工。

(4) 入口"厂"形双曲面玻璃幕墙材料加工及安装难度大,要求高。

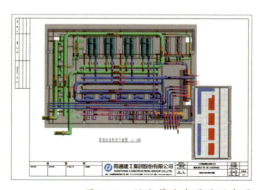

图 9-19 综合管线布置平面布置

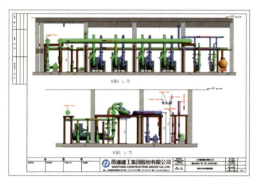

图 9-20 BIM管线综合布置剖面视察

图 9-21 机房管线复杂

① 幕墙支撑钢构主桁架长70 m,悬空约18 m。

采用三维模拟拆分和预拼装,将梁分割为4段,通过搭设满堂支架平台,将钢管格栅支撑体系分段进行焊接拼装,保证焊接质量。

② 每一块玻璃均为双曲面玻璃,没有一块玻璃相同,加工、安装困难。

采用BIM技术建模,每块玻璃单独进行编号,细化每块玻璃生产图,与现场安装部位对等衔接,从上往下,从中间向两侧进行玻璃安装,保证节点施工质量。

图 9-22 入口"厂"形双曲面玻璃幕墙内视

(5) 屋面汇水面积1万 m^2 以上,保证屋面虹吸排水顺畅,系统可靠有效。

在屋面平面内设置纵横交错的1.5 m宽圆弧形浅水沟,每一组内由2～5个虹吸落水斗通过水沟并联成一个相立独立的虹吸排水组织系统,使得在任一虹吸水斗失效条件下,不影响该组排水的有效运行。

图9-23 互为串通的虹吸排水浅沟

（6）屋面泛水及卷材收口如何处理以保证不渗漏且成型美观。

泛水采用硅酸钙板作为外墙保护，成型美观，且避免了屋面外墙泛水部位粉刷易开裂导致渗漏的问题；屋面卷材收口采用304不锈钢外扣保护，使得卷材接缝不渗水的同时节点美观大方。

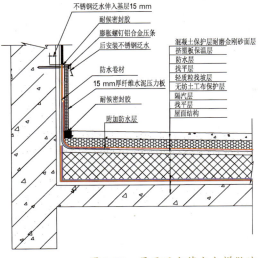

图9-24 屋面泛水节点大样做法

图9-25 屋面泛水做法实景图

2）新技术应用情况

工程运用了如自密实混凝土技术、钢筋混凝土裂缝控制技术、高强钢筋应用技术、高强钢筋直螺纹连接技术、预应力、水泥土PHA复合载体桩、光伏太阳能等住房和城乡建设部"建筑业10项新技术"中的9项25条，同时获得江苏省建筑业新技术应用示范工程，经评定达到国内先进水平。

图9-26 自密实混凝土用于管桩灌芯屋面光伏发电板

3. 工程质量实施情况

1）项目质量控制资料情况

本工程工程资料设三级目录，目录健全，内容齐全、完整，填写规范及时，与工程同步，签字及盖章完备；隐蔽验收、产品合格证、检验检测等技术资料齐全；施工组织设计编写层次清晰、内容完整具备指导意义；各项施工方案针对性强，可切实指导施工，这一系列反映了对施工过程状态的良好控制。

2）分部工程质量实施情况

（1）地基与基础质量情况

本工程共计用桩3 784根，基中Ⅰ类桩3 703根，占总比97.9%，Ⅱ类桩81根，占总比2.1%，无Ⅲ类以上的桩，桩静载及拉拔试验报告齐全，符合设计及规范要求。

本工程共设置141个沉降观测点，经检测，最终沉降量及沉降速度符合规范及设计要求。

（2）主体结构质量情况

主体结构混凝土几何尺寸准确、表面平整、棱角清晰、观感良好，实体检测报告齐全、数据满足规范要求。各分项验收一次性合格。

图9-27 沉降观测报告　图9-28 混凝土梁柱板

砌体砌筑横平竖直、灰缝饱满,构造柱按照规范及设计要求严格设置,与砖墙相接处均贴双面胶带,以防漏浆,构造柱成型与墙体接缝平齐。

图9-29 墙体及构造柱施工

钢结构安装定位准确、安装牢固、焊缝饱满整洁,经超声波检测均符合要求。

防火涂料涂刷均匀平滑、无流坠、皱皮、针眼等,并经消防验收合格。

图9-30 南侧主入口玻璃幕墙大跨度钢结构　图9-31 南侧主入口幕墙大跨度钢结构桁架施工

(3) 建筑装饰装修质量情况

地下室环氧地坪施工平整光亮、整洁美观。

地砖采用软件进行排布模拟,选取合理方式后进行铺贴。地砖粘贴平整,砖缝横平竖直,砖面光洁、美观大方。

图9-32 地下室环氧地坪面层成型效果　图9-33 地砖粘贴成型效果

幕墙抗风压性能、空气渗透性能、雨水渗透性能、平面内变形性能试验合格,硅酮密封胶相容性、剥离粘结性试验、石材密封胶耐污染性能试验符合要求。幕墙实施效果美观、富有特色。

图9-34 南侧格栅、玻璃幕墙的组合　图9-35 穿孔铝板金属幕墙

中庭铝板吊装拼缝严密,横平竖直,表面平整,观感良好,其中板面的装饰性线条又额外给吊顶增加了活力感和现代气息。

图9-36 中庭铝板吊顶

门窗开启灵活,关闭严密,观感良好。

(4) 建筑屋面部分质量情况

屋面用卷材送检复试合格,卷材施工无空鼓、裂纹、渗漏等现象发生;屋面保护层施工分缝合理,密封胶填嵌密实美观;屋面伸缩缝保证变形的同时起到装饰性作用。

图9-37　屋面伸缩缝嵌填横平竖直

图9-40　总配电房布置整洁有序

（5）建筑给排水及供暖

① 管道支吊架做法考究且充分采用共用支架。

② 设备机房经过二次深化，设备间布局合理，排列整齐，设备、阀门、仪表朝向一致或排成行，操作方便，油漆光亮，标识清晰。

③ 设备减振有效，软接头松紧适度，跨接到位。

④ 公共卫生洁具符合人性化设计，满足各类人员正常使用，安装居中对称，排水畅通，无跑冒滴漏现象发生。

（7）建筑电气

① 配电间经二次深化，配电箱（柜）排列整齐，固定牢靠，安装规范。

② 装饰吊顶面经过二次深化设计综合布置，灯具布置合理、成排成线，安装牢固可靠、实用美观，开关、插座面板高度一致。

③ 电气桥架连接牢固可靠，跨接完整，支架布置合理，电缆排列整齐，标识清晰，桥架分支处采用成品配件过渡，弯曲半径符合要求。

图9-38　消防管道共用吊架整齐排布　　图9-39　屋面冷却塔布置合理整齐

图9-41　冷冻机房水泵　　图9-42　吊顶灯布置成一条直线

（6）通风与空调工程

① 支吊架做法细致，采用共用支架，观感美观。

② 设备减振有效，软接头松紧适度，跨接到位。

③ 装饰吊顶面经过二次深化设计综合布置，风口布置合理、成排成线。

④ 空调系统经第三方能效测评检测通过。

④ 接地装置可靠，防雷测试点设置合理、做工考究、标识醒目，接地电阻符合设计要求。

图9-43　防雷测试点布置

（8）智能建筑

① 监控系统经二次深化设计后施工，设备排列整齐、固定牢靠，设备安装规范，检修方便。

图9-44　监控中心　图9-45　设备安装规范整齐

② 装饰吊顶面深化设计综合布置，综合考虑灯具、风口、喷淋头、烟感、广播、摄像头等设备及器具，布置合理、成排成线。

③ 楼宇自控系统合理，编程合理，使用方便，自动化程度高。

④ 弱电系统进行了整体集成，达到了各系统集中监控、互动控制和管理的功能。

（9）建筑节能

本工程设有地下室顶棚无机玻璃纤维、外墙泡沫玻璃保温板、屋面XPS挤塑聚苯板、节能设计及施工符合规范要求，经检测合格，观感良好。

（10）电梯

电梯运行平稳、平层准确、噪声低、各控制信号响应灵敏，轿厢内操纵动作灵活，信号显示清晰，超载装置和承重装置动作可靠，自安装运行以来无任何故障现象发生，运行稳定正常。

图9-46　扶梯

图9-47　直梯

三、项目成果及奖励

本工程在建设单位、监理单位和设计单位的密切配合下，精心组织，精心施工，在工程质量和施工技术方面取得了很大的成绩，获得如下的奖励：

（1）勘察设计获奖情况：2018年4月获江苏省优秀设计奖。

（2）项目施工获奖情况：2016年9月获得"江苏省建筑施工标准化文明示范工地"称号；2017年4月项目获得南通市优质结构工程奖；2018年4月获得南通市"紫琅杯"市优质工程奖；2018年4月通过江苏省新技术应用示范工程评审，新技术应用成果被评定国内先进。

（3）QC小组及论文获奖情况：

2016年项目部QC小组撰写的《定位放样技术的创新》《劲性复合桩桩头处理技术创新》获得南通市QC成果小组二等奖；2017年项目部QC小组撰写的《主入口幕墙"厂"形钢结构安装施工技术的创新》获得南通市QC小组成果一等奖，江苏省三等奖；2016年撰写的论文《劲性复合桩抗拔承载机理分析与改进对策》获得江苏省论文交流会一等奖并刊登在《土木工程与管理学报》与《江苏建材》，论文《预应力抗拔管桩桩头处置施工技术创新》获得江苏省论文交流会二等奖。

（钟一鸣　刘　旭　鲍澄澄）

10　中国医药城(泰州)会展交易中心二期工程
——中国江苏国际经济技术合作集团有限公司

一、工程简介

1. 基本情况

中国医药城(泰州)会展交易中心二期位于泰州市医药高新区曙光路以南、郁金路以北、泰州大道以东，为公共建筑。占地面积121 000 m^2，总建筑面积约112 676 m^2，由会议中心、餐饮中心、展览中心和连廊组成。其中会议中心地下一层、地上二层，最高16.5 m；餐饮中心地下一层、地上二层，最高13.2 m；展览中心地上二层，最高32 m。会议和餐饮中心地下为车库及设备房，会议中心地上为会议用房，餐饮中心地上为餐饮用房，展览中心主要为展览用房。

工程质量目标为国家优质工程奖。工程于2014年9月20日开工建设，2017年4月28日竣工验收。

工程由泰州华信药业投资有限公司投资建设，启迪设计集团股份有限公司设计，浙江江南工程管理股份有限公司监理，中国江苏国际经济技术合作集团有限公司主承建施工，江苏省装饰幕墙工程有限公司参建幕墙工程。

2. 设计特点与创新

1）工程设计特点

针对医疗机械和保健用品主题，建筑立面设计灵感来源人体结构，外表皮和连廊都是人体肌肉和血管、经络的意匠再现。设计时注意避免形式怪异，选择有创新但又在情理之中的表现。展厅设备管线的外置场所，设备管线外置可使展厅空间更纯粹，更显灵活性以应对不同展出需求。

2）总平面设计思路

总体布局二期项目规划以呼应基地周边现状及与一期项目有机联系，功能互补为原则。

3）建筑设计创新

（1）国际通用的标准展厅，人车分流清晰

一、二期完全融为一体，展厅采用了国际通用的模数和格局，会议、餐饮、展览各部分既独立又相互关联。总图清晰地设计了车流和人流的动线，互不干扰。五个主体展厅同样可分可合，可满足各类、各种规模会展的需求。

 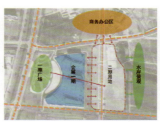 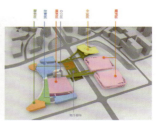

图10-1　总平面俯视

（2）会展更具新颖性

普通会展都以单纯展览为主，二期工程则把会展、会议和绿色休息空间紧密地结合了起来，让在会展会议期间，参会人员有生态绿色的身临感。设计规划了一个立体公园，辐射所有功能板块，市民在会议会展期间可接近自然，户外交流也成为活动的一个重要部分。立体公园加上空中步道系统衔接了二层展厅，也使会展一期加二期这个城市综合体所有的活动人性化、步行化并连成了一个整体。

（3）真正意义上的绿色建筑

建筑形体设计时有意识地加了一层空透的"皮"，它是一层人可进入活动的虚空间。一是使闭塞的展览空间和室外有个过渡，兼有遮阴、保温、节能的作用；二是提供了一个极佳的绿色休息空间，使中心公园的绿化可以渗透到建筑内部，使绿色也成为立面的一个部分。

图 10-2　工程效果图

4）结构设计创新

展览中心造型独特、跨度大、构造复杂，长207 m、宽126 m，层数2层，并在标高6.00 m、18.00 m 有部分夹层。内部主要功能为4个10 000 m² 的大展厅，一层柱网为18 m×30 m，层高12 m，二层为90 m×108 m 无柱大空间，主体结构高度为29.70 m。二层2个大展厅为无柱大空间，屋盖采用带两道斜拉索的箱形实腹钢梁钢结构屋盖，中部跨度27 m 的过厅采用钢梁+组合楼板屋面。外围蒙皮采用钢结构+铝板（玻璃）结构形式，钢结构骨架采用空间桁架结构。东入口弧形钢结构中间区为单向弧面结构，主钢梁采用哑铃形截面。

3. 建设重点、难点

建筑物造型复杂。本工程餐饮中心为坡屋面，会议中心呈扇形，展览中心为异形平面，北侧连廊显弧形造型，施工定位和放线困难，针对此难点，施工方采取计算机辅助进行平面切割分段定位，局部复杂部位进行GPS定位，确保施工测量准确，符合设计要求。

图 10-3　展厅西南角外幕墙

图 10-4　架空连廊

特殊结构技术要求高。本工程属超长混凝土结构，大开间超高结构比较多，梁截面大跨度长，有效控制裂缝，保证施工质量和安全是难点,针对此难点施工方制定专项方案,邀请专家指导论证,施工过程中精确控制和措施得力,既保证了结构的观感良好,又保证了安全。

钢结构量大、结构形式多。本工程钢结构总量约12 000 t,涉及钢管柱、劲性柱梁、钢网壳、管桁架、钢拉索等钢结构形式,钢结构体量大,主钢结构跨度大,吊装就位难度大。各专业工序交叉多,钢结构安装精度、焊接质量要求高。针对各单体钢屋盖的自身特点,分别采取高空胎架散装拼接法和高空累积滑移法,钢结构体系稳定,保证了大型展馆的空间要求。

曲面铝板幕墙施工难度高。本工程曲面(单、双曲)铝板幕墙较多,显内、外倾式,造型复杂,圆弧多,安装就位难度大。此类异形铝板幕墙的加工与安装难度高。针对此难点,施工单位从犀牛BIM软件建模,到厂家BIM模型加工、BIM控制安装,解决了曲面铝板幕墙的施工问题,达到设计蒙皮曲面效果。

曲面玻璃幕墙施工难度高。展览中心东入口处玻璃幕墙为曲面玻璃幕墙,立面玻璃幕墙显外倾式,顶部玻璃幕墙为单双曲玻璃,吊装难度大,安装精度要求也高。针对此难点,施工单位采取BIM模型定制加工、现场测量复核、BIM控制安装等措施,确保了曲面效果展现。

装饰装修工程设计外形复杂,节点多,材料品种规格广,且以定加工材料为主,不同材料接缝多,与其他专业交叉配合难度大。通过主要采用计算机优化排版,不同接缝采取不同处理方式,譬如打胶、饰面板和装饰线条封盖等措施,装修整体效果良好。

智能化系统众多、复杂,机房环境监控、安全防范系统等质量要求高。施工方通过智能化集成大平台的应用,标准化作业,克服了复杂智能化系统的施工难点。

机电安装系统专业多、设备集中布置、管道排布密集、专业交叉多,施工管理难度高。施工方采取BIM综合管线排布、综合成品支架等措施,有效解决机电安装专业安装问题,设备管道安装合理。

二、创建精品工程

1. 质量管理与实体情况

(1)工程开工之初,项目部就明确工程质量目标为"国家优质工程",创建质量创优组织机构,明确质量创优职责,并将质量目标分解,分阶段有计划地实现各节点目标。建设各方主体均积极参与到创优全过程,共同打造精品。在工程质量管理方面,严格进行原材料、半成品采购管理,钢筋、钢材、水泥、混凝土、预拌砂浆等原材料、半成品的品牌及生产厂家报经监理、建设单位确认;实施"样板引路制",指导工程创优。严格"三检"制,加强过程管控,确保工程一次成优。

(2)基础结构无裂缝、倾斜与变形,地下室无渗漏。会议中心设置沉降观测点27个,观测次数7次,最大沉降量7.97 mm,最小沉降量6.54 mm,最后一次的观测周期为117天,最后一次观测周期内的沉降速率为0.008 mm/d;餐饮中心设置沉降观测点31个,观测次数8次,最大沉降量7.59 mm,最小沉降量6.63 mm,最后一次的观测周期为117天,最后一次观测周期内的沉降速率为0.009 mm/d;展览中心设置沉降观测点49个,观测次数7次,最大沉降量6.87 mm,最小沉降量6.19 mm,最后一次的观测周期为

117天，最后一次观测周期内的沉降速率为0.008 mm/d。各单体建筑物沉降已进入稳定阶段。

回填土回填采用分层回填、分层夯实，密实度检测共279点，均符合设计要求。

本工程基础采用1 716根泥浆护壁成孔灌注桩，其中静载试验检测24根，承载力均符合设计要求；桩身完整性检测（低应变）1 355根，Ⅰ类桩1 297根，占95.72%，Ⅱ类桩58根，占4.28%，无Ⅲ类桩。

（3）钢筋工程总量12 592 t，复试试件439组均合格，60 683个钢筋直螺纹套筒连接接头，抽样检测739组全部合格。主体结构钢筋间距及位置正确，马凳设置规范，保护层满足设计要求。

工程混凝土共计7.1万 m^3，混凝土结构线条顺直、阴阳角方正、内实外光，无影响结构安全的裂缝产生。标准养护混凝土抗压试块850组，抗渗试块60组，经检测全部合格。

钢结构共计12 000 t，焊缝、高强度螺栓、钢结构防腐及防火涂料检测均满足规范与设计要求。

墙体采用ALC轻质加气混凝土砌块。墙体横平竖直，灰缝厚度均匀，深浅一致，砂浆饱满，墙面整洁无污染。构造柱、圈梁与墙体接口平整、严密，留槎上下垂直，均匀一致；轻质隔墙与主体结构连接可靠，板面平整。

（4）本工程铝板幕墙98 023 m^2，玻璃幕墙12 589 m^2，分格清晰流畅、连接牢固，胶缝横平竖直、均匀饱满，大面平整亮洁、色泽一致，细部衔接流畅，整体精致美观；幕墙"四性"检测完全符合设计与规范要求，历经风雨考验无渗漏。

吊顶安装牢固，表面平整，缝格平直，色泽一致，无翘曲裂缝等缺陷。灯具、喷淋、烟感居中布置，排列有序。吊顶阴角采用内嵌式灯槽，既增加了立体感、空间感，又避免了普通做法阴角容易不平的缺点。灯光色调柔和协调，接口干净简洁。

GRC、GRG等饰面板墙面排列整齐、均匀平整、安装牢固、接缝严密、线条顺直、色泽均匀；卫生间墙砖、地砖排版合理美观，粘贴牢固，缝格平直，阴阳角方正，套割精细。地下室及楼梯间涂饰墙面色泽均匀，表面光滑，线条清晰，无刷纹、流坠、透底等现象。地毯纹理排列有序，观感高雅大方。高强耐磨地坪无龟裂，表面平整度达到规范要求。

地下车库细石混凝土地坪一次成型，环氧自流平地面面层整洁美观、色泽一致，与基层粘结牢固，无裂缝空鼓现象，标识线条顺直，分色清晰。

门窗开启灵活、关闭严密，配件安装精细，整体观感良好。室内装饰木门做工精细、典雅大方；防火门性能符合设计要求，收口美观、表面平整洁净、色泽均匀一致。

（5）平屋面坡度合理无积水、细部做法精细，经淋雨试验均无渗漏。金属屋面安装牢固，排水通畅。

（6）屋面排水采用虹吸雨水系统，排水高效且噪声小，系统雨水流速较大，能够起到对管道的冲刷作用，具有自清洁作用，从而减少了对管道的检修；管道安装坡度合理、顺直，支吊架安装牢固，标识明确。喷淋与烟杆布置错落有致、整齐美观。管道穿墙套管居中，防火封堵严密；泵房布置合理，线条流畅，设备安装牢固可靠；卫生器具的支托架防腐良好，安装平整牢固，与器具接触紧密、平稳，接口无渗漏，使用正常。

（7）机房设备布置合理、排列整齐、安装牢固，运行平稳，噪声低，整体美观大气；空调水管道布局合理、美观，支架设置安全可靠，保温密实，管道穿墙套管居中，防火封堵严密；冷冻机房管道均采用带铝箔的复合橡塑材料进行保温，铝箔外面用文字、箭头、颜色进行标识；风管安装吊架布置、保温钉的设置均满足规范要求，现场综合管线布局合理。

（8）电气工程屏柜安装整齐牢固，内部元器件布置合理，桥架及柜内管线安装整齐有序，标识清晰，接地及绝缘电阻测试合格；各类灯具、烟感、音响、喷头等器具在吊顶上布置成排成线，与装饰结合紧密；墙面上明装的开关插座空调面板标高一致，成排成列。电缆在桥架内排列有序，间距均匀，绑扎牢固，防火封堵严密；线槽式日光灯及吊链式日光灯安装成排成线；变配电室内气体灭火措施齐全有效，在过门处与挡鼠板与金属门框跨接，接地可靠；低压柜内矿物绝缘电缆安装规范，固定牢靠，电缆标识牌齐全；各类水泵设备电源通过桥架、金属软管引入，成排成列，软管弧度一致；母线槽安装横平竖直，接地可靠，共用支架；各类水泵接地通过接地干线与水泵一一对应，接地引出线以一个基准点，成排成线；强弱电井内电缆穿楼板防火封堵严密，并且在地面设置了防水台。

（9）智能建筑工程包含12个子系统，设计先进合理，布线排列整齐，标识齐全，柜内接线整齐，设备安装规整，各项使用功能良好，各种检测数据准确，灵敏高，系统运行安全可靠。

（10）屋面挤塑保温板、外墙矿物纤维喷涂层、幕墙玻璃等复验合格，外墙节能实体检测和建筑设备工程系统节能性能检测均符合设计要求。

（11）工程11部客梯、8部货梯、12部自动扶梯安装牢固、呼叫按钮灵敏、运行平稳、平层准确，经江苏省特种设备安全监督检验所检测合格。

2. 策划实施与质量特色

（1）工程质量策划与实施必须由集团公司总工亲自主持，项目总工全面组织，质保体系全程参与。包括工艺、标准、做法、施工技术、施工方法、管线布置、装饰细部以及现场施工的各种要素等通过统一的工程质量策划，保证各个分项工程内在质量和外部表现上的一致性和统一性。通过策划确定项目施工的目标、措施和主要技术管理程序，同时制定施工分项分部工程的质量控制标准，为施工质量提供控制依据。它是集体智慧的结晶，融会各层次技术管理人员的聪明才智和创优积极性，策划工作应贯穿于工程始终，并付诸实施。

（2）特色1：型钢砼框架内实外光，梁柱及主次梁节点加腋处理，梁柱角拼缝严密，无漏浆。

图10-5 展厅一层

（3）特色2：钢结构焊缝均匀饱满牢固，涂层闭合光滑无空鼓，金属屋面安装牢固、美观节能、排水通畅。

（4）特色3：会议厅、大宴会厅及展厅宽敞、高端大气、色彩统一。

图10-6　展厅　　　图10-7　金属屋面

图10-8　会议厅　　图10-9　大宴会厅

（5）特色4：会议厅船形洗手池、餐饮不锈钢造型树设计个性而富有现代感。

图10-10　船形洗手池　图10-11　不锈钢造型树

（6）特色5：吊顶灯具、风口、烟感等设备，位置合理、排列整齐，天棚美观。

图10-12　餐饮一层走道　图10-13　餐饮二层包厢

（7）特色6：玻璃幕墙与铝单板幕墙完美结合，分格清晰流畅，胶缝横平竖直、均匀饱满，大面平整亮洁、色泽一致。

图10-14　展厅东入口

（8）特色7：地下室设备布置紧凑，设备及配件安装或成排成线、整齐划一，或随建筑物弧线制作成同曲率的形状。

图10-15　会议厅锅炉房　图10-16　会议厅地库桥架圆弧设置

（9）特色8：桥架管道布局合理，标识清晰，支架、吊杆设置规范，管道穿墙及楼板处理细腻，体现精品工程特性。

图10-17　会议厅消防报警阀间

（10）特色9：配电柜排列整齐，柜内配线横平竖直、相色正确，电缆头制作精良，进出线孔保护措施到位，回路标识准确、齐全。

图10-18　展览高低压配电房　图10-19　展览配电房配线

3. 科技创新与技术攻关

工程技术含量高，累计应用住建部10项新技术8大项、22子项，江苏省推广应用新技术2大项、4子项，并探索并发掘了一些新技术，申报3项专利和3项工法。

表10-1 创新技术统计表

序号	创新技术名称	应用范围
1	一种双曲面钢筋混凝土栏板单侧支模施工构造	全部女儿墙
2	一种大跨度钢结构基于BIM智能控制累积滑移的施工装置	展览中心
3	一种基于BIM精确控制施工质量的空间双曲面幕墙构造	展览中心
4	曲面铝板幕墙钢板肋龙骨构造	展览中心和连廊
5	圆柱防爆纸模应用技术	会议和餐饮中心圆柱
6	矿物纤维喷涂外墙外保温系统施工技术	展览中心外墙

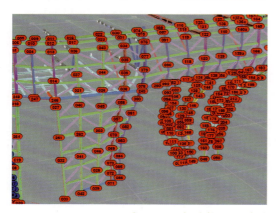

图10-20 钢结构BIM模型

图10-21 幕墙BIM模型

4. 节能环保与绿色施工

1) 工程综合节能环保效果

平屋面采用70 mm厚挤塑聚苯板,金属屋面为50 mm+70(50)mm厚双层保温岩棉,外墙采用50 mm厚F-16S矿物纤维喷涂层和40 mm厚DKGL硬质矿物纤维喷涂层,断桥隔热铝合金门窗,幕墙玻璃为6+12Ar+6、8+12Ar+8中空Low-E超白玻璃,实现最佳节能、保温效果。

大型展会期间采用中央空调或全空气空调系统,小型会议采用VRV变频空调系统,分区分系统进行合理调控利用,避免能源浪费。

照明采用高效节能灯具,智能控制,实现现场控制、远程控制和定时控制,提高节能效果。

工程室内环境检测符合Ⅱ类民用建筑工程规定,工程环保及节能专项验收合格。

2) 绿色施工措施与效果

(1) 环境保护

主要措施为在醒目位置设环保标识,堆土场和空地进行绿化或密目网覆盖,运输出入口大门设冲洗池,垃圾封闭集中、分类回收,食堂设隔油池,每个厕所设一座化粪池,两池定期清理,设置连续、密闭、能有效隔绝各类污染的围墙。

(2) 节材与材料资源利用

主要措施为采用标准化防护设施,可周转使用铝板等,利用计算机辅助优化下

图10-22 车辆冲洗池

料,减少材料浪费。

（3）节水与水资源利用

办公区、生活区节水用具配置率达100%,雨水收集,基坑降水储存使用。

（4）节能与能源利用

照明灯具采用节能灯具、生活区设置空气能热水器。

（5）节地与土地资源保护

施工场地三区分开布置,设置环形通道,临时办公和生活用房采用岩棉夹心彩钢板轻钢活动板房、机电、铝板、精装、钢构件、玻璃门窗等装配式制作。

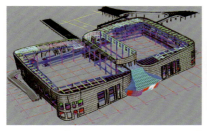
图10-23 幕墙铝板、玻璃BIM优化下料

图10-24 基坑降水储存使用

图10-25 施工区与生活区分离

三、工程获奖与综合效益

（1）获得多项荣誉：2016年获得泰州市优质结构工程奖；

2018年获得泰州市建筑工程优质工程奖；

2016年获得泰州市建筑施工标准化文明示范工地；

2016年获得江苏省建筑施工标准化文明示范工地；

2017年获得一、二星级绿色建筑设计标识；

2018年获得江苏省建筑业绿色施工示范工程；

2018年获得江苏省建筑业新技术应用示范工程；

2018年获得江苏省优质工程奖"扬子杯"。

（2）获得3项实用新型专利：一种基于BIM精确控制施工质量的空间双曲面幕墙构造、一种双曲面钢筋混凝土栏板单侧支模施工构造、一种大跨度钢结构基于BIM智能控制累积滑移的施工装置

（3）获得3部省级工法：双曲面钢筋混凝土栏板单侧支模施工构造、基于BIM精确控制施工质量的空间双曲面幕墙构造、大跨度钢结构基于BIM智能控制累积滑移的施工工法。

（4）获得3项QC成果：提高单层柱面网壳钢结构施工质量一次验收合格率(国家一等奖)、提高超长双曲面钢筋混凝土栏板施工质量一次验收合格率(国家二等奖)、提高大面积钢纤维混凝土耐磨工业地坪施工质量一次性验收合格率(省级二等奖)。

中国医药城（泰州）会展交易中心二期工程以其独特的设计理念、合理的布局、完善的功能、先进的接待服务水平,获得了社会各界的高度评价,已成为泰州市地标性建筑。提升了中国医药城产城一体的城市功能和城市形象,对于今后中国医药城的招商引资和建设步伐,具有重要的促进作用。经过一年多的使用,先后组织召开第三届中国老年医学和科技创新大会、第八届中国(泰州)国际医药博览会等大中型会议,结构安全可靠,设备运转正常,各系统功能良好,满足使用功能要求,使用单位非常满意!

（孙浩光　倪伟民　金　浩）

11 泰州数据产业园综合楼（三期）
——江苏扬建集团有限公司

一、工程简介

数据产业园综合楼（三期），位于泰州医药高新区核心，毗邻医药会展中心，地下1层，地上18层，建筑面积78 716 m²。建筑高度75.8 m，框剪结构，集信息处理、商务办公、会议、健身，以及配套日航酒店、精品商业为一体的智能化建筑，与周边建筑物融为一体，已成为泰州市标志性工程之一（见图11-1）。

图11-1 项目照片

工程规划科学合理，功能完备，建筑设计始终遵循了"适用、经济、绿色、美观"的建造理念，突出科学规划、自主创新、节约环保的精神，打造成"科学、生态、绿色、智能"的公共建筑。管理维护系统完善，服务品质高，住户非常满意。工程获得二星级绿色建筑设计标识。

建筑总体形象硬朗挺拔，体现了泰州数据园的时代气息，赋予其蒸蒸日上的朝气，与一、二期及周边建筑物相互协调、融为一体。功能分区科学，其中，A区为办公用房，办公部分的整体风格以简洁、明快为主，整体色调为白色、米色、灰色，给人以高效、干练的主观感受。B区为快捷酒店，酒店以新颖的银杏叶造型为主线，配以复古的物品为配饰，呈现出不一样的时尚风格与泰州丰富多样的文化。

该工程于2013年4月18日开工，2016年3月15日竣工验收。工程由泰州通泰投资有限公司投资建设，江苏扬建集团有限公司工程总承包。

二、工程创优

（1）工程开工前，建设单位、承包单位及施工项目部就确定了"确保省优，争创国家优质工程奖"的质量目标。为了实现本工程的质量目标，在各个分部、分项工程施工前，针对各专业工种人员进行定期组织班组技能培训、持证上岗，并对现场的施工队伍实施动态管理，确保施工队伍的素质和创优人员的相对稳定。在工程管理方面，针对工程重难点，进行有效的创优策划，建立了完善的创优管理组织构架（见图11-2）。

（2）近年来全面建立了项目人才培养"导师制"，组建较成熟的业务骨干团队，搞好对进场大学毕业生的传、帮、带工作。使企业干部队伍的知识结构、年龄结构因此得到了加速优化。

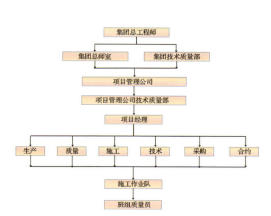

图 11-2　管理组织构架

（3）健全完整的创优体系

① 在工程项目的质量管理中，通过推行材料采供、劳务承包、专业分包等方面的"合格分承包方评审"，从源头上控制了工程的质量水平；坚决把好施工项目的材料质量关、技术交底关、技术符合和工序质量验收关。

② 在创优过程中，工程项目部对各个专业施工的分部、分项工程，根据创优目标，进行了事前创优策划，包括施工过程中关键点和难题的解决，工程质量通病的防治，细部节点的做法，影像资料的建立，创优资料的收集与整理等诸多内容，来推动创优工程项目的管理上台阶，最终实现了的创优目标。

③ 总承包的工程项目部都能做好总包的协调与管理，更主要的是专业工程各个分项工程的细部与节点做法的施工管理，以及专业与专业之间的接口协调，工种与工种结合点的检查验收。

（4）制定完善的监控模式

① 在工程创优的施工项目上都能够主动把各个专业的分部、分项工程的质量验收标准，较国家验收规范标准提高一级，其目的是确保工程项目创优目标的实现。

② 为了规范施工现场的管理行为，不断提高项目管理水平，集团制定了《施工现场项目评估的评分办法》，实施月度评估、季度评比、兑现，对优胜项目部给予流动锦旗及奖金，并予以通报表扬；对排名落后者提出通报批评，给予经济处罚，从而不断地促进了各项目部的施工现场管理水平不断升级。

（5）发挥工程总承包特点

本工程采用了工程总承包、设计、施工、采购一体化模式，实现了设计与施工无缝衔接，问题反馈迅速，设计施工相互促进，同时有助于加快项目建造的进度，节省设计变更等造成的成本。

三、工程质量

本工程共有10个分部，含98个分项，637个检验批，均已验收合格。

1. 地基与基础工程

混凝土钻孔灌注桩607根。静载荷试验8根，其中抗拔3根，抗压5根，承载力均符合设计要求。桩身共检测311根，其中Ⅰ类桩299根，Ⅱ类桩12根，无Ⅲ类桩，其中Ⅰ类桩达到96%，见图11-3。

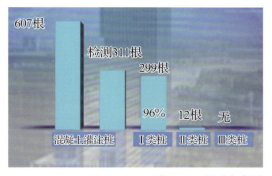

图 11-3　桩型分类图

工程共设22个沉降观测点，做工考究，美观适用。经泰州市测绘院实际测量，各点沉降均匀（见图11-4、图11-5）。最后

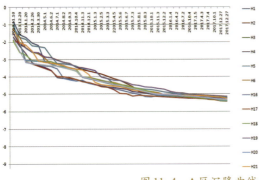

图 11-4　A 区沉降曲线

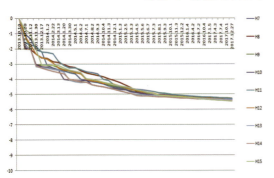

图 11-5　B 区沉降曲线

图 11-6　主体结构相关照片

100 天的沉降速率为 0.007 mm/d，建筑物已进入稳定阶段。建筑物无裂缝、倾斜、异常变形等现象。

地下室防水等级二级，防水施工面积 16 000 m²，采用 4 mm 厚 SBS 弹性体改性沥青防水卷材，施工过程中规范细部处理，至今无一渗漏。

2. 主体结构工程

主体结构工程钢筋加工尺寸精确、绑扎牢固；混凝土梁柱节点顺直、方正、成型美观，尺寸精确，偏差 ±3 mm 以内（见图 11-6）；填充墙体砌筑灰缝饱满，平整度、垂直度好。钢筋进场 51 批，复试 396 组，结果均为合格；钢筋机械连接检测 89 组，电渣压力焊检测 206 组，闪光对焊检测 26 组，结果均为合格；混凝土保护层检测 132 个构件，检测合格。楼板厚度检测 46 个构件，检测合格。

本工程 4 根型钢柱用钢材 49 t，钢材共复试 3 组，检测合格。焊缝总长 4 800 mm，采用超声波无损探伤进行全数检测，检测合格。高强螺栓连接副抗滑移系数、高强螺栓扭矩系数等经检测符合要求；终拧扭矩节点检查 4 个，占总数的 10%，结果符合要求。

3. 建筑装饰装修工程

外立面铝板、玻璃组合式幕墙分隔合理、线条清晰，大角顺直、挺拔，胶缝横平竖直、造型美观（见图 11-7）。主楼采用横向铝板线条间隔布置及横明竖隐的半隐框玻璃幕墙，表现了建筑的广度；裙楼采用竖向铝板线条及竖明横隐的半隐框玻璃幕墙，体现了建筑的高度；外立面幕墙与主体结构连接牢固，整体性强；立面和造型平顺、挺拔，观感极佳。铝板幕墙 21 563 m²，玻璃幕墙 26 905 m²。幕墙"四性"检测符合规范要求。

图 11-7　幕墙照片

石材34 000 m²、玻化砖13 000 m²、PVC地胶贴1 200 m²等铺贴平整，缝路自然顺直美观(见图11-8)。楼梯间滴水线、挡水嵌做工精细，踢脚线出墙厚度一致。石膏板、金属挂板、岩棉板、生态木等吊顶造型简洁，板块排列美观，板缝顺直、宽窄均匀，做工精细。

图11-8　内装饰照片

4. 屋面工程

屋面防水共10 953 m²，主楼屋面防水等级Ⅰ级(2 mm厚聚氨酯防水涂料、3 mm厚SBS弹性体改性沥青防水卷材)。屋面地砖铺贴平整、无空鼓，缝路顺直、均匀，见图11-9；乳胶漆色泽均匀、无色差。防水工程完工后经闭水试验，使用至今无一渗漏。

图11-9　屋面工程

5. 给水排水、采暖工程

管道安装平直、规范，接口严密；支架设置合理，设备安装牢固，布置合理，减振有效、运行平稳。给水排水管道安装验收均一次合格。见图11-10。

6. 建筑电气工程

配电箱(柜)接地可靠，箱内电气元件安装位置科学、合理，配线分色准确，并分回路绑扎固定，路线排列整齐，回路编号齐全并标识清楚，见图11-11。防雷接地规范、合理，电阻测试符合规范，一次验收合格。

7. 智能化建筑工程

智能化各系统检测合格，系统运行稳定，综合布线系统布线整齐有序，中控室机柜排列美观，智能化系统功能完备，运行稳定，满足设计需求，见图11-12。消防联动运行稳定，风机、风阀、防火卷帘、消防泵、喷淋泵、压力开关、水力警铃等动作可靠，响应及时。

8. 通风与空调工程

风管采用热镀锌钢板制作安装，防排烟风管采用角铁法兰连接，风管安装支吊架间距符合规范，风管穿越防火分区隔墙均设置防护套管，风管与套管之间采用防火泥封堵，风机等设备技术参数均符合设计要求，落地及吊装设备的减振装置设置合理，设备安装牢固，运行平稳。

9. 建筑电梯工程

本工程共布置15台直梯、2台扶梯。电梯运行平稳，停层准确，控制信号响应灵敏，安全可靠，轿厢内部装修美观，乘坐舒适。见图11-14。

图11-10　给水排水图片　　　图11-11　配电箱(柜)

图11-12　智能化

图11-13　通风与空调相关图片

图11-14　电梯

10. 建筑节能工程

建筑维护结构采用了防火岩棉保温板、隔热金属型材多腔密封窗框、Low-E玻璃自遮阳等节能保护措施，外墙采用砂加气自保温砌块，降低了建筑的能源损耗。空调水管和风管采用保温材料，减少了能量损耗。地源热泵机房采用"地源热泵系统集成技术"，自动化群控系统用于夏季供冷、冬季采暖及全年提供生活热水的自动控制功能。

四、工程特色

（1）本工程管道工作量大，管道走向纵横交错，标高各异，造成管道交叉点较多。采用BIM与管线综合布置技术，使管道既满足使用功能，又符合规范标准，以及便于施工操作、日常维护管理等要求，见图11-16、图11-17。

（2）外立面玻璃幕墙、铝板幕墙等组合造型的互相融合，幕墙分隔合理，接缝严

图11-15　地源热泵设备

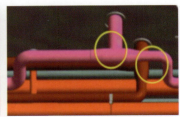
图11-16　碰撞部位　　　　　图11-17　碰撞调整

密，组合有序、过渡自然，线条清晰，大角顺直、挺拔，造型美观，见图11-18。

（3）在玻璃幕墙的各个办公、客房处均增设了玻璃护身栏板，见图11-19，在公共走道处均增设了不锈钢护身栏杆，见图11-20，确保旅客和工作人员的人身安全，玻璃栏板、不锈钢栏杆共计2 874 m。

（4）装修材料优质、品质新颖，地面以灰木纹石材为主，中心区域吊顶采用灰色铝挂板造型，图案精心策划排列，四周为纸面石膏板吊顶；墙面采用成品樱桃木木饰面装饰，搭配不锈钢等造型装

图11-18　幕墙照片

图11-19　玻璃护身栏板

图11-20　不锈钢护身栏杆

饰。做工精细,返璞归真,质量优良。整体装修搭配合理、条理分明、恢宏大气,见图11-21。

(5)在6、8、10、12层的客房均设置了公共空间,使旅客的活动空间增大,充分体现人性化设计,见图11-22。

(6)整个办公、购物区域室内顶面为复杂的轻钢龙骨石膏板造型吊顶,应用了"复杂造型纸面石膏板吊顶技术""金属挂板吊顶安装施工工法"省级工法,有效地解决了吊顶安装造型多样化、复杂化等问题。见图11-23。

图11-21 装修图

图11-22 公共空间图

图11-23 吊顶图

(7)在环保装修方面:大量使用成品隔断、成品壁板、成品天花板,可扩展可拆卸,进行现场组装。见图11-24。

图11-24 成品隔断

五、新技术应用与技术攻关

应用住房和城乡建设部"10项新技术"中的10大项、28小项,江苏省"10项新技术"中的6大项、12小项,创新技术9项,推广应用其他新技术9项,2016年获得江苏省建筑业"新技术应用示范工程"。

表11-1 自主创新技术9项

序号	技 术
1	防渗混凝土墙设置抗裂钢塑复合网施工技术
2	地下室混凝土结构跳仓法施工技术
3	建筑施工现场绿色施工降尘系统施工技术
4	一种施工现场非传统水源的收集与利用装置
5	型钢-钢管扣件桁架空间组合悬挑架施工技术
6	智能化软件系统研发与应用技术
7	高构架屋面吊篮应用技术
8	高层建筑防雷施工技术
9	装饰伸缩缝施工技术

表11-2 推广应用其他新技术9项

1	水资源收集、循环利用技术
2	绿色施工综合信息化监控管理系统
3	各类金属制品、木制品和其它材质的部品生产工厂化(成品化)和现场施工装配化等成套技术
4	BIM技术,项目远程异地信息化管理,物流采购的信息化管理,施工测量、放线、放样信息化应用技术

续表

5	新材料光电玻璃、冰火板、艺术玻璃的应用和施工技术
6	各类天然石材、人造仿天然石材的精加工、新型安装技术，石材毛平板铺设（应用部位：日式餐厅）、整体研磨及石材养护技术
7	新型陶瓷墙地砖粘结剂及粘结施工技术
8	新型移动式脚手架技术
9	新型地面减振垫隔音材料的应用和施工技术

强化技术攻关和成果总结，获得国家级工法2项，省级工法2项，发明专利1项，实用新型专利2项，全国建筑装饰行业科技创新成果4项，软件著作权2项，江苏省QC成果一等奖，省级优秀论文2篇。

六、工程综合效果和获奖情况

1. 综合效益

（1）数据产业园综合楼（三期）的建成，现已成为集商务办公、商务会议、快捷酒店及精品商业为一体的综合性场所，为广大人群提供了一个便捷、安静的办公、健身、住宿、休闲的场所。

（2）项目建设将进一步完善数据产业园配套设施，为园区提供高质量的配套酒店餐饮、商务办公等功能服务。200间酒店客房的平均入住率高达90%以上，携程网顾客满意度评价达98%。办公区已经全部出租。

（3）加快和完善物联网公共技术实验室、云技术实验室、IDC（互联网数据中心）、SOC（网络安全运营中心）、SaaS（软件即服务中心）、NTC（全国网络与信息技术培训考试泰州中心）等公共技术服务平台。培育和集聚一批具有自主知识产权和自主品牌的企业，江苏泛亚、易联电商、用友软件等一批国内外著名软件与信息服务外包企业入驻园区。

（4）数据产业园综合楼（三期）自竣工投入使用以来，在节约资源、能源方面，取得了显著的效果，每年节约能源约490.50万元，使投资的建设费用逐年得到了较高的回报。

（5）在施工过程中，多次接受省、市级工程项目的专项检查，均获得好评；工程交付使用至今，各项功能满足设计和使用要求，使用单位非常满意。

2. 获奖情况

（1）2018年度江苏省"优秀设计"，核定单位：江苏省勘察设计行业协会；

（2）2018年度中国施工企业协会"优秀设计成果三等奖"；

（3）2018年度江苏省优质工程奖"扬子杯"，核定单位：江苏省住房和城乡建设厅；

（4）2017—2018年度玻璃幕墙、内装饰工程获得"中国建筑工程装饰奖"，核定单位：中国建筑装饰协会；

（5）2014年度江苏省建筑施工"标准化文明示范工地"，核定单位：江苏省住房和城乡建设厅、江苏省建设工会工作委员会；

（6）2016—2017年度中国安装协会"科技进步一等奖"，核定单位：中国安装协会；

（7）2018—2019年度第一批国家优质工程奖，核定单位：中国施工企业管理协会。

（华　江　孔祥峰　蔡　泽）

12　海门市公共资源交易中心等服务型项目
——龙信建设集团有限公司

一、工程简介

1. 概述

海门市公共资源交易中心等建设项目位于海门市长江南路西、清西河北。该项目由龙信建设集团有限公司总承包，海门市市级机关事务管理局开发，同济大学建筑设计研究院（集团）有限公司设计，上海福达工程建设监理咨询有限公司监理。

图12-1　东立面

2. 工程概况

本工程总建筑面积41 713 m²，其中地下建筑面积10 594 m²，地上建筑面积31 119 m²；建筑高度21.3 m；地下室为地下一层，地上部分共有由连廊连通的A、B、C三个区，三个区均坐落于地下室顶板，A区地上四层，主要用途为公共资源交易中心大厅及办公室；B、C区地上五层，主要用途为公共资源交易办公室及配套餐厅、信息中心。

图12-2　俯视　　图12-3　餐厅

3. 社会效益

本工程位于海门市行政中心大院，在富有政治文化的政务服务核心地段，打造了兼具艺术性、开放性、技术性和经济性的公共服务建筑，成为海门市经济活动的重要标志。本中心是服务海门市各类经济活动的公共平台，是汇集各种经济活动的服务中心，履行了"一站式"办结的高效服务功能，努力实现"进一个门，办所有事的目标"，体现着为民、便民的服务理念。工程自投入使用以来，得到使用单位一致好评，接待来自全国各地的参观者及借鉴经验的党政团队共计250余次，提供了审批中心建设的样板及经验，产生了很好的社会效益。

图12-4　为民、便民

二、如何创建精品工程及创建过程

1. 工程管理

本工程开工伊始就明确了誓夺国家优质工程奖的质量目标,制定了以集团、分公司和项目部三级相关人员组成的创优领导小组,积极推行GB/T 19001—2016、GB/T 28001—2011、GB/T 50430—2017标准,建立了完善的质量、安全、环境保证体系。

建设单位协同设计、监理、总包方联合组建工程创优领导小组,全面负责本项目实施,建立了项目建设管理体系,对建设过程中设计、监理、施工统一管理,统一协调。

设计单位制定了施工现场设计配合工作细则,分阶段派驻结构、建筑、设备驻场工程师,面对施工中出现的问题及各阶段验收,设计单位及时到达现场,通过及时、细致的服务,与施工方充分交流,保证各阶段、各节点的施工满足设计图纸要求及预期效果。

监理单位在施工过程中始终坚持以设计图纸、施工质量验收规范为监理依据,根据工程实际情况编制了具有针对性的监理规划、大纲和监理实施细则,在日常监理工作中予以认真贯彻实施。

施工单位通过选用技术操作水平高、工程创优经验丰富的施工人员,将施工人员的工资报酬与工程质量挂钩,同时在施工过程中坚持方案先行,坚持样板引路,坚持执行"三检"制度,严格把控前期策划和过程控制,保证工序质量一次成优。

2. 策划实施

首先建立完善的质量保证体系,配备高素质的项目管理和质量管理人员,强化"项目管理,以人为本",我公司质量管理方针是:诚信经营、环保安康、竭诚服务、持续创新。

严格过程控制和程序控制,开展全面质量管理,树立创"过程精品""业主满意"的质量意识,誓将该工程建设成为我公司具有代表性的优质工程。

制定质量目标,将目标层层分解,质量责任、权力彻底落实到位,严格奖惩制度。

建立严格而实用的质量管理和控制办法和实施细则,在工程项目上坚决贯彻执行。

严格样板制、"三检"制、工序交接制度和质量检查和审批等制度。

广泛深入开展质量职能分析、质量讲评,大力推行"一案三工序"管理措施,即"质量设计方案、监督上工序、保证本工序、服务下工序"。

利用计算机技术、建筑信息模型等先进的管理手段进行项目管理和质量管理的控制,强化质量检测和验收系统,加强质量管理的基础性工作。

大力加强图纸会审、图纸深化设计、详图设计和综合配套图的设计和审核工作,通过确保设计图纸的质量来保证工程质量。

严把材料关(包括原材料、成品和半成品)、设备的出厂质量和进场质量关。

确保检验、试验和验收与工程同步;工程资料与工程进度同步;竣工资料与竣工同步;用户手册与工程竣工同步。

3. 过程控制

建设单位、监理单位、施工单位分别成立了创优领导小组,同时项目部针对工程重点、难点成立多个QC、工法、新技术应用攻关小组。

利用农民工学校的资源,对创优工程项目的所有操作人员,利用晚上业余时间,采用放映电影、幻灯片形式,进行对各个专业施工节点的创优做法,如何达到创优标准、观感效果等专题学习讲座,使操作者在操作前做到心中有数,操作中做到手中有数,操作后做到顺利通过验收关,达到一次成优的创优目的。

定期对施工班组每月施工范围进行考核评比,并对此建立奖罚制度,对优秀班组人员及差评班组人员给予张榜公布,给予各个班组充分的积极性。施工过程中,对班组人员采用优胜劣汰的管理制度,从而确保工程的质量及进度。

严格执行公司的标准化管理,对材料采购、劳务分包进行系统评审,从源头上控制了工程的质量漏洞;通过全员参与,不断推动质量管理精细化,从而真正实现工程项目的创优。

对各个专业施工的各个分部、分项工程,涉及工程项目所用材料的质量、规格,施工方法的关键点,工程质量通病的防治,细部节点的做法,施工难题的解决,影像资料的建立,创优资料收集与整理等诸多内容,来推动创优工程项目的管理上台阶,最终实现预订的创优目标。

各个专业在分项工程大面积施工前,实行样板引路的原则,事先按规范、设计、程序要求做出小样板,进行实测和观感验收,对出现的问题、存在的不足,实行及时调整、整改到位后方可依据小样板的标准,开展大面积分项工程的施工,确保工程一次性成优和创优目标的实现。

为了规范施工管理行为,不断提高项目管理水平,对工程项目的各个分部、分项工程,实行三级验收制度:每个班组完成施工任务后,必须由班组长自检,项目质量检验员例行检验,项目工程师抽查验收合格,方可交给下一道工序进行施工。

4. 重点、难点把握

(1) 沉降控制

本工程平面呈"品"字形,设计复杂、同时工程靠近江边,地基软承载力小,地基处理难,控制地基沉降和不均匀下沉难度大。在设计前进行详细的地质勘查,经由设计复核验算后进行桩前试桩,通过试验数据再做设计的调整优化,最终桩后检测无误后进行后续大面积的结构施工。

图 12-5　沉降稳定　　图 12-6　沉降观测点

(2) 高大支模

A 区首层办事大厅净高为 16.3 m,跨度为 26.1 m,高度和跨度均为高大支模范畴,为超过一定规模的危险性较大分部分项工程,其中"井"字形结构主梁采用后张法预应力施工,对模板支架的搭设、拆除要求高、难度大。同时采光顶棚为钢结构加玻璃幕墙形式,安装顶点高度达到 19.3 m,高空安装施工难度大。施工过程中严格执行施工方案及专家论证意见,张拉规范、有序拆模,保证施工安全和质量,难度大。

图 12-7　A 区办事大厅

(3) 钢结构工程

劲性砼结构、钢结构施工体量大,在西侧门楼、连接各区的钢连廊、四季大厅部位、钢雨篷部位,施工节点多、设计构造复杂,对于钢结构的加工、安装质量控制要求高。

图 12-12　大面地砖　图 12-13　地砖铺贴效果

（5）机电工程

智能化程度高的行政办公楼,包含了众多的子系统,走廊吊顶内空间小管线多,通过行之有效的管理和协调,使工程进度、质量目标顺利实现,施工难度大。

图 12-8　西侧门楼　图 12-9　弧形钢雨篷

A 区东侧二层的钢雨篷最大悬挑长度达到 7 m,纵向长度达到 126 m,且雨篷平面和立面均为圆弧构造,悬挑主钢梁均从东立面的 12 个劲性柱上通过焊接悬挑,雨篷整体无斜拉构造,对于砼浇筑、焊缝的质量,标高控制要求高。

在施工过程中,通过多次的施工前相关各方均参加的专题会议,后优化设计及施工方案,反复地通过 BIM 的模拟施工,从而确保了施工质量的一次过关及现场施工各工序穿插配合的顺利。

图 12-14　配电间　图 12-15　智能化设备

通过深化设计,利用 BIM 技术进行排布,各管线合理避让,在施工过程中提前做好预留、预埋及布线合理,必须一次到位,从而保证了一次成优及公共部位的净高要求。

图 12-10　四季大厅　图 12-11　钢构玻璃雨篷

（4）大面积地坪贴砖

开放性的公共部位面积大,地下车库的面积约 11 000 m²,为固化剂地面;上部办事大厅、公共走廊均为抛光地砖铺贴,首层铺贴面积达到 8 000 m²。既确保平整度、观感,同时又要杜绝地面的起砂、裂缝、空鼓,是施工过程中的难点,也是质量控制要点。在施工过程中通过对原材料如地砖的质量检测、粘贴材料的配比控制,同时通过排版合理留设施工缝、伸缩缝,达到了成品观感质量美观、实测数据满足优质工程的误差标准。

图 12-16　风管桥架　图 12-17　水泵房

（6）小截面砼现浇结构

本工程外立面为整体水平带状排窗,窗顶部在结构施工阶段均为小截面(100 mm 宽)的框架梁下砼挂板,下挂高度最高的达到了 1.5 m,对模板的安装、混凝土的浇筑质量要求高。在施工过程中通过配筋设置的优化、控制砼配合比、设置观察孔及运用新型振捣器的办法,实现了小截面砼现浇结构的一次成型,实测及观感质量满足标准。

5. 科技创新

设计上通过空间处理在主要核心位置布置中庭及内院解决进深过大的采光、通风问题，同时形成空间导向，将复杂的空间形成围绕中庭的有机空间序列。将外部公共服务功能与内部职能的交叉流线进行合理的梳理，保证高效性与共享性。

图 12-18　内庭采光井

在内院面向西侧设置整面的活动外遮阳，有效地解决建筑西晒问题的同时丰富建筑的立面效果；在建筑内部不同标高设置生态花园以增加绿化空间层次，从而使功能与建筑形式一体化。

图 12-19　电动外遮阳板

生活给水系统二层以上设置箱式智能化泵站来充分利用市政用水低谷时的高压直供，达到节能的效果。厨房排水通过新型的成套油脂分离器将固、水、油分离收集专业排放，确保符合环卫、环保的要求，周边环境更加整洁。

空调系统根据海门气候条件、项目使用性质、业主要求等，分区域采用不同的形式，包括风冷热泵、变频多联机、恒温恒湿空调等，并局部设置新风热回收措施，在满足使用要求的前提下达到一定的节能效果。

6. 技术攻关

工程基坑底标高达到-5.65 m，局部达到了-8.8 m，为深基坑工程。项目部制定了深基坑支护方案，采用分级放坡及土钉墙技术进行基坑支护。西侧局部较深处施工拉伸钢板桩，保证了基坑的安全及防止水土流失。为了基坑和周边环境的安全，对支护桩及基坑周边环境进行了跟踪监控。

A区东侧钢雨篷主梁均从框架柱的劲性结构焊接悬挑，型钢柱设置后，框架柱箍筋密集，为确保劲性框架柱混凝土的浇筑质量及预留接头标高埋设准确，在和设计院多次沟通确认后，合理分段浇筑混凝土，同时和预拌混凝土单位优化配合比，确保了混凝土浇筑质量及结构安全。

地下室结构超长、超大，为避免结构裂缝、地下渗水的质量问题发生，在混凝土中掺入一定比例水泥用量的"膨胀纤维抗裂"外加剂，形成补偿收缩混凝土，提高了混凝土的耐久性和结构安全性。

图 12-20　地下车库

在地下车库4-8/H-K轴处共设五根劲性钢梁，B、C区间的沉降后浇带位于H与J轴间，劲性钢梁均穿越沉降后浇带，为考虑后浇带的沉降要求，钢骨梁均做断开处理。

通过让钢骨梁在沉降后浇带中断开,确保了结构施工的安全可靠;在沉降稳定后采取对钢骨梁螺栓紧固及焊接加固的措施,使钢骨梁又重新成为完整的受力构件,其上部的钢结构施工正常进行。

主体结构顶板采用钢木组合模板,混凝土外观整洁光滑,棱角方正顺直,提高了材料的周转率及减少木材的投入,既保证了结构的观感质量又提高了经济效益。

图12-21　劲性钢梁上顶棚

本工程外立面幕墙面离结构边达到750 mm,在结构施工阶段,项目部决定搭设三排落地式脚手架,一次性满足结构施工及后期外立面幕墙的施工需要,安全可靠,对施工平面布置及场容场貌影响程度减少最低,同时也加快了施工进度。

7. 绿色施工

(1) 环境保护

施工的垃圾等固体废物在运输过程中,采用封闭式运输方式,外脚手架采用密目网全封闭形式,防止建筑垃圾飞散,减少扬尘。

施工现场装有移动厕所、垃圾池、分类回收垃圾桶等设置,保持场地内清洁。

水泵、风机、空调机进出管加设安装橡胶柔性接头,风管上加消声器,通风、空调设备采用节能、低噪声产品。

(2) 节能与能源利用

施工现场及生活区道路采用风光互补发电路灯;施工现场绿化通过太阳能草坪灯照明;大型设备施工电梯使用变频电机;地下室照明采用LED灯带。

生活办公区室内照明全部采用节能灯,通过光伏发电组件提供能源;生活办公区热水通过空气能热水器加热提供。

(3) 节材与资源利用

工程大量使用定型化工具,提高材料周转使用率。如:定型化钢筋棚,定型化安全通道,定型化电箱防护,定型化楼梯、洞口防护,定型化卸料平台,定型化彩钢板围挡等。

工程钢筋采用了直螺纹套筒接头,提高工效,连接质量合格,同时节约了大量钢材。模板预先放样定制,编号定位使用,减少整板切割,增加模板的周转次数。同时加强入库出库管理和跟踪管理,减少材料过剩乱堆乱放现象。

施工过程中使用废旧模板、木方制作护角条、脚手板、防滑条、移动花坛等;使用废弃钢筋制作马凳筋、梯子筋等。

(4) 节水与水资源利用

施工阶段设置排水沟系统,设置三级沉淀池,回收的水用于绿化浇灌及洗车池冲水;施工中采用降低地下水位抽出的水,养护混凝土和浇草地。

生活办公区收集地面、屋面雨水,经收集井沉淀后用于绿化浇灌;卫生洁具均为感应式洁具,卫生节水。

(5) 节地与土地资源利用

填充墙采用蒸压加气混凝土砌块,基坑支护采取施工挂网护坡的方式,局部施工钢板桩,节约土地资源,同时防止水土流失。

办公、生活区临时设施使用双层彩钢板房,节约土地资源。

三、工程获得的各类成果

2014年度"南通市优质结构"奖项、2017年度南通市"紫琅杯"奖项；

《16 m 劲性钢梁砼浇筑质量控制》获2014年度南通市工程建设优秀QC成果二等奖；

《小截面梁下挂板砼浇筑质量控制》获2015年度江苏省工程建设优秀质量管理小组活动成果二等奖；

《帽檐形悬挑钢结构雨篷安装施工工法》获2015年度江苏省省级工法的荣誉；

《16 m 劲性钢梁穿越沉降后浇带施工技术》获2014年度江苏省优秀论文二等奖；

2014年度第一批"江苏省建筑施工标准化文明示范工地"称号；

2016年度"江苏省建筑业新技术应用示范工程"称号；

2018年度江苏省勘察设计优秀奖；

2018年度江苏省优质工程奖"扬子杯"；

2018年度中施企协优秀设计三等奖；

2018—2019年度第一批"国家优质工程奖"银奖。

通过对本工程的施工及创优工作的开展，获得了一些成果奖项。首先对于项目部来说，锻炼了一部分的管理人员，历练提高了专业水平和个人能力，为企业做了人才及科技成果的储备，同时通过这个项目以点带面地推动提高了分公司乃至集团公司的整体工程管理水平、质量创优意识，助力公司的品牌文化及效应。在对地区的建筑业工程建设行业方面，通过创优树立了典型和先进，让质量兴企的理念深入人心！

（黄光华　沈宏生　王鹏飞）

13　盐城金融城4#楼

——江苏中南建筑产业集团有限责任公司

图13-1　盐城金融城整体外貌

一、工程概况

1. 工程基本情况

盐城金融城4#楼工程位于盐城市城南新区,地处世纪大道南侧,戴庄路西侧,本工程由华东建筑设计研究院有限公司设计,其设计新颖、独特,具有先进的水平和现代化气息。

盐城金融城项目是苏北地区融合金融、办公、生活、休闲、娱乐、文化等功能于一体的城市综合体,包括了高档金融办公区、酒店等商业配套区、精英公寓、金融共享商务区、后勤服务区等各种业态,是一个真正意义上的城市综合体,总建筑面积近100万m^2,建设总投资近100亿元,入驻金融和准金融企业将超过100家,是盐城市重点打造的"三百"工程,其中二标段4#楼建筑面积52 085 m^2,地下二层建筑面积10 235 m^2,地上二十三层建筑面积41 850 m^2,造价2.5亿元,建筑总高度96.1 m,地上一层层高5.5 m,二层层高4.5 m、三至二十二层层高4.0 m、二十三层层高5.5 m,除一、二层为银行营业用途外,其余均为办公用途,其空间划分合理,办公环境优美,适合各类办公。

项目开工时间为2012年8月28日,竣工验收时间为2015年8月22日,备案时间为2015年9月22日。

2. 工程建设各方名称

建设单位:盐城金融城建设发展有限公司。

设计单位:华东建筑设计研究院有限公司。

监理单位:盐城市亨达建设监理咨询有限责任公司。

总承包单位:江苏中南建筑产业集团有限责任公司。

参建单位:南通市中南建工设备安装有限公司。

质量监督单位:盐城市城南新区建设工程质量监督站。

图13-2　幕墙外立面图

图13-3 银行大厅装饰效果　　图13-4 入口大厅装饰效果

二、工程施工难点、技术创新和绿色施工情况

1. 工程的施工难点

（1）工程地质条件复杂

本工程位于盐城市，地处苏北里下河平原，第四纪以来地壳运动以沉降为主，地貌类型为海相沉积平原区，第三层淤泥质粉质黏土，为高压缩性土层，为该场地的不良地质层，抗剪强度及承载力均低，灵敏度高，且具有一定的流变与触变性，第四层至第八层粉土之间的存在承压水，基础施工难度大。

（2）施工场地

本工程北侧为世纪大道，为市政府门前主干道，货车交通受限，材料运输困难，人行道及绿化不能有任何破坏及占用，其他周边需陆续施工，场地只能设置在北侧，场地低于周边且无排水管网。

（3）技术要求高

本工程银行营业大厅为高度10 m的两层共享中庭，其模板支设难度较大，需单独编制高支模方案，专家论证通过后按专家意见实施。

本工程主体结构梁内采用HTRB600热处理钢筋，其加工、安装及连接较普通钢筋难度更大，要求更高。

本工程墙柱混凝土强度等级为C60～C35，梁板混凝土强度等级为C35，如何避免高低标号混打，确保避免低标号混凝土流入高标号混凝土中，实施要求较高。

（4）特殊结构、特殊要求

本工程地下室面积较大，均为金属耐磨地坪，控制其浇筑收光质量，确保表面强度及耐磨性能尤为关键，同时大面积地坪预防开裂同样关键。

（5）普通装饰材料面大、量广，质量通病预防控制难

本工程乳胶漆墙面约7 800 m^2，干挂石材约2 500 m^2，墙纸约7 400 m^2，地砖地面约7 900 m^2，地毯约17 700 m^2，吊顶约25 600 m^2，屋面缸砖面积1 450 m^2，装饰品种较多，量大面广，质量通病控制比较重要。

（6）机房设备多，管线复杂

机房设备集中布置，系统多，管道排列分布复杂，如何利用有限的空间对各类系统、管道的布置进行综合协调，是机电安装工程施工的重点与难点。

（7）专业分包队伍多，交叉作业量大，管理难度大

本工程涉及桩基、幕墙、装饰、机电等专业分包，各工种各专业交叉施工作业量较大，管理难度较大。

2. 技术创新情况

工程为苏北地区首先采用HTRB600级钢筋，其加工、安装及连接较普通钢筋难度更大，连接方式确定为直螺纹机械连接，按照正常工艺加工安装，指标不能满足现行机械连接规程的要求，经多次工艺改进，结合锥螺纹工艺，采用了加粗丝口加大扭矩的工艺，使得其质量满足现行规程的要求。

应用住建部"建筑业10项新技术(2010)"中的9大项、15小项,经济效益显著。经建设单位认可,工程新技术创效209万元;同时获得了2015年度江苏省建筑业新技术应用示范工程(苏建质安〔2015〕608号—JSXY2015-151),其整体水平达到"国内领先"。

3. 绿色施工

本工程北侧为市政府门前主干道世纪大道,同时也是场外项目的运输道路,南侧为住宅小区,加上项目是盐城市地标性建筑,整个项目对于绿色施工的要求更为严格。

从设计到施工的各个环节都遵循了"四节一环保"的要求,通过设计、施工中各项绿色节能、环保措施的应用,努力打造绿色施工示范工程。

(1)利用BIM技术对施工总平面进行布置设计,更加生动、直观。保证平面布置合理、紧凑,临时设施占地面积有效利用率大于90%。

图13-5　利用BIM技术进行临设场地布置

(2)施工场地硬化与绿化相结合,应用扬尘检测仪、喷雾炮等技术,空气中PM2.5低于标准值。

(3)通过废水回收利用系统、三级沉淀池等节水措施,有效节约了水资源的应用。

(4)办公、生活区采用节能灯及节能开关。

(5)现场防护采用工具化、定型化产品,废旧材料二次利用及成品保护。

图13-6　场地绿化及扬尘治理措施

图13-7　三级沉淀池

图13-8　节能灯具

整个项目"四节一环保"效果显著,是盐城市观摩项目,并且获得了"江苏建筑施工文明工地"称号。

图13-9　施工过程采用定型化防护

三、工程质量特色与亮点

(1)1 450 m² 屋面地砖铺贴美观,分隔规范,勾缝饱满,屋面细部节点处理精美。

图13-10　屋面砖铺贴

（2）160余米屋面栏杆安装稳定牢靠，成排成线，高度符合规范。

图13-11　屋面栏杆安装

（3）外幕墙简洁气派，竖向分隔层次分明，消防救援窗标识清晰整齐，夜景堪比光伏幕墙。

图13-12　外幕墙及夜景效果

（4）10 000 m^2 地下室地坪平整光洁，无起砂、渗漏等现象。

图13-13　地下室车库

（5）7 890 m^2 大理石地面，色泽、纹路一致，结晶镜面坚硬光亮。17 700 m^2 地毯地面、635 m^2 地砖地面，铺贴平整，拼缝严密，色泽一致，无打磨现象。设备间环氧地坪平整光洁、无接缝。

图13-14　大理石、地毯、地砖及环氧地坪地面

（6）7 800 m^2 乳胶漆墙面，8 790 m^2 墙纸饰面，做工精细，表面平整，阴阳角顺直。

图13-15　室内墙面

（7）25 600 m^2 室内集成吊顶造型各异，线条顺直，做工精细。灯具、烟感、喷淋居中布置，成排成线。

图13-16　各类装饰吊顶效果

（8）44个卫生间墙地面对缝铺贴，地漏、洁具居中对称，整齐美观；洁具周边套割精细、合缝严密。

图13-17　卫生间

(9)楼梯踏步涂刷防滑地坪漆,楼梯踏步高度一致,滴水线顺直美观,踢脚线平直。

图 13-18　楼梯间

(10)6部客梯,2部消防梯,采用高低区分离。电梯轿厢宽大,美观大气,运行平稳,停靠时平层准确。

图 13-19　电梯前室

(11)机房设备集中布置,系统多,管道排列分布复杂,31 200 m成排管道综合排列,错落有致,间距均匀,安装牢固,标识清晰齐全。18套机房设备排列整齐,管道布局合理,标识清晰,设备阀门标高一致,排水沟、导流槽做工精细,无跑冒滴漏现象。消火栓和喷淋系统管道安装位置正确,管道采用综合布置,油漆亮丽,色标齐全。

图 13-20　配电间

(12)变配电室24台配电柜安装成排成列,整齐划一。电缆标识齐全,防火封堵严密。150台强、弱电间配电柜安装规范,接地可靠;柜内配线整齐,绑扎牢固,标识齐全。6 500 m桥架布置合理,标高正确,接地可靠。地下室线槽灯具安装成排成列,排布合理。屋面避雷带安装横平竖直,支架处设置合理,引下线标识齐全,室外防雷接地测试点做工精细,安装规范合理。电气竖井内母线布置横平竖直,支架设置合理。灯具、喷淋、烟感、音响、风口在走廊吊顶上居中对称布置,整齐美观。

智能化系统,各种信号准确,联动运行良好,满足设计功能要求。

图 13-21　消防泵房

图 13-22　办公区公共走廊

(13)3 650 m² 风管制作规范,连接严密。管线共用支架布置合理,防腐到位。

风机、风管同心,软接平顺,松紧适宜,接口严密。VRV空调安装质量良好,设备运行正常,风口装饰贴面,成型美观。

图13-23　屋面风管安装及室外VRV空调

（14）整个地下室、公共走廊的管线布置采用BIM设计，排布合理，提高了空间利用效率。

图13-24　消防泵房

（15）室外景观绿化简洁明了，极富现代气息。

图13-25　室外绿化

四、工程获奖及综合效益

1. 获奖情况

（1）设计获奖

本工程获得2016年度江苏省住房与城乡建设厅一星级绿色建筑设计，2017年度江苏勘察设计行业协会优秀设计奖，并获得2018年度全国工程建设优秀设计成果二等奖。

图13-26　绿色建筑设计标识证书

江苏省勘察设计行业协会文件

图13-27　江苏省优秀设计评价

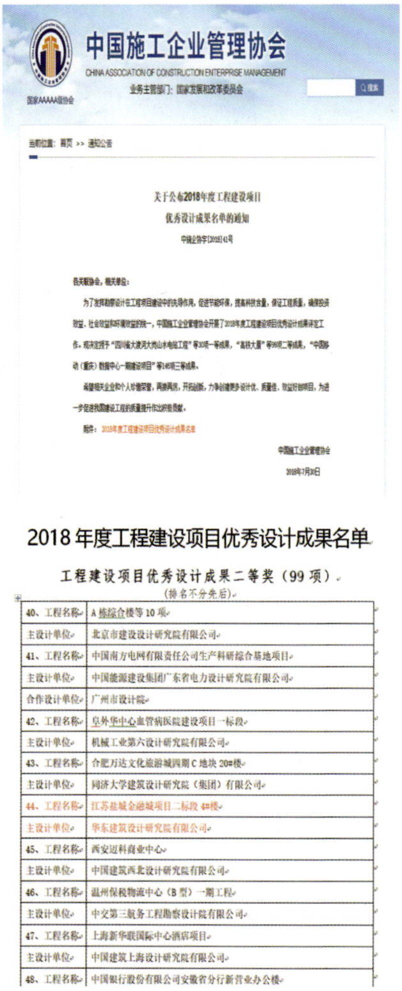

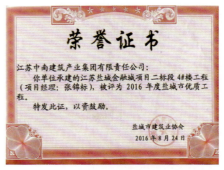

中国施工企业管理协会
CHINA ASSOCIATION OF CONSTRUCTION ENTERPRISE MANAGEMENT
业务主管部门：国家发展和改革委员会
国家AAAAA级协会

当前位置：首页 >> 通知公告

关于公布2018年度工程建设项目
优秀设计成果名单的通知
中施企协字[2018]41号

各关联协会，相关单位：

为了发挥勘察设计在工程项目建设中的先导作用，促进节能环保，提高科技含量，保证工程质量，确保投资效益、社会效益和环境效益的统一，中国施工企业管理协会开展了2018年度工程建设项目优秀设计成果评定工作，现决定授予“四川省大渡河大岗山水电站工程”等30项一等成果，“高铁大厦”等99项二等成果，“中国移动（重庆）数据中心一期建设项目”等[illegible]项三等成果。

希望相关企业和个人珍惜荣誉，再接再厉，开拓创新，力争创建更多设计优、质量佳、效益好的项目，为进一步促进我国建设工程的质量提升作出积极贡献。

附件：2018年度工程建设项目优秀设计成果名单

中国施工企业管理协会
2018年7月30日

2018年度工程建设项目优秀设计成果名单

工程建设项目优秀设计成果二等奖（99项）
（排名不分先后）

40、工程名称	A栋综合楼等10项
主设计单位	北京市建设设计研究院有限公司
41、工程名称	中国南方电网有限责任公司生产科研综合基地项目
主设计单位	中国能源建设集团广东省电力设计研究院有限公司
合作设计单位	广州市设计院
42、工程名称	阜外华中心血管病医院建设项目一标段
主设计单位	机械工业第六设计研究院有限公司
43、工程名称	合肥万达文化旅游城四期C地块20#楼
主设计单位	同济大学建筑设计研究院（集团）有限公司
44、工程名称	江苏盐城金融城项目二标段4#楼
主设计单位	华东建筑设计研究院有限公司
45、工程名称	西安迈科商业中心
主设计单位	中国建筑西北设计研究院有限公司
46、工程名称	温州保税物流中心（B型）一期工程
主设计单位	中交第三航务工程勘察设计院有限公司
47、工程名称	上海新华联国际中心酒店项目
主设计单位	中国建筑上海设计研究院有限公司
48、工程名称	中国银行股份有限公司安徽省分行新营业办公楼

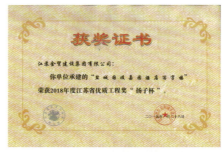

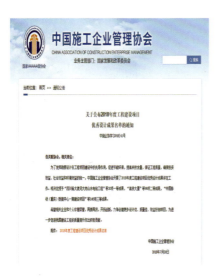

图13-28　中国施工企业管理协会工程建设项目优秀设计成果二等奖

盐城市建设工程质量管理协会文件

盐市建质协【2014】03号

关于公布2013年下半年盐城市优质结构
工程评定结果的通知

各建设、施工、监理单位，协会各会员单位：

2013年下半年优质结构工程，在企业申报、各质量监督机构推荐的基础上，经我站及市建设工程质量管理协会评审，决定江苏明华建设有限公司承建的港湾明珠南苑小区12#、21#、27#、41#楼等66个工程项目（见附件）评定为2013年下半年盐城市优质结构工程，现予以公布。

附件：2013年下半年盐城市优质结构工程项目表

盐城市建设工程质量管理协会
2014年6月3日

抄送：各县（市、区）建设（筑）工程质量监督站

图13-29　盐城市优质结构

荣誉证书

江苏中南建筑产业集团有限责任公司：

你单位承建的江苏盐城金融城项目二标段4#楼工程（项目经理：张锦标），被评为2016年度盐城市优质工程。

特发此证，以资鼓励。

盐城市建筑业协会
2016年8月24日

图13-30　盐城市优质工程

获奖证书

江苏金贸建设集团有限公司：

你单位承建的“盐城国投嘉园酒店写字楼”荣获2018年度江苏省优质工程奖“扬子杯”。

图13-31　江苏省优质工程奖“扬子杯”

（2）施工质量获奖

2014年获得盐城市优质结构工程、2016年盐城市优质工程奖、2018年度江苏省“扬子杯”优质工程奖。

2. 综合效益

工程开工至竣工未发生安全、质量事故，无拖欠民工工资现象，无经济诉讼案件。使用至今，结构安全可靠，系统运行良好，工程质量与使用功能得到业主和社会各界的一致好评，使用环保节能，业主表示非常满意，用品质打造了盐城市新地标，为当地的工程建设标准化的推进起到了领头羊的作用，受到了主管部门、参建各方及同行的赞许，取得了良好的社会效益和经济效益。

打造时代精品，铸就百年基业，品质为先是中南人永无止境的追求，借盐城金融城工程为依托，我们将向社会奉献更多的优质精品工程。

（魏国伟　陈　俊　张　雷）

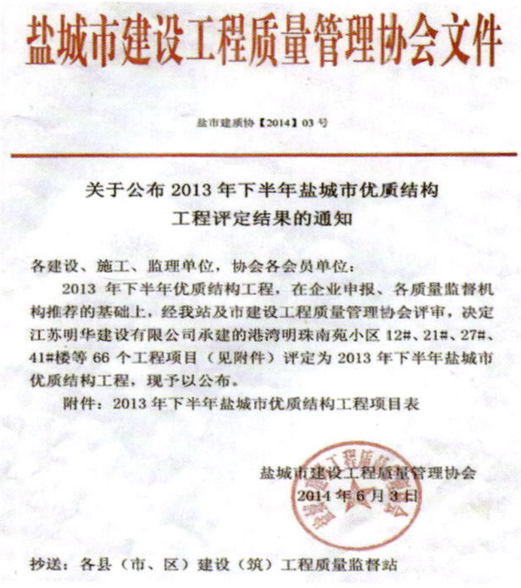

14 江苏盱眙农村商业银行股份有限公司营业大楼

——江苏南通六建建设集团有限公司

一、工程简介

江苏盱眙农村商业银行股份有限公司营业大楼工程位于盱眙县金融集聚区西北角，北临山水大道，西靠合欢大道，毗邻宁宿徐高速路口，是进出盱眙县城的必经之处，交通便利，位置显要，是向外界展示盱眙形象的门户。钢筋混凝土框架剪力墙结构。总建筑面积42 134 m²，其中地上32 312 m²，地下9 822 m²。地下1层，地上主楼21层，建筑高度89.85 m，裙房、辅楼3层，建筑高度13.8 m。工程总造价2.666亿，是一栋集信息中心、档案、金库、会议、营业、服务、办公等为一体的多功能金融大楼。见图14-1。

图14-1 工程外景

本工程由江苏盱眙农村商业银行股份有限公司投资建设，淮安市建筑设计研究院有限公司勘察，东南大学建筑设计研究院有限公司设计，南京明达建设监理有限公司监理，江苏南通六建建设集团有限公司施工总承包。

本工程于2013年12月10日开工，2017年5月24日竣工。

二、工程设计的先进性及技术创新

本工程按绿色建筑标准设计，达到国内领先水平。

（1）建筑立面利用错位、凹进布局和弧形波浪曲线屋面造型相结合，表达了"水墨长淮"的设计理念。见图14-2。

图14-2 波浪曲线屋面造型效果图和实景照片

（2）外墙面采用整体幕墙，东西面为铝板幕墙，南北面为玻璃幕墙。主裙楼穿插布局，一气呵成，意喻盱眙山水之城的文脉，又赋予金融建筑流水生财的含义，引领金融集聚区不断攀登高峰，同时塑造动感十足的现代建筑形象。见图14-3。

图14-3 工程外景照片

（3）报告厅吊顶为穿孔铝板做波浪形线条，造型新颖独特，独具现代化气息，墙面采用木质吸声板，颜色与吊顶呼应，地面为浅蓝色PVC地面，轻质、环保，顶棚采用吸音与装饰一体化，方便管线分离，整个报告厅造型、色彩简洁、大方、美观。见图14-4。

图14-4　报告厅穿孔铝板吊顶照片

（4）再生PP聚丙烯蓄水模块，分体式设计，现场组装成海绵雨水收集池，通过温湿度传感器、PLC雨水控制柜与室外绿化喷灌设施连接，形成收集、过滤、智能喷洒于一体的雨水回收利用系统，节能环保。见图14-5。

图14-5　雨水回收利用照片

（5）BIPV光伏建筑一体化系统，装机总功率达到50 kW，光伏与金属铝板屋面无缝对接。见图14-6。

图14-6　BIPV光伏建筑一体化照片

（6）采用VRV空调系统，按功能、按层分区设置，设区域控制器和中央控制系统，并设新风、排风热湿交换新风处理系统，节能、舒适、运转平稳。见图14-7。

（7）本工程采用的绿色建筑设计，获得江苏省"二星级绿色建筑设计标识证书"。见图14-8。

图14-7　VRV空调外机照片　　图14-8　二星级绿色建筑设计标识证书图片

三、工程施工的特点、难点、技术创新及"10项新技术"的应用

1. 工程施工的特点、难点

（1）超高圆柱模板安装难度大，弧形梁跨度大、钢筋制安、模板配置难度大。通过方案优化，全站仪放样及垂直度控制，并采用定型复合模板，保证混凝土成型质量。见图14-9、图14-10。

图14-9　超高圆柱BIM模型　　　　图14-10　超高圆柱模板及混凝土成型照片

（2）地下室基础设计为2 m厚整体筏板基础，混凝土一次浇筑量达3 500 m³，大体积混凝土裂缝控制难度大。采取在混凝土原材料中增加抗裂纤维、内部循环水冷却等技术措施及分层分段浇筑、蓄水养护等施工措施，整体筏板基础混凝土密实、无裂缝。见图14-11。

图14-13　金库剪力墙模板及混凝土成型照片

图14-11　基础筏板内部循环水冷却管照片

（3）金库剪力墙倾角67.5°，垂直高度6.5 m，模板支撑、空中姿态控制难度大。采用BIM技术，PKPM软件精确定位剪力墙倾角，合理布置倾斜剪力墙模板，金库剪力墙混凝土成型倾角准确、密实平整。见图14-12、图14-13。

（4）裙房钢结构屋面多变弧形波浪曲线钢梁，由多段圆弧组成，放样、加工、安装难度大，质量控制难。用犀牛软件、BIM技术、海量数据，建模优化。采用数控切割、模拟预拼装、多丝埋弧焊、改变埋弧焊机头走向工艺等技术，保证了加工精度和安装质量，达到弧形流畅，空中姿态准确。见图14-14、图14-15。

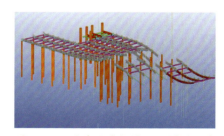

图14-14　波浪曲线钢梁BIM模型图片

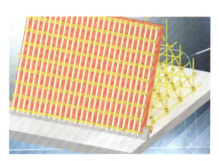

图14-12　金库剪力墙模板BIM模型图片

图14-15　波浪曲线钢梁照片

（5）多变曲面幕墙，加工制作、测量定位、安装难度大。采用BIM建模、坐标提取、全站仪测量定位，通过点线的精度保证幕墙整体安装精度。见图14-16。

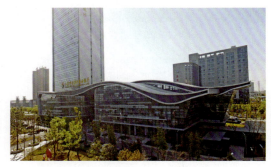

图14-16　多变曲面幕墙照片

（6）安装工程专业多，管线布置错综复杂，工序交叉多，质量控制难。运用BIM技术，进行碰撞检查，综合布线，模拟施工，保证管线成排成行成线，末端设备与装修有机协调。见图14-17、图14-18。

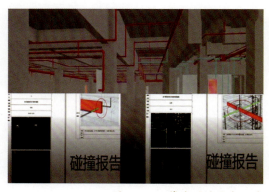

图14-17　管线碰撞检查照片

图14-18　管线及末端设备照片

2. 新技术推广应用情况

本工程推广应用了住建部"建筑业10项新技术"7大项、22小项。

四、创优工程项目管理

本工程开工伊始就确定了誓夺"国家优质工程奖"的质量目标，为确保质量目标的实现，通过建立以建设单位牵头、勘察设计单位指导、总承包单位实施、监理单位监理、主管部门监督，共同构成"五位一体"的质量联控体系，确定工程总体和分阶段的创优目标。

在开工之初施工总承包单位编制了《创国家优质工程奖策划书》，建立了高于国家标准的《项目质量标准》，并出台了一系列质量管理制度，强调工程质量的预控和过程控制，杜绝发生质量问题。

建设单位编制了《工程管理指导书》，设计单位制定了《设计服务管理办法》，监理单位细化了《监理工作实施细则》及《工程实体质量控制要点》。

应用信息化管理技术，提高工程质量的管理，应用绿色施工技术综合形成的项目文化，激励施工过程的环境控制和质量控制。

施工过程始终坚持"过程精品"的管理理念，强策划、抓预控、重样板、优工艺。制定了具有战略指导意义的施工组织设计和详细的施工方案，力求技术交底具有可操作性，保证了施工质量一次成优。见图14-19。

针对工程特点、难点，成立项目QC小组进行技术攻关。在整个施工过程中，参建各方科学管理，积极协调，各个环节运转正常，工程质量、安全、进度、成本得到了有效控制。

图14-19 样板引路照片

五、工程质量情况

1. 地基与基础工程

基础采用混凝土灌注桩、筏板基础。共有757根工程桩,经检测承载力满足设计要求,桩身完整性检测757根,其中Ⅰ类桩757根,Ⅰ类桩占所测数的100%,无Ⅱ类及Ⅱ类以下桩。

本工程±0.000以上共设有11个沉降观测点,经38次观测,累计最大沉降量为45.16 mm,最后100天平均沉降速率0.000 9 mm/d,工程竣工交付使用至今未出现裂缝、倾斜及变形等现象。建筑物沉降均匀、稳定,结构安全可靠。

2. 主体结构分部工程

框架梁、板钢筋绑扎前,排点画线,保证梁主筋、箍筋及板筋间距满足设计要求。见图14-20。

混凝土构件拆模后观感质量好,结构梁柱节点清晰,线面顺直,内坚外美,混凝土强度符合设计要求。见图14-21。

砌体结构组砌合理,砂浆饱满,强度达标,灰缝横平竖直,洞口尺寸一致,墙面垂直度、平整度均满足设计和规范要求。见图14-22。

图14-20 钢筋绑扎照片　　图14-21 混凝土成型照片　　图14-22 砌体照片

3. 装饰装修分部工程

（1）室外装修

15 558.5 m² 玻璃幕墙,17 861.3 m² 铝板幕墙,构造合理、安装牢固精确、弧形流畅、打胶饱满、无色差、整体观感效果好、计算书齐全、"四性"检测合格;经淋水试验及大风、暴雨考验,不渗不漏。

裙房、辅楼弧形多波多曲金属铝板屋面,弧形流畅,空中姿态准确,达到高山流水效果,准确表达了"水墨长淮"的设计理念。见图14-23。

图14-23 幕墙照片

（2）室内装修

3 043.25 m² 石材地面利用BIM技术排版，拼缝均匀、平整、无色差、美观大方，平整度最大偏差不超过1 mm，接缝高低差最大不超过0.3 mm。见图14-24。

图14-24　石材地面照片

6 295.09 m² 走道及电梯厅地砖、墙砖粘贴牢固、缝隙均匀，铺贴整洁美观、色泽均匀，接缝平整，周边顺直。见图14-25。

图14-25　地砖地面照片

2 765.6 m² 铝板吊顶，形式多样，专项设计，造型别致，凹凸分明，流畅美观，与墙面交接部位留置凹槽，无变形、无开裂。吊顶内灯具、喷淋头、烟感、风口等与吊顶紧密配合，整体布置协调、成排成线、美观大方。见图14-26。

图14-26　大厅铝板吊顶照片

墙纸、软包装饰、玻璃饰面、木饰面墙面平整一致、接缝严密、做工精致。见图14-27。

图14-27　软包装饰及木饰面墙面照片

室内空气质量经江苏江北建设工程检测有限公司抽检，室内空气中甲醛、氨、苯、TVOC含量和氡气浓度均符合国家规范要求，室内空气质量合格。

4. 防水工程

地下室Ⅰ级防水，地下室底板、外墙及顶板防水均采用CPS-CL反应粘结型高分子防水卷材，防水卷材性能可靠，抽检合格。自工程交付以来，未发现底板、侧墙、顶板渗漏现象。

屋面Ⅰ级防水，采用CPS-CL反应粘结型高分子防水卷材，屋面平整，坡度、坡向正确，满足设计要求，排水顺畅，无积水，屋面无渗漏。

落水口、女儿墙根部、突出屋面的风井

根部、设备基础根部防水加强处理符合设计要求,防水粘贴牢固,无渗漏。

79个卫生间防水采用2 mm厚聚合物水泥基防水涂料,卫生间防水施工和装修完成后分别进行了48 h蓄水试验,未发现渗漏现象,防水可靠,无渗漏。

5. 建筑电气工程

电缆桥架安装横平竖直,螺栓朝向正确,桥架连接处跨接线设置规范。桥架穿墙、穿楼板处防水、防火封堵严密,做工细致。见图14-28。

图14-28　电气桥架照片

配电柜安装端正、排列整齐、操作灵活可靠,内部接线牢固,标识齐全、导线分色正确,配电柜体接地可靠,柜体封闭严密。见图14-29。

图14-29　配电柜照片

6. 建筑给排水工程

生活给排水、消防管道畅通无渗漏,设备运转正常,系统工作可靠。管道安装经BIM专业深化设计,排列合理美观、标识清晰明确、工艺精细。

设备安装规范、布置合理、接地可靠、运行平稳。见图14-30。

图14-30　设备和管道照片

7. 通风与空调工程

VRV空调系统及新风、排风热湿交换新风处理系统,空调风机安装牢固,减振可靠,运行正常,支吊架设置规范、美观,风管安装位置正确,排列整齐,接缝严密。见图14-31。

图14-31　VRV空调照片

8. 电梯分部工程

工程共安装8台电梯,整体性能良好,运行平稳、无噪声、停层准确;2台扶梯安装规范,运行平稳。见图14-32。

9. 智能建筑分部工程

智能化建筑操作台,设备安装平稳、布

图 14-32　扶梯照片

置合理；系统运行可靠平稳，操作方便，信息传输准确、流畅。室外亮化系统运行正常。见图 14-33。

图 14-33　监控照片

10. 建筑节能工程

本工程设计体现"绿色环保、节能减耗"的理念。外墙采用硬质岩棉板保温；内墙采用加气混凝土砌块；屋面采用挤塑聚苯乙烯保温板保温；幕墙采用断桥隔热型材，6+12A+6 中空 Low-E 玻璃；室外亮化采用 LED 灯带。

采用 VRV 空调系统，按功能、按层分区设置，设区域控制器和中央控制系统，并设新风、排风热湿交换新风处理系统，节能、舒适、运转平稳。自动扶梯及旋转门采用变频电机；生活水泵采用变频水泵；照明系统全部采用 LED 光源，节约能源；卫生间采用节水型卫生器具，节约水资源。

11. 工程技术资料

工程施工资料 16 卷，共 146 册，监理资料 1 卷，共 38 册，资料编目完整齐全、立卷编目分类清晰、装订规范、便于查找。各项资料完整，真实有效，可追溯性强。

六、工程质量亮点

（1）亮点1：圆柱弧形流畅，表面圆顺，混凝土观感达到清水混凝土要求。见图 14-34。

图 14-34　圆柱照片

（2）亮点2：预制定位框、辅助定位筋、柱主筋位置正确，梁、柱核心区箍筋间距均匀。见图 14-35。

图 14-35　预制定位框照片

（3）亮点3：焊接方管定型钢模板的应用，降板部位边角顺直，混凝土成型效果好。见图 14-36。

图 14-36　方管定型钢模板照片

（4）亮点4：地下室大面积混凝土地坪无空鼓、无裂缝，环氧树脂地面平整光洁。见图14-37。

图 14-37　环氧树脂地面照片

（5）亮点5：地下室框架柱、框架梁混凝土密实无裂缝，达到清水混凝土效果。地下室框架柱成排成线，最大轴线偏差不大于2 mm。见图14-38。

图 14-38　框架柱成排成线照片

（6）亮点6：782 m² 屋面工程清爽美观，分色清晰，坡度、坡向正确，排水通畅，无渗漏。见图14-39。

图 14-39　屋面照片

（7）亮点7：营业大厅石材地面拼花弧线优美、表面平整光洁、拼缝严密。见图14-40。

图 14-40　营业大厅石材拼花地面照片

（8）亮点8：米黄色石材圆柱面选材细致、工厂加工、编号组装，拼缝平滑无瑕，纹理流畅。见图14-41。

图 14-41　石材圆柱面装饰照片

（9）亮点9：白灰色铝板吊顶分格整齐，铝合金集成带间距均匀，线条优美流畅。见图14-42。

图14-42　铝合金集成带照片

（10）亮点10：室内装饰收口处理细致，不同材料界面处均打胶处理，胶缝饱满均匀、平滑一致、美观适用。见图14-43。

图14-43　不同装修材料界面处理照片

（11）亮点11：纸面石膏板吊顶新颖别致，石膏线条层次分明，错落有致、施工质量精良。细部处理到位，线条阴阳角方正、顺直、清晰、美观。灯具、烟感、喷淋、风口等末端装置成排成线、居中对称。见图14-44。

图14-44　纸面石膏板吊顶照片

（12）亮点12：室内地面、墙面、顶面装饰采用BIM技术深化设计排版，材料精挑细选、工厂加工、现场安装，做到对缝对齐对中，排布美观大方、独具匠心。见图14-45。

图14-45　室内地面、墙面、顶面装饰协调照片

（13）亮点13：楼梯踏步选砖标准，铺贴平整，踏步宽、高度偏差均在2mm内，观感好。楼梯梁、板粉刷平整，棱角分明，滴水线槽上下贯通，分色清晰。护栏、扶手安装牢固、美观。见图14-46。

图14-46　楼梯照片

（14）亮点14：可拆卸式沉降观测点和防雷接地测试点编号清晰，美观大方。见图14-47。

 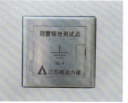

图14-47　沉降观测点和防雷接地测试点照片

（15）亮点15：所有管道、桥架采用BIM技术综合优化，排布合理、走向整齐、标识清晰。联合支吊架安装牢固、吊杆垂直、位置准确。穿墙、板周边均进行防火封堵，表面平整，观感效果好。见图14-48。

图14-48　管线排布和防火封堵照片

（16）亮点16：空气源热泵热水机，节能、环保、运转可靠。见图14-49。

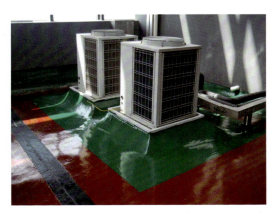

图14-49　空气源热泵照片

七、绿色施工

工程自开工伊始，项目部就成立了"绿色施工示范工程"小组，将责任落实到项目部每一位管理人员，划分责任区。

在施工中推行"四节一环保"的措施：设置扬尘监测点及围墙智能喷淋系统、塔吊喷淋系统、雾炮机等综合降尘设施，根据扬尘监测结果自动启动喷淋设施，设置洗车池，路面洒水、硬化、绿化，现场扬尘控制达标。

八、工程获奖情况及综合效益

本工程设计突出"标准化、集中化、信息化"及节能环保绿色的理念，在施工过程中，通过参建各方积极开展管理创新、技术创新和质量创新。工程质量一直处于行业领先水平，质量、安全、文明施工及信息化管理始终处于省市领先水平。经济效益和社会效益显著。

本工程获得江苏省建筑施工标准化文明示范工地、江苏省建筑业新技术应用示范工程、江苏省优秀设计、江苏省"二星级绿色建筑设计标识证书"、工程建设项目优秀设计成果二等奖、2018年度江苏省"扬子杯"、2018年度国家优质工程奖。

本项目以创造绿色环保健康舒适的办公环境，打造精品工程为目标，运用多项新技术，节能率达到65%，可再生能源（光伏发电）利用率达到2.08%，非传统水源利用率达到2.3%，可再循环建筑材料用量比达到12.6%，打造最切合实际的绿色建筑，在实现节约资源的同时，节省建筑的运营费用。

工程自竣工交付以来，基础与主体结构安全稳定可靠，室内外装饰装修质量优，外墙立面效果与设计相符，各项使用功能及系统运行状况良好，满足了各项使用功能要求，未发现开裂、渗漏等质量问题及隐患，成为盱眙地标性建筑，以及向外界展示盱眙形象的门户，带动和促进了盱眙的经济发展。

（陈建荣　王　刚　孙爱建）

15 苏州科技城医院
——中亿丰建设集团股份有限公司

一、工程概况

苏州科技城医院工程位于高新区科技城内，S230省道与武夷山路交界口。它是一所集医疗、教学、科研、康复、预防为一体的三级综合性公立医院。

本工程总建筑面积为162 772.9 m^2，由苏州科技城社会事业服务中心投资兴建，中国中元国际工程有限公司设计，苏州建设监理有限公司监理，中亿丰建设集团股份有限公司总承包施工。本工程共十个分部，其中地基为桩筏基础，主体结构为框架剪力墙结构，地下室防水等级Ⅰ级，上人屋面防水等级Ⅰ级。

本工程主要由病房楼、医技楼、食堂、感染性病房楼、后勤楼、液氧站组成，地下2层，病房楼地上11层高层建筑，建筑高度51.9 m，医技楼地上4层，局部5层，建筑高度23.4 m，工程总造价16亿元。

工程于2014年7月1日开工，2016年6月21日竣工。

苏州科技城医院的建成，是对苏州高新区科技城板块医疗卫生服务体系的补充与完善，增强了日常公共医疗卫生保障的水平，从而提高社会的整体健康水平，具有良好的社会效益。

医院是社会中最重要的民生工程之一，解决医疗民生问题是构建和谐社会的重要内容，医疗卫生民生工程的实施为群众舒心解忧，解决了广大群众的看病问题，提高群众的生活质量。

二、创精品工程过程

1. 工程创优策划

（1）我公司自项目开工伊始就明确"国家优质工程"的质量目标，将科技城医院作为重点建设项目，打造精品工程，树立品牌形象。根据科技城医院设计特点，为建设智慧医院，加强推进绿色建造助力，开工前与各参建单位达成共识，编制了创优策划书，确保一次成优。确定质量目标：国家优质工程奖。

（2）在制定创建"国家优质工程"质量目标的同时，确定了省级建筑施工标准化文明示范工地目标。在创建省级建筑施工标准化文明示范工地的过程中落实绿色施工过程中"四节一环保"相关要求。根据本工程自身设计上绿色建筑的特点、节能减排技术的应用，确立了二星级绿色建筑的认证标准。

（3）通过工程的难点促进项目工程新技术的应用与开发，并推广了住建部建筑业10项新技术和江苏省10项新技术。结合工程的特点挖掘项目的创新点和质量特色，制定出拟攻关技术题目和技术创新成果（论文、专利、工法、科技成果奖等）计划。

2. 严格建设过程管理

中亿丰实行的是集团、板块（分（子）

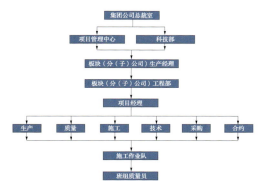

图 15-1 集团创优组织构架图

公司)和项目部三级管理体制。

施工过程中紧紧围绕质量目标,采取了以下管理措施:

全面策划:认真进行创优策划,层层分解目标,推行首件样板引路控制,严格样板标准,确保一次成优。项目部结合本工程的具体特点编制了《工程创优策划方案》,包括基础主体、装饰装修及安装工程创优亮点策划,细部亮点施工措施。

科技引领:成立技术小组,组织国内顶级专家顾问团对现场技术难点施工进行指导,注重技术创新,积极推广应用新技术、绿色施工、建筑节能。

过程落实:成立创优及大体积混凝土质量控制、混凝土裂缝控制、管线综合排布控制等QC活动小组,进行质量攻关。强化过程动态管理和细部质量控制,节点考核,落实责任。过程中分阶段组织建设单位、监理单位等相关创优责任主体及各级施工管理人员观摩,注重学习细节方面精益求精,提升自身素质。

打造品牌:标准化施工,铸造过程精品,提高项目管理水平和能力,强化系统管理,创建品牌工程。根据创优的前期策划,制定创国优计划,强化施工方案和技术交底的管理,明确各工序及细部做法、验收标准等,抓住重点、难点、突出亮点。

团队建设:根据质量创优目标,完善项目技术质量管理制度及创优奖罚措施并严格执行,选配具有创优工程经验的项目经理及专业技术过硬、团队协作力强的人员组成项目管理班子,成立创优小组,建立创优体系。将劳务分包、专业分包、主要材料供应商纳入工程创优体系范围。

宣传教育:让创优工程的质量标准意识深入人心,以质保体系规范运行为基础,贯彻"百年大计,质量为本"的建设思路。

3. 难点、重点把握

(1)重难点一:超长超大地下室施工技术

本工程地下两层结构,地下室单层面积约2.5万m^2。地下室长方向达307 m。

1)后浇带优化:调整后浇带设置,并将整个地下室按后浇带的位置分成11块进行施工,合理安排其施工顺序。

2)掺合料的应用:砼中掺入的PMC膨胀抗裂防水剂,有效地抑制混凝土早期干缩微裂及离析裂纹的产生及发展。

3)测温养护:控制入模温度,要求搅拌站加冰水搅拌,搅拌车运输过程洒水降温;混凝土浇筑完成后采用一层薄膜覆盖养护,减缓砼水分蒸发,减少混凝土微裂缝产生;合理设置砼测温点,控制砼内外温差。

(2)重难点二:超厚墙板及顶板施工技术

图 15-2 排架及墙板模板加固

本工程地下二层3—8/3-K—3-R轴部位为直线加速器，直线加速器墙板厚度1 700 mm、1 800 mm，中间隔墙墙板厚度最大达到3 300 mm，加速器顶板厚度1 700 mm，中间厚度最大达到3 000 mm，排架支撑高度达到4.95 m，顶板采用600 mm×600 mm盘销式钢管支撑脚手架体系，安全可靠，墙板加固次楞采用钢管，间距150 mm，主楞采用14#槽钢，间距450 mm。

（3）重难点三：超长医疗主街装饰模块拼接控制技术

本工程裙房医疗主街（裙房门诊中间公共走道部位）南北通长达到216 m，顶、地面饰面安装过程采用分区域模块式安装工艺，选取两个柱体间的区域为一个模块，进行电脑排版、独立下料安装，既解决了长距离单一材料的累积误差问题，又使得相邻两个模块所有装饰材料位置相对统一、对称，保证了整个空间的一致性及美观性。

图15-3　医疗主街

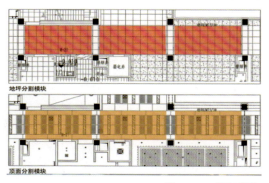

图15-4　图纸深化

4. 技术创新及应用

（1）合理的功能布局及流线分离

基坑南北狭长，为不规则梯形，南北长500 m，设计合理安排功能布局，十门诊医技病房的有效距离控制在120 m范围内。将医护的工作流线与患者流线有效分离，提高工作效率。

图15-5　总体流线分布图

医院街明晰了医院内部功能的逻辑关系，提供了明确的导向性，使使用者产生明确的导向感和舒适的空间感受，串联组织各功能单元，各种功能均尽端式布局，避免相互影响。

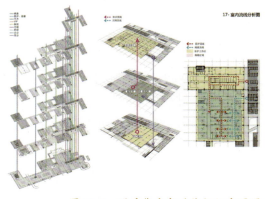

图15-6　医疗街内部功能组织布置图

（2）绿色环境

庭院式布局，园林贯穿于内部，乔木、灌木、绿地复层绿化，有效减少室外景观照明光污染，采光天窗与中庭设计，明显改善室内自然采光效果;绿地、透水铺装,以增加地面透水性能及水土涵养。

墙部位轨道会自动脱落,该部位防火窗自动关闭,起到防火隔离作用。

图15-7 室外庭院

图15-10 轨道小车消防联动时防火封堵

② 气动物流传输系统

该系统以气压为动力,通过密闭管道传输各种物品,由计算机实时监控的自动控制系统。在传输血浆和玻璃制品等易碎物品时,可以进行调速,物品运输高效、安全、准确。

图15-8 中庭及走廊

（3）智慧医院

① 智能化轨道小车物流传输系统

医院轨道小车物流传输系统是一个由电脑控制的、能够在水平和垂直方向传输的物流系统,它由直轨、曲轨、弯轨、转轨器和工作站根据医院的传输要求连成传输网络,通过液晶显示屏幕清晰地看见物品传输的全过程,并且有自己的专用轨道空间,提高了传送效率,做到了人物分流,节约了人力资源。轨道物流小车消防联动系统,实现物流小车轨道在发生火灾时穿越防火

图15-11 医院气动物流传输系统

③ 垃圾及污衣智能收集系统

该系统是一种最先进的、自动化程度最高的垃圾污物气动管道输送收集系统,通过预先铺设好的运送管道路,通过中央智能控制系统进行控制,在垃圾收集区域内设置室内或室外垃圾投放口,通过投放口的智能感应装置进行风机系统的驱动控制,开始在传输管道内产生真空负压动力,所有垃圾以及污衣被服将经传送管道被抽运至指定的中央收集站,减少了视觉污染和二次污染,减轻了物流运输压力。

④ 智能仓储水平回转系统

该系统实现了手术耗用物资"智能化

图15-9 轨道物流小车

管理—存取—配置—追溯"及相关信息联网交互,保证了手术室耗材与消毒供应物资管理的精益化与集约化。

5. 整体工程质量

(1)工程结构安全可靠、无裂缝;混凝土结构内坚外美,棱角方正,构件尺寸准确,偏差±3 mm以内,轴线位置偏差4 mm以内。

(2)钢结构总用钢量781 t,1092件钢构件加工精度高,现场安装一次成优。焊缝超声波检测,合格率100%。

(3)石材面积约21 932 m²,玻璃幕墙面积约37 384.6 m²,铝板面积约8 774.7 m²,安装精确,节点牢固,28 000 m胶缝饱满顺直,幕墙"四性"检测符合规范及设计要求。

(4)12 300 m²花岗岩、瓷质砖、41 000 m² PVC卷材、实木地板等,花岗岩及地砖均做防碱背涂处理,拼缝严密、纹理顺畅、收边考究,PVC卷材铺设平整。

图15-12 半隐框玻璃幕墙

图15-13 石材幕墙

图15-14 石材地面

图15-15 PVC卷材地面

(5)27.9万m管道排列整齐,支架设置合理,安装牢固,标识清晰。给排水管道安装一次合格,安装规范美观,固定牢靠连接正确。

(6)11 300 m风管连接紧密可靠,风阀及消声部件设置规范,各类设备安装牢固,减振稳定可靠,运行平稳。

6. 质量特色与亮点

(1)裙房采用大面积凹凸幕墙搭配飘带石材幕墙,富有现代气息。

图15-16 给水管道安装牢固

图15-17 冷冻机房

图15-18 裙房凹凸幕墙

图15-19 裙房飘带

(2) 地下室环氧地坪光洁平整，无裂缝，涂料墙面顶棚阴阳角方正、平直。

(3) 门诊大厅米白色石材地面灰色石材镶嵌，铺贴平整、色泽均匀，大气稳重，墙面米黄色干挂石材凹凸有致。采光顶铝板饰面，通透明亮。

图15-20 环氧地坪

图15-21 门诊大厅

图15-22 弧形梁底

(4) 病房走道墙面采用UV光固化工艺医疗板，为防火、耐腐蚀、自然环保绿色的装饰材料。

(5) 机电系统，二次平衡设计；管道立体分层，错落有序，保温严密。

(6) 屋面人工草坪铺贴平直，收边考究，支架基础做工细腻。

(7) 门诊大厅入口处为电动感应门套采用UV打印铝板来替代原有石材，既最大限度保留了原有石材门套的装饰效果，又节约了成本，方便后期使用及维修。

(8) 穿墙管道整齐封堵密实，设备安装整齐统一。

(9) 坡道墙面光洁垂直，弧度一致，粗颗粒环氧耐磨美观。

(10) 管道金属保护壳制安精良。

图15-23　现场医疗板使用效果

图15-24　同质透心PVC卷材地面

图15-25　机电二次平衡设计

图15-26　屋面人工草坪及收边

图15-27　UV打印铝板感应门套

图15-28　穿墙封堵密实

  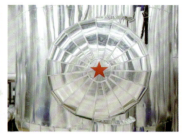

图 15-29　汽车坡道　　图 15-30　管道金属壳制安精良

7. 建筑节能

在建筑节能方面,设计开始就充分考虑到建筑运营的节能要求,采用多项绿色建筑技术,有效地降低了能耗。

(1) 三维热管全热回收:三维热管热回收机组结构紧凑,单位体积的传热面积大,机组占用空间相对较小,运行安全可靠,使用寿命长,维护工作量小,不仅能有效降低运行维护费用,而且能有效降低全年的能源消耗,达到节能环保的效果。

(2) 磁悬浮冷冻机组:在冷冻机房内设置一台磁悬浮冷冻机组配合其他机组联合运行,磁悬浮冷冻机组压缩机无油路,无须维护,能效比达到了13,在空调满负荷的情况下,节电约50%,节能效果显著。

(3) 太阳能热水:塔楼屋顶设置真空管太阳能集热器,充分利用太阳能供应热水,达到节能的效果。

(4) 电容集中补偿技术:为改善功率因数,本工程采取低压侧电容集中补偿措施,补偿后10 kV侧功率因数最高可达到0.95以上。

(5) 变频控制技术:地下室的生活水泵、屋顶冷却塔采用变频控制。

图 15-31　遮阳玻璃百叶　　　　　　图 15-32　免费制冷系统

图 15-33　太阳能热水系统　　　　　图 15-34　磁悬浮冷冻机组

（6）低噪声设备的运用：通风及空调系统均采用低噪声设备，安装均采用减振、隔振措施，以控制噪声对室内外环境的影响，使之符合国家规定的噪声控制标准。

（7）遮阳系统：门诊采光顶全部采用了水平遮阳帘，有效降低日照。

（8）幕墙全部采用6Low-E+12A+6双钢化中空玻璃。

三、工程获奖和荣誉

本工程在工程质量、安全及综合管理始终处于省市先进水平，取得了一系列的荣誉。

表15-1　工程获奖和荣誉

序号	获奖名称	数量	等级
1	北京市优秀工程勘察设计奖	1	
2	二星级绿色建筑	1	
3	江苏省优质工程奖"扬子杯"	1	省级
4	省级工法	1	省级
5	QC小组成果三等奖	1	省级
6	江苏省标准化文明示范工地	1	省级
7	科技创新成果奖	2	省级
8	国家发明专利	3	国家级
9	国家优质工程奖	1	国家级

四、经验总结

工程的创优不是为了创优而创优，而是应该以提高工程质量、打造精品工程为出发点，从企业对项目创优的目标出发，提高建筑企业对工程建设进行系统、科学、经济的质量管理，通过技术创新、管理创新，不断提高工程质量，让企业走质量效益型发展道路。

通过推行管理标准化和系统化，实现管理流程制度化；在工程质量的管理中，要求项目管理人员知道：有标准可循和标准要求、如何达到标准、结果是否符合标准、如何按标准持续改进；通过技术交底和现场指导使操作工人知道：操作程序、操作要点、成型标准。以此达到使用普通材料、普通装饰设计，通过精心组织、精心施工也能创出精品工程。

（姚德庆　谭吉华　吴志杰）

16 扬州长青大厦3#楼及裙房、4#楼、地下室
——江苏省江建集团有限公司

一、工程概况

长青大厦工程位于扬州市江都区文昌东路与建都路交会处,由9层、25层两栋塔楼及4层裙房构成,地下2层,主楼高130 m,共71 160 m²。大厦是集酒店、办公、休闲娱乐为一体的综合性建筑,主楼5层以上为客房,副楼1~9层为办公用房,内设有总统套房、行政套房、标房、宴会厅、中西餐厅、健身房、桑拿房、游泳池、大堂吧、办公室等。见图16-1。

图16-1 工程实景

本工程由江苏长青农化股份有限公司投资兴建,江苏省工程勘测研究院有限责任公司勘察,上海华都建筑规划设计有限公司设计(装饰工程由苏州金螳螂建筑装饰股份有限公司设计),扬州市创业建设工程监理有限公司监理,江苏省江建集团有限公司总承包,扬州市江都区建设工程质量监督站质量监督。

长青大厦的建筑设计以"九宫格"为题材,与北侧人才公寓有机结合,三栋主体楼错落有致,形成一塔统领,三塔呼应的空间形态,中央布置景观庭院,点缀中国传统符号,使建筑呈现出传统建筑文化内涵。建筑以简洁、凝练的竖向线条,勾勒出挺拔的体态。酒店外墙塔楼部分3层以上由玻璃幕墙、石材柱组成,立面外窗吸取中式门窗的划分特色,屋顶运用中式符号,总体形象凸显建筑的地域性和地标性。

工程于2013年1月13日开工,2016年6月17日竣工,2016年8月17日完成竣工验收备案。

二、工程管理及策划实施

(1)明确创"国家优质工程奖"质量目标。开工伊始,公司即明确了项目的各项管理目标,并召开了创"国优奖"动员大会,树立创优的决心和信心。

(2)强化组织领导,建立健全质量保证体系。公司成立了工程建设指挥部,组建了能力全面的项目经理部,成立了三级质量管理体系。

(3)施工中坚持"策划先行、样板引路",统一操作程序、施工做法和验收标准。对主要关键工序以图片和简要文字说明的形式,制作节点施工说明牌悬挂在醒目位置,确保施工过程质量受控、一次成型、一次成优。见图16-2。

图16-2　样板引路

（4）根据国家和企业内部标准，结合本工程质量目标高的特点，精心策划，编制切实可行的《创优方案》和施工组织设计、分部工程专项施工方案，对主要分部、分项工程明确提出了高于国家及企业标准的控制指标。

（5）所有材料进场均遵循"先复试、后使用"的原则，设置验收标识牌，标明材料的检验状态，并按指定位置堆放整齐。

（6）严格过程控制、铸造过程精品。材料进场、工序、分项、分部工程均坚持"严""细"管理，力求精益求精。

（7）强化隐蔽验收，确保工程内外质量表里如一。

（8）施工过程强化施工技术交底、安全技术交底，严格执行工序"三检"制、技术复核、施工挂牌制、工序验收标识制、成品保护制等，并定期召开技术、质量专题会议等。

三、工程施工重点、难点

（1）本工程专业多，交叉施工多，高峰施工人数达500人，施工组织、协调难。

（2）本工程施工现场场地极为狭小，基坑南邻主干道文昌东路，与建都路距离仅为8 m，现场平面布置和现场安全管理是一个难点和重点，需要科学策划、认真组织实施。

（3）地下室基础面积大，混凝土量达22 000 m^3，大体积混凝土浇筑、降温、养护是本工程的一个难点。

（4）高支模部位多，难度大：① 3#楼正门门厅处，施工高度10.2 m；② 3#楼核心筒位置自动扶梯，施工高度14.7 m；③ 3#楼23～25层中庭部分旋转楼梯，施工高度12.3 m；④ 3#楼25层屋顶构架，施工高度29.35 m；⑤ 3#楼负二层锅炉房，施工高度9.29 m。通过编制高支模专项方案，创新支模方式，组织专家论证，确保了施工的安全和工程质量。见图16-3至图16-7。

图16-3　正门门厅

图16-4　自动扶梯

图16-5　旋转楼梯

图 16-6 屋顶构架

图 16-9 游泳池

图 16-7 锅炉房

(5)宴会厅楼面采用预应力框架梁,主梁尺寸 600 mm×1 400 mm,跨度 24.6 m,采用预应力后张拉。通过利用钢筋托架有效地保证了预应力筋曲线位置的正确性,并严抓每道工序、每个环节的质量控制,确保大跨度预应力混凝土工程施工质量。见图 16-8。

图 16-8 宴会厅

(6)游泳池屋面采用钢结构梁,主梁尺寸 600 mm×1 700 mm,跨度 31.75 m。大跨度钢结构工程采用 BIM 技术、数控机床等精确加工等关键技术。现场采用分段吊装技术、分段拼装方法,确保施工质量。见图 16-9。

(7)室内精装修做法多样、要求高,各种装饰材料搭配及细部处理难度大,经二次深化设计、精心施工,室内布置合理美观,细部做法精细。

(8)安装工程系统多,功能复杂,楼内设置了通信网络、火灾自动报警及联动、安全防范、综合布线等智能系统,工程布置难度大。

(9)消防喷淋支管、喷头安装同内装修吊顶同步施工,水压试验必须一次成功。

(10)地下二层设备间内设备多,给设备安装带来一定困难,通过深化设计,对管道走向、标高及阀门朝向均做了规定,并严格施工,做到了整齐美观。

(11)空调机组、锅炉、各类水泵等设备集中在地下室,水平、垂直运输量大,根据设备的外形尺寸、重量结合现场情况分别采取不同方案进行运输和吊装。见图 16-10。

图 16-10 空调机房

四、工程质量特色和亮点

1. 工程质量特色

（1）特色1：酒店外墙塔楼部位三层以上由玻璃幕墙、石材柱组成。三层以下及塔楼间裙房由石材柱、石材墙组成。石材柱二层以上立面由1 200 mm×700 mm整砖干挂而成，一层部位石材柱由三块400 mm×700 mm石材做成凹凸造型干挂而成，石材柱间石材幕墙由三块950 mm×700 mm石材干挂而成。石材全部为工厂加工，现场拼装。石材柱表面平整，阴阳角顺直美观，石材幕墙墙面大面平整，胶缝饱满密实。柱间幕墙由两块Low-E玻璃与铝龙骨组装而成。玻璃幕墙采用断桥铝型材，加工精确，安装规范。石材幕墙与玻璃间连接部分胶缝均匀饱满密实。见图16-11。

图16-11　主楼幕墙

（2）特色2：裙房地面大面积采用大理石，表面平整，缝隙一致，平整实测偏差均小于0.5 mm，其中淡水紫祖大理石地面达3 500 m²（一层1 200 m²、二层1 500 m²、三层800 m²），分格合理，拼接采用"一缝到底、一缝到边、整层交圈"。天棚光带与地面色带一致，遥相呼应。大理石地面天然花纹精美，经过精心选材排版，形成行云流水的画面效果，营造出色泽古典幽雅的氛围。见图16-12。

图16-12　淡水紫祖大理石

（3）特色3：大厅透光云石发光柱造型优美，色泽优雅柔和，立体感强，柱体弧形曲线流畅。云石片与不锈钢柱体框架缝隙一致，采用无影胶粘贴，达到云石片与柱体框架天然融合效果。见图16-13。

图16-13　透光云石

（4）特色4：机电安装工程应用了BIM技术，解决了系统碰撞问题，优化了管线布置。见图16-14。

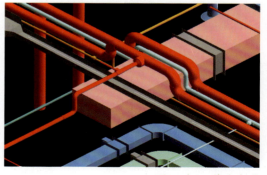

图16-14　管线布置

2. 工程质量亮点

（1）亮点1：地基与基础工程未发现裂缝、倾斜、变形；主体结构内实外美，梁、板墙、柱等结构尺寸准确，节点处阴阳角方正，线角顺直；混凝土强度等级符合设计要求，主体结构安全可靠。见图16-15。

图16-15　主体结构

（2）亮点2：吊顶形式多样，造型美观，灯具、烟感、喷淋等统筹规划，成行成线，天棚光带与地面色带一致，遥相呼应。见图16-16。

图16-16　吊顶

（3）亮点3：大堂、电梯前室石材表面平整、接缝严密、样式丰富、做工精湛。见图16-17。

图16-17　电梯前室

（4）亮点4：楼面地砖排布整齐、铺贴牢固、平整光洁、接缝顺直、分色美观。见图16-18。

图16-18　地砖接缝

（5）亮点5：木饰面、铜花格为工厂定制，质量上乘，艺术墙面，美轮美奂。见图16-19、图16-20。

图16-19　木饰面

图16-20　铜花格

（6）亮点6：屋面绿草坪铺贴平整，与屋面设备基础、桥架等相得益彰，天沟排版合理，坡向正确，排水通畅，雨水口、管线支墩、泛水做工考究，无渗漏。见图16-21。

图16-21　屋面

图16-24　公共卫生间

图16-25　开关、插座

（7）亮点7：楼梯间滴水线槽相结合，石材踏步为工厂定制，做工精细，踢脚线出墙一致，扶手安装牢固、顺直。见图16-22。

（11）亮点11：配电柜安装端正，接线牢固，分色正确。见图16-26。

图16-22　楼梯间

图16-26　配电柜

（8）亮点8：给排水管道排列有序，标识清晰，管道畅通，无泄漏。见图16-23。

（12）亮点12：通风空调安装规范，系统运行平稳，使用功能正常。

（13）亮点13：消防管道采用镀锌钢管，管道阀门均进行强度、严密性试验，试验合格，喷头通水无一渗漏。见图16-27。

图16-23　给排水管道

图16-27　消防管道

（9）亮点9：公共卫生间地砖采用单向与墙砖对缝的长条砖铺贴，顺直贯通，洗手台上口与墙砖缝对齐。见图16-24。

（10）亮点10：开关、插座端正，标高一致。见图16-25。

（14）亮点14：电梯启动、运行、停止平稳，制动可靠，平层准确；层门门扇平直、洁净，门缝严密一致。见图16-28。

图 16-28　电梯门厅

（15）亮点 15：防雷接地系统安全可靠，防雷测试点美观。

（16）亮点 16：地下室环氧地坪漆平整光洁、标志清晰、分格合理、无空鼓。见图 16-29。

图 16-29　环氧地坪

（17）亮点 17：工程设有中水系统，在地下室设有中水处理设备，部分废水经处理后再次使用，节约用水；空调设有地源热泵，节约能源。见图 16-30、图 16-31。

图 16-30　中水系统　　图 16-31　地源热泵

四、新技术应用与技术攻关

1. 新技术应用

本工程应用了住房和城乡建设部"10 项新技术"中的 8 大项、12 子项，江苏省"10 项新技术"中 4 大项、4 子项，2016 年 1 月获得省级新技术应用示范工程。具体应用新技术名称、应用部位、数量如表 16-1、表 16-2 所示。

表 16-1　住房和城乡建设部 10 项新技术应用情况

序号	新技术项目名称	应用部位	应用量
1	地基基础与地下空间技术		
1.1	灌注桩后注浆技术	地下室基坑	1 703 根
2	混凝土技术		
2.1	高强度性能混凝土	剪力墙、框架柱	16 000 m³
3	钢筋及预应力技术		
3.1	大直径钢筋直螺纹连接技术	框架柱、梁、基础	97 000 个
4	模板及脚手架技术		
4.1	早拆模板施工技术	现浇梁、板模板	26 000 m²
5	机电安装工程技术		
5.1	管线综合布置技术	安装全系统	4 个系统
5.2	金属矩形风管薄钢板法兰连接技术	空调新风、通风系统	12 000 m²
6	绿色施工技术		

续表

序号	新技术项目名称	应用部位	应用量
6.1	施工过程中水回收利用技术	工程现场	9 860 t
6.2	预拌砂浆技术	砌筑工程	13 890 m³
6.3	工业废渣及（空心）砌块应用技术	砌筑工程	8 200 m³
7	抗震与加固改造技术		
7.1	深基坑施工监测技术	基础基坑	
8	信息化应用技术		
8.1	工程量自动计算技术	工程量计算	2套
8.2	项目多方协同管理信息化技术	项目管理	1套

表16-2　江苏省10项新技术应用情况

1	地基基础与地下空间工程技术		
1.1	地下水控制技术	地下室	9 860 t
2	建筑施工成型控制技术		
2.1	混凝土结构用钢筋间隔件应用技术	钢筋工程	128 300个
3	建筑涂料与高性能砂浆新技术		
3.1	高新能砂浆技术	外墙	26 000 m²
4	废弃物资源化利用技术		
4.1	工地木方接木应用技术	模板支撑	43 000根

2. 专利

根据本工程中应用的一些创新做法总结的成果获得2项实用新型专利：

图16-32　专利证书

（1）超深地下室复合外墙结构，专利号：ZL 2013 2 0057991.8，授权日期：2013.7.17。

（2）一种防水保温屋面，专利号：ZL 2013 2 0158779.0，授权日期：2013.9.4。

3. 工法

（1）"地下室复合外墙结构施工工法"荣获2012年江苏省省级工法。

（2）"屋面刚性防水层分隔缝预埋止水带施工工法"荣获2013年江苏省省级工法。

（3）"透光云石发光灯柱施工工法"荣获2016年江苏省省级工法。

4. 绿色施工

施工过程中努力做好"四节一环保"工作。各类材料的有害物质和放射性检测、室内环境、自来水、生活废水、环境噪声等经检测或监测,均符合设计及环保要求。本工程获得"第四批全国建筑业绿色施工示范工程"。在施工过程中,多次组织扬州市、江都区建筑业绿色施工现场观摩活动,并受到领导、专家的一致好评。见图16-33至图16-36。

图16-33 噪声测试点　　图16-34 废钢筋用作撑铁、地梁夹具　　图16-35 施工作业面设置了隔音设施　　图16-36 封闭木工房

五、工程实体质量情况

1. 地基与基础工程

现场未见沉降变形、倾斜、墙体开裂等现象,地基稳定。

塔楼及裙房计施工ϕ800C40钻孔灌注桩54根,ϕ800C35钻孔灌注桩78根,ϕ800C30钻孔灌注桩147根;地下车库计施工ϕ600C30钻孔灌注桩134根,共计钻孔灌注桩413根。低应变法检测共计782根(含北侧人才公寓地下车库桩),Ⅰ类桩768根,Ⅱ类桩14根,无Ⅲ类桩,Ⅰ类桩占比为98.2%,Ⅱ类桩占比为1.8%。钻孔灌注桩抗拔试验7根,单桩竖向抗拔极限承载力均满足设计要求,静载试验16根,单桩承载力均满足设计要求。

钢筋用量3 280 t,原材料复试149组,全部合格;直螺纹接头26 350个,试验组数54组,全部合格;27 840 m³混凝土,标养试块227组、同条件试块59组、抗渗试块全部合格;砂浆试块全部合格。

本工程沉降均匀,最后100天沉降速率小于0.01 mm/天,沉降稳定,主体结构未发现结构性裂缝。

2. 主体结构工程

主体结构内实外光、节点方正,结构安全、可靠。

现浇结构钢筋用量4 279 t,原材料复试207组,全部合格;直螺纹接头74 169个,试验组数152组,全部合格;混凝土用量22 203 m³,标养试块241组、同养试块117组,全部合格;砌筑砂浆试块全部合格;混凝土回弹全部合格。

钢筋保护层、结构尺寸偏差等结构实体质量检测全部合格。

混凝土结构内实外光,尺寸准确,全高垂直度最大偏差10 mm。

3. 屋面工程及防水工程

屋面防水等级一级,采用二道设防;4 716 m²、1.2 mm厚三元乙丙橡胶卷材复试全部合格,经蓄水试验及使用检验,屋面排水通畅,无积水和渗漏,屋面坡向坡度准确,细部处理精细,统一规划,整齐美观。

地下室外墙及底板采用C30P8、C35P8、C50P8、C60P8自防水混凝土和1.5 mm厚聚氨酯防水涂料加3 mm厚自粘聚合物改性沥青防水卷材;卫生间采用1.5 mm厚聚氨酯防水层。地下室27 320 m²防水卷材复试全部合格,卫生间地面聚氨酯防水涂料复试全部合格。见图16-37。

图16-37 地下室防水施工

图16-38 室内装修

4. 建筑装饰装修工程

室内装饰原材料复试全部合格。室内空气质量经抽取检测，符合一类公共建筑工程要求。

墙面由木饰面、墙纸、硬包、软包及装饰镜组成，地面为地毯，吊顶为石膏板白色乳胶漆，卫生间墙地面为白玉兰石材，马桶间和淋浴间为12 mm厚钢化玻璃，配备卫生间五金。行政大厅墙面采用凡尔赛金石材及木饰面组成，中间玄关为铜雕刻。旋转楼梯楼面及侧边为凡尔赛金石材，护栏为12 mm厚钢化夹胶玻璃及不锈钢刷香槟银氟碳漆扶手。行政酒廊墙面为木饰面和墙纸，吊顶为石膏板乳胶漆，局部镶贴金箔和玫瑰金不锈钢，地面由地毯及实木地板组成。行政客房与标准客房所用材料相同，标高略高，并含有男女孩房及总统套房，公共过道地面为地毯，墙面为墙纸、硬包及木饰面。

主电梯间、中庭墙地面大面积使用林海雪原石材造型拉伸空间，分割匀称，胶缝饱满平顺。

客房内墙面大面积使用硬包做背景，纹路清晰，平整度好。

大面积石膏板造型凹凸吊顶采用悬浮和分格技术，无翘曲和收缩变形。见图16-38。

5. 给排水及消防工程

消防水泵2台、喷淋泵2台；湿式报警阀13组；消火栓箱332套、喷淋头6 055个、各类管道3.73万米；消防管道强度严密性试验、冲洗试验、消火栓试射试验均满足设计及规范要求。

消防风机20台，消防正压送风机17台，消防离心风机6台，防排烟风管5 216.5 m^2，漏光试验均满足设计及规范要求。

火灾报警控制器3套，感烟感温探测器2 850个，手动报警按钮185个，声光报警器188个，消防电话45部，均有型式检验报告。消防系统调试正常，消防系统经检测中心检测合格，并通过消防主管部门验收合格。

生活水泵16套，变频供水设备16套，潜污泵58台，各类管道12 500余米。中水变频泵8台，热水变频泵8台。给水管道压力试验全部合格。排水管道灌水试验全部合格。见图16-39。

图16-39 水泵房

卫生器具漫水试验全部合格。

6. 建筑电气工程

系统绝缘电阻测试全部合格，电机试运转全部合格。

配电箱动作灵敏，照明系统全负荷24 h通电试运行记录满足规范和设计要求。

建筑防雷接地电阻测试均满足设计及规范要求。

7. 建筑智能化

智能化监控点全部检测合格。

智能化系统专业多，功能强，充分体现节能、环保、高效、安全、舒适等功能，将大厦所有要素与信息技术一体化整合，实现大厦内所有系统网络化、智能化和集成一体化。见图16-40。

图16-40　监控室

8. 电梯工程

自动扶梯、电梯运行平稳，电梯停层准确。4部自动扶梯和17部乘客电梯，检测报告21份，全部合格。安全钳、限位器、限速器等安全装置齐全有效，全部检测合格。电梯机房设备安装、接地、等电位连接符合要求。

9. 建筑节能工程

外墙保温砂浆复试全部合格，屋面保温泡沫保温板复试全部合格。

外墙节能构造现场实体检验、外窗气密性检验、系统节能性能检测合格。节能专项验收合格。

六、工程获奖情况及综合效果

本工程荣获2018—2019年度国家优质工程奖，2017年度江苏省优质工程"扬子杯"奖，2016年度扬州市优质工程"琼花杯"奖，全国优秀项目成果三等奖，2014年第四批全国建筑业绿色施工示范工程，2016年度江苏省建筑业10项新技术应用示范工程，2013年度江苏省建筑施工文明工地，国家实用新型专利2项，省级工法3项。

本工程施工过程中严格执行国家规范和强制性条文，未发生任何质量、安全事故，无拖欠农民工工资现象。至今一年多的使用检验，大楼结构安全可靠，使用功能完备，各系统运行良好，使用单位表示"非常满意"。

（赵　林　孙　超　朱　磊）

17 盐城国投嘉园酒店写字楼

——江苏金贸建设集团有限公司

一、工程概况

国投嘉园酒店写字楼工程位于盐城市世纪大道以南、西环路以西。建筑面积 70 208 m²，地下 2 层，地上裙房 4 层，建筑高度为 24.5 m；主楼 23 层，建筑高度 99.9 m。本工程是一栋集古典雅致与现代明朗于一体，兼具现代办公、会议与高档商务宾馆、餐饮酒店功能的高层综合性建筑，工程总造价约 2.26 亿元。

工程由盐城市国投置业有限公司开发，盐城市建筑设计研究院有限公司设计，江苏鸿洋岩土勘察设计有限公司勘察，上海市建设工程监理咨询有限公司监理，盐城市盐都区建设工程质量监督站监督，江苏金贸建设集团有限公司总承包施工，江苏鸿升装饰工程有限公司、深圳城市建筑装饰工程有限公司参建室内装饰工程，四川超宇建设集团有限公司参建幕墙工程。

工程地下室为汽车库、人防、各类设备机房，地上 1～6 层为酒店餐饮服务，可容纳千余人同时就餐，地上 7～13 层为客房，拥有客房 149 间，地上 14～23 层为办公区域，为盐城国投集团办公场所。

图 17-1 夜景图

本工程于 2014 年 6 月 12 日开工，2016 年 12 月 29 日竣工验收，2017 年 2 月 20 日竣工备案。

二、工程设计特点

（1）国投嘉园酒店写字楼在建筑造型上顶部造型独特，具有强烈标志性，又融入了城市的整体性规划。将宾馆、餐厅与办公楼出入口进行功能区分隔，科学地安排交通组织流畅。以人为本的设计思想贯穿始终，方便、实用、合理舒适。

（2）充分结合地域文化的设计理念，

图 17-2 全景图

立面设计为全幕墙系统，主楼采用竖向韵律变化的形式，裙房强调横向水平延伸，虚实交替的立面效果，动态的立面形态，使其更好地融入城市环境中。

（3）设计上采用现代手法，建筑立面简洁大方、新颖美观，建筑形式与周围环境相融合，采用虚实对比，高低错落，以简约质朴风格为基调，通过实墙面与窗的对比，形成稳重、简洁的建筑风格。

（4）采用屋面太阳能集热系统、中置活动百叶等低碳环保的建筑技术，以及高效节能的建筑材料，彰显本建筑在绿色环保方面的卓越品质。

三、节能环保

趋于开放、包容的设计理念，因此大空间的布局运用了较多的型钢砼结构，型钢抗弯能力强，具有较好的弹塑性，砼抗压强度高，如何将两者有效结合，同时确保结构的使用安全及施工顺利成为设计的难点。

图17-3　屋面太阳能

楼面和屋面均采用聚氯乙烯实心棒空心楼盖结构，解决芯棒在混凝土浇筑时上浮的施工难题。

玻璃幕墙采用隔热金属型材多腔密封，玻璃采用6低透光Low-E+12空气+6透明中空安全玻璃，干挂压花锌镁铝复合板幕墙分格。虚实交替的立面形态效果，使其更好地融入城市环境中，更显大气美观。

采用建筑设备监控系统进行节能控制，利用集体能源管理平台，进行用能监测、能耗统计、能耗分析、能耗审计、能效公示、节能管理和数据上传。

消防系统根据物业管理及主要业态的要求不同分设。办公大厅、酒店大厅建筑空间开阔，采用大空间智能型主动喷水灭火系统。

所有灯具均采用新型高效的节能产品、智能LDS照明系统，达到了绿色节电的目的。卫生洁具选用节水型，感应式水龙头，在有效节水的同时更为环保卫生。

四、工程施工特点及难点

1. 工程施工的特点

（1）外立面简洁、明快、流畅，彰显现代主义风格

本工程外立面设计为全幕墙系统，主楼采用竖向韵律变化的形式，裙房强调横向水平延伸，虚实交替的立面效果，动态的立面形态。

（2）节能效果显著

本工程应用了多项节能、环保的建筑材料、设备，采用了先进、合理的施工工艺，充分实现了"绿色建筑"的设计理念。全楼标配LED照明系统，利用自然光源；对配电方式、走线方式进行综合考虑，降低线路损耗；选用节能型卫生洁具；应用中央空调+热回收新风系统负氧离子空气净化系统，满足各空调房间最小新风量的要求，设置排风热回收装置。空调水系统为变流量系统，风机盘管回水管上安装电动两通阀。风冷冷水机组通过回水温度控制可以实现机头启动台数，循环泵供回水总管上设置压差调节阀，以维持系统压差恒定，并通过压差实现变频运行。节能效果显著。

（3）精心策划、粗粮细作

本工程所有装饰材料均采用国产普通装饰材料，施工前进行了精心策划，编制工程创优策划方案，建立了样板引路制度，样

板内容包括了十大项,严格过程控制,做到了粗粮细作。

(4) 工程智能化程度高

建筑智能部分包括:安全防范系统、信息网络系统、消防联动系统、建筑设备监控系统、通信网络系统、综合布线系统、智能化系统集成等。

2. 工程主要施工难点

(1) 工程位于繁华地段、场地狭小、材料设备装运困难,通过BIM技术进行优化,精心规划平面与空间布置,采取小流量、多批次、快速消化、错峰运输等保证了施工过程中的交通流畅及行人安全。

图17-4　建设过程中平面空间布置图

(2) 工程地处苏北里下河平原,淤泥质粉质黏土为高压缩性土层,为不良地质层,下层粉土之间存在承压水,地质条件复杂且深基坑开挖深度为12 m,局部超过14 m,开挖面积约10 000 m²,土方工程量约15万 m³。周边地下市政管网保护、基坑支护、基础的安全施工及止水、降水施工难度

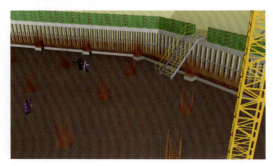

图17-5　基坑支护图

大,沉降变形控制要求极高。采用水平锚杆方式对支护桩进行加固,安全有效地解决了基坑开挖及基础工程施工的技术难题。

(3) 工程地下室底板14 356 m³砼,抗渗等级不低于P6,主楼核心筒基础厚达1.7 m,控制底板及外墙的温度收缩裂缝的产生与发展,杜绝渗漏问题的施工难度大。通过掺入高效减水剂、采用温控技术减小混凝土内外温差等一系列技术手段确保大体积混凝土成型质量。

(4) 裙楼部分造型复杂,跨度达21.8 m、属于危险性较大的支撑体系且为不规则多边形,对结构变形要求极为严格,施工中通过对变形进行理论计算、专家论证形成了针对本工程的高支模专项施工方案及现场监测,采取后张应力等针对性预调措施,实现了多功能厅6.2 m的理想高度,保证了大跨度空间的使用要求。

(5) 本工程地下室12 630 m²金刚砂耐磨地坪,严格控制其浇筑、提浆抹面质量,确保表面强度及耐磨性能、预防开裂尤为关键。

(6) 总面积25 500 m²幕墙,其中12 000 m²玻璃幕墙、9 500 m²压花锌镁铝复合板幕墙、4 000 m²石材幕墙;主楼外墙分别由石材幕墙、压花锌镁铝复合板幕墙和玻璃幕墙组合而成,外立面造型多变,线多、面多,为确保幕墙整体观感质量及内在质量施工难度大。

(7) 标准层3.9 m高,扣除结构梁及地面装饰层厚度,在确保室内净空高度的基础上,布置通风空调风管、给排水、消防、强电及智能等系统,综合布线施工难度大。

(8) 机房设备集中布置,管道排列分布错综复杂,利用有限的空间对各类系统、管道的布置进行综合协调,是机电安装工程施工的重点与难点。

五、技术创新及新技术应用

（1）本工程针对多功能厅跨度达21.8 m，以及荷载大的特点，设计采用大跨预应力梁、型钢混凝土等技术，实现了多功能厅的大跨度、大空间。

（2）本工程现浇混凝土空心楼板内模采用聚苯乙烯轻质实心填充棒，有效减轻了结构荷载，大大节约了材料。

（3）积极推广应用"建筑业10项新技术"。推广应用了建筑业10项新技术的8大项、19小项。

表17-1 "建筑业10项新技术"应用情况

序号	新技术应用	序号	子项（分项）新技术名称
一	混凝土技术	2.1	高强高性能混凝土
		2.3	混凝土裂缝控制技术
二	钢筋及预应力技术	3.1	高强钢筋的应用技术
		3.2	大直径钢筋直螺纹连接技术
		3.3	无粘结预应力技术
		3.4	有粘结预应力技术
三	模板及架子技术	4.1	清水混凝土模板要求
四	钢结构技术	5.1	深化设计技术
		5.2	型钢与混凝土组合结构技术
五	机电安装工程技术	6.1	管线综合布置技术
六	绿色施工技术	7.1	基坑施工密封降水技术
		7.2	基坑施工降水回收利用技术
		7.3	预拌砂浆技术
		7.5	铝合金窗技术
		7.6	太阳能与建筑一体化应用技术
		7.7	建筑外遮阳技术
七	抗震、加固与改正技术	9.1	深基坑施工监测技术
八	信息化应用技术	10.1	工程量自动计算技术
		10.2	工程项目管理信息化实施集成应用及基础信息规范分类编码技术

（4）2项专利

1）实用新型专利：一种立式高效搅拌机（专利号：ZL2015 2 0095568.6）

2）实用新型专利：一种过滤式砂浆搅拌机（专利号：ZL 2015 2 0095203.3）

（5）1项国家级QC成果

《提高预应力梁波纹管贯通型钢腹板验收合格率》荣获2016年全国工程建设优秀QC小组活动成果三等奖。

（6）获得2016年度盐城市建筑新技术

应用示范工程。

六、工程实体情况

1. 地基与基础工程

（1）702根高强预应力管桩。通过抽检，承载力及完整性检测结果均满足设计要求。通过低应变动力检测，Ⅰ类桩达100%，无Ⅱ、Ⅲ类桩。

图17-6　高强预应力管桩

（2）沉降观测：本工程自2015年6月24日至2018年6月10日，对18个观测点共计观测22次，最大沉降量为16.8 mm，从最后三期监测数据上看，沉降速率为0.006 mm/d，沉降稳定，结构安全可靠。

2. 主体结构工程

（1）混凝土结构几何尺寸准确、内实外光；梁柱节点方正清晰，所有结构构件棱角方正、接缝严密、色泽均匀一致。

（2）本工程混凝土总用量为34 066 m³。共制作标养试块383组，同条件试块159组，全部合格。

（3）钢筋总用量为5 244.49 t，计49批，共425组钢筋原材复试全部合格。直螺纹接头79 400个，352组试件全部合格。

3. 建筑装饰装修工程

（1）幕墙采用BIM技术，排版合理、线条清晰、美观大方、极富现代气息。

（2）大堂、电梯前室地面图案设计新颖、清晰美观，选材精良，做工精细。

图17-7　幕墙最终效果图

（3）罩面板上的灯具、烟感、温感、隐蔽式喷淋头、风口、广播等器具，位置排布合理，与罩面板的交接吻合、严密；走道内灯具、风口、喷淋头、烟感等居中对称、成行成线，协调美观。

图17-8　吊顶布置图

（4）酒店大堂、电梯前厅、餐厅等采用中国传统建筑元素——窗棂（窗格）做隔断，网格纹装饰贴面，图案简洁、质朴，辅以山水画点缀其间，丰富空间效果，通而不透，对视觉造成延伸感。由此实现了传统中式与时尚现代的完美融合。

图17-9　酒店大堂隔断效果图

（5）地下室 12 630 m^2 金刚砂地坪平整光洁，无起砂、渗漏等现象。

（6）室内 23 717 m^2 大理石地面，色泽、纹路一致，结晶镜面坚硬光亮。

图 17-10　地下室金刚砂地坪

图 17-11　酒店大堂大理石地面

（7）10 498 m^2 地毯地面、6 816 m^2 地砖地面，铺贴平整，拼缝严密，色泽一致。

（8）41 600 m^2 室内吊顶电脑模拟策划，装饰图案造型与地面石材拼贴上下呼应，协调美观。

（9）办公楼内部空间分隔崇尚集成、可变之理念，装饰风格简约时尚，线条流畅。石膏板吊顶分隔缝合理设置、抗放结合，塑造出细腻精致的观感效果。

（10）宴会厅、会议室、小餐厅、客房装饰形式各异，做工精细，做到了施工技术与艺术效果的完美结合。

图 17-12　室内装饰吊顶图

4. 屋面工程

（1）屋面精心策划、施工；防水、保温、隔热、隔音性能满足使用要求。屋面坡向正确，坡度合理，落水口周边形成明显锅底，美观大方、排水流畅；排气孔细部做法细致规范；屋面经两个雨季使用至今无渗漏。

（2）屋面防水卷材铺贴平整、牢固，搭接长度规范。聚氨酯防水涂料涂刷均匀，连接牢靠，厚度符合设计要求。地下室、屋面防水经过两个雨季考验，无一渗漏。

（3）屋面避雷引下线标识齐全，室外防雷接地测试点做工精细，安装规范。

图 17-13　屋面排气管、防水卷材层、避雷引下线展示图

5. 建筑给排水工程

给排水系统设备安装规范；给排水管道坡度正确、排列有序，标识清晰、美观，立管止水台方正、排水沟、导流槽做工精细。整个管道系统经两年的运行未发生任何渗漏现象。

6. 通风与空调工程

（1）26 300 m² 风管制作规范、接口严密；风机、空调安装牢固，设备运行正常。

（2）机房设备集中布置，排列有序、减振合理。31 200 m 管道综合排列，错落有致、间距均匀、安装牢固、标识清晰齐全，共

图 17-14　热水机房（左）、排烟风管（中）、空调机房（右）

用支吊架布置合理，防腐到位。穿墙管道两端采用防火泥封堵，平整美观。

（3）设备、管道布局合理，基础方正牢固，动设备减振设施齐全有效。管道安装顺直，立体分层紧凑、有序，色标醒目清晰，设备管道保温做工考究、过墙（楼板）管道封堵严密，装饰圈美观精细。

图 17-15　变配电室内母线槽

7. 建筑电气工程

配电柜安装成排成列，整齐划一。电缆标识齐全，防火封堵严密。454台配电箱安装规范，接地可靠；配电箱、柜内配线整齐，绑扎牢固，标识齐全。9 982 m桥架、槽盒布置合理，标高正确。

图17-16　高低压开关柜

8. 智能建筑工程

所有智能系统信号传输正常，动作灵敏，运行可靠。产品的功能、性能等项目系统测试结果均符合要求。

图17-17　楼宇视频监控

9. 电梯工程

13部电梯安装牢固，运行平稳，平层准确。

图17-18　电梯前室

10. 节能工程

秉持可持续发展理念，采用太阳能集热系统、幕墙中置百叶活动遮阳系统等多项环保节能措施，营造绿色生态环保节能型建筑。

图17-19　百叶活动遮阳窗

七、工程获奖与综合效益

（1）设计奖

2018年7月16日获得江苏省勘察设计行业协会颁发的优秀设计奖。

（2）优质工程奖

① 2017年8月9日获得盐城市建筑协会颁发的2017年度盐城市"盐阜杯"优质工程。

② 2018年5月9日获得江苏省住房和城乡建设厅颁发的2018年度江苏省优质工程奖"扬子杯"。

（3）安全文明标准化工地

2016年11月获得中国建筑业协会颁发的2016年国家AAA级安全文明标准化工地。

（4）2016年7月获得中国施工质量管理协会颁发的2016年度全国工程建设优秀质量管理小组三等奖。

（5）实用新型专利

① 一种立式高效搅拌机（ZL2015 2 0095568.6）

② 一种过滤式砂浆搅拌机（ZL2015 2 0095203.3）

（6）新技术应用获得2016年度盐城市建筑业新技术应用示范工程。

（7）综合效益

盐城国投嘉园酒店写字楼工程交付使用近两年，结构稳定、无裂缝、无渗漏，各系统运行正常，使用功能良好，施工过程中和交工后未发生安全质量事故，从未发生拖欠农民工工资现象。

通过精细化设计和施工为业主创造了优质的办公空间，嘉园酒店以其优美舒适的环境、温馨周到的服务，成为市区大中型政务商务会议，以及周边市民举办婚庆宴会、餐饮聚会和健身娱乐的首选之地，成为盐城大市区西南黄金角地标性建筑，社会效益及经济效益显著，用户非常满意。

（胡　峻　郑应顺　柏宝勤）

18　江苏太仓市金融大厦
——江苏南通三建集团股份有限公司

一、工程简介

1. 工程概况

金融大厦工程，位于江苏太仓市娄江南路与上海东路交叉口北侧，总建筑面积 57 635.42 m^2（其中地下面积 13 684 m^2，地上面积 43 951 m^2），裙楼建筑高度 20.07 m，塔楼建筑高度 99.72 m。东西长 55.22 m，南北长 77.12 m，地下 1 层，地上 23 层（局部 4 层）；地上地下耐火等级均为一级，抗震设防烈度七度；全现浇框架-核心筒结构，基础形式为主楼下为桩+筏板基础，内外填充墙采用加气混凝土砌块砌筑。工程于 2012 年 2 月 28 日开工，2015 年 7 月 8 日竣工。

社会作用和影响力：本项目是一栋为太仓市民日常存取款、个人理财、信贷等业务办理外，还具有银行数据处理、日常办公、举办会议及业务洽谈等功能的综合性办公大厦，是太仓市金融业标志性建筑。

主要功能：地上一层有银行营业大厅、办公楼大堂监控室等；二层为数据中心和计算机房；三层及以上建筑中，设有办公室、电化教室、VIP 接待室、阅览室、档案室、食堂、商务休息等功能区，以及会议室、VIP 休闲室、职工食堂等功能性用房。

本工程共设置垂直厢式电梯 12 部。

2. 工程建设相关单位

建设单位：江苏太仓农村商业银行股份有限公司。

勘察单位：太仓市建筑设计院有限责任公司。

设计单位：苏州立诚建筑设计院有限公司。

监理单位：江苏国信工程咨询监理有限公司。

施工单位：江苏南通三建集团股份有限公司。

监督机构：太仓市建设工程质量监督站。

图 18-1　南立面图

二、创建过程

1. 工程质量管理及策划实施

工程创优是一个涉及面广、时间长的工作。各建设责任主体都能按照创优的标准，做好质量管理。

（1）建设单位本着工程建设必须符合规划初衷，全面实现功能需求的目标，对工程质量管理做到事前有策划,过程中对工程设计、施工进行指导和监督,直至项目交付使用等。

（2）设计单位对质量管理做到精心设计,精益求精。在追求建筑外观设计端庄、具有时代气息的同时,强调建筑结构设计合理,坚固耐久;既重视设备设计科学合理,满足使用功能需要,又注重智能化设计具有时代先进性、前瞻性。

（3）监理单位对质量管理做到遵守规范、严格监理、确保质量。每一位监理员都认真履行监理职责,尤其对质量控制、安全控制、进度控制、投资控制等方面严格把关,为工程施工合同目标的实现奠定基础。

（4）施工单位

① 工程开工伊始就确定了"国家优质工程"的质量管理目标,针对工程特点进行了创优策划。

② 公司成立了以集团公司总裁为首的创"国家优质工程"领导小组,强化了工程创优的组织、指导和监控,在施工现场建立了以项目经理为核心的项目质量保证体系,建立健全了各项管理制度,明确了各岗位职责,成功地推行了质量、安全、环境等项目经理负责制。

③ 通过各项管理措施和制度的落实,强化了过程控制,保证了施工质量一次成优。

2. 过程控制

（1）本工程质量目标为"国家优质工程"。公司在开工前编制了创优策划书和专项施工方案,采用样板引路制度,并建立以集团公司总裁为组长的创优领导小组和以项目经理为组长的工作小组,确定工作流程。严格监督施工方案、技术和质量交底的实施,确保每个分项一次成优。

图18-2　工程创优策划

（2）银行营业大厅镂空吊顶造型新颖,雕塑与白云、繁星与穹顶交相辉映,和谐美观。

图18-3　营业大厅镂空吊顶

（3）铝板吊顶安装牢固、典雅时尚、层次感强,烟感、灯具居中布置,成排成线。

图18-4　铝板吊顶

（4）会议中心吊顶跨度大,吊杆位置准确,支架固定牢靠,面板平整,观感质量好,整齐美观。

图18-5　会议中心吊顶

（5）12 600 m² 的大理石地面选型时尚、拼缝严密、平整度好、色差均匀。

图 18-6　大理石地面

（6）会议室灯光系统操作智能化，方便实用。

图 18-7　会议室智能灯光系统

（7）外墙 5 144.11 m² 的花岗岩干挂石材幕墙、21 855.89 m² 的断桥隔热铝合金单框幕墙，造型新颖，庄重大方，拼缝横平竖直，幕墙安装牢固。

图 18-8　花岗岩干挂石材幕墙

（8）11 000 m² 地下室车库耐磨地面，平整光滑，无裂缝，色泽一致，导向标志清晰，黄色套边排水沟、黑色铸铁水箅子，防撞标识安装到位，观感质量好。

图 18-9　地下室车库

（9）在抓好大面工作的同时，注重细节创新。不锈钢过桥制作精细，接地牢固，屋面排气管外侧设置铁质防撞套管、混凝土护墩，加强了成品保护。

图 18-10　屋面不锈钢过桥

（10）大厦内设置各种监控系统与智能化会议系统，能有效地确保金融大厦的安保管理和会议功能的实现。

图 18-11　监控室

3. 工程施工难点

（1）本工程使用 503 根钢筋混凝土钻孔灌注桩。钻孔灌注桩的深度及后注浆密实度控制难度大。

图 18-12　钢筋混凝土钻孔灌注桩

（2）塔楼地下室1 800 mm厚筏板基础，大体积混凝土温差控制要求高，混凝土裂缝控制难度大。

图18-13　筏板基础

（3）银行营业大厅的中庭圆形镂空和银行办公大堂的两区域现浇板层高10.44 m。高支模和圆弧形梁模施工难度大。

（4）截面为1 000 mm×1 000 mm的劲性混凝土方柱，型钢柱加工精细，安装对位精度高，焊接质量要求高，柱筋绑扎和混凝土浇筑难度大。

图18-14　劲性混凝土方柱

（5）双向跨距25.5 m的会议中心，采用600 mm厚后张法预应力混凝土聚苯板填充体梁板。聚苯板填充体安装固定、后张法钢丝束定位准确，施工要求精度高、难度大。

图18-15　后张法预应力混凝土聚苯板填充体梁板

（6）高位斜柱的钢筋混凝土框架柱均为倾斜，钢筋柱定位、模板制作难度大。

图18-16　高位钢筋混凝土框架斜柱

（7）地下室内11 000 m²的耐磨地面平整度要求高、打磨时机控制困难、色彩控制均匀难度大。

图18-17　地下室车库耐磨地面

4. 科技创新及BIM技术应用

大力推广应用新技术，本工程采用了住建部10项新技术（2017版）中的7大项22小项，创新技术2项，并取得显著成果，获得了"江苏省新技术应用示范工程"，实现经济效益和社会效益双丰收。

在国家重点推广的"四节一环保"技术方面应用广泛，大楼建筑全年能耗小于参照建筑的全年能耗。

"四节一环保"技术的应用介绍：

（1）玻璃幕墙采用的玻璃为6中透光Low-E+12氩气+6透明，框料采用隔热金属型材，石材幕墙采用80 mm厚岩棉板+200 mm厚加气混凝土砌块，板缝做密封处理粘结牢固，阻燃性能好，能有效隔断热桥。

（2）屋面保温采用自重轻、导热系数小、保温隔热性能好的110 mm厚泡沫玻璃。

（3）隔墙采用加气混凝土砌块，具有轻质、高密、高强的优点，其保温、耐火和隔音性能远优于其他砌块，采用商品砂浆，有效地改善了装修阶段的作业环境，既环保又节约用地。

（4）建筑大量采用高效节能灯具，采用灯具反射罩有较高反射比的嵌入式隔栅灯及透光系数高的带罩灯具。

（5）管道保温采用橡塑保温，绝热保温效果好。空调冷热水管道采用难燃B1级闭孔橡塑高效保温材料进行绝热，空调送、回风及新风管道采用难燃B1级闭孔橡塑板进行保温。

（6）建筑大量采用节水节能型器具，洗手盆龙头均采用感应式。

（7）建筑所用石材均匀，其放射性符合A类标准，符合GB 6566—2001《建筑材料放射性核素限量》的标准，室内环境检测污染物浓度符合规范要求。

（8）本工程在施工期间对噪声、废水、废气和扬尘等进行有效的控制，获2013年度第二批江苏省建筑施工文明工地。

工程在机电安装、装饰装修、施工管理等方面应用了BIM技术，解决了管线碰撞、装饰策划、受力计算及定位等问题，保持了设计意图，提升了工程质量。

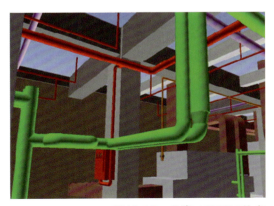

图18-18 安装工程BIM技术

5. 各分部工程实体质量情况

（1）地基基础工程

桩基检测情况：建筑基础为钢筋混凝土灌注桩基础，桩基总数量503根，桩径600、700 mm，单桩承载力试验12根，占总桩数比例2.4%；桩身完整性检测503根，均为Ⅰ类桩，占总桩数100%。

沉降观测情况：共设置39个沉降观测点，自2013年1月14日开始至2017年7月11日结束，其间共观测68次，累计最大沉降量29.27 mm，最小沉降量19.33 mm，最后一个观测期(100天)沉降速率为0.001 9 mm/d，工程沉降均匀、稳定。

（2）主体结构工程

基础、主体工程钢筋用量为6 829.34 t，复试报告398份，各类直螺纹钢筋接头数量42 407个，复试报告131份，电渣压力焊各类接头27 648个，复试报告96份，混凝土用量为36 703 m³，复试报告527份，复试结果均合格。

混凝土保护层检测、楼板厚度检测均合格，构件外光内实，节点清晰，垂直平整，尺寸准确。

（3）装饰装修工程

① 幕墙工程：5 144.11 m²的花岗岩干挂石材幕墙、25 855.89 m²的玻璃幕墙的设计安全可靠，造型美观大方，与主体结构连接可靠，施工过程中通过深化设计，计算机辅助排版，厂家定制，现场拼装，安装后幕墙表面平整，分格均匀，无污染、缺损及裂痕等缺陷。各类幕墙物理性能试验结果满足设计要求，"四性"检测符合设计与规范要求。

② 卫生间等有防水要求的部位的防水功能试验的情况：卫生间防水采用聚合物水泥基防水涂料。防水施工完成经24 h

蓄水试验,使用至今无渗水;卫生间排砖合理,舒适美观。

③铝板吊顶新颖别致、构造合理,烟感、喷淋、灯具居中布置、成排成线;走道楼地面砖分割合理、线条清晰、美观大方。

④银行营业大厅铝板墙面,做工精细;会议室墙面硬包细部施工到位,观感好,工程质量上乘。

⑤楼梯扶手及安全防护栏杆均采用不锈钢制作,栏杆安装牢固,扶手高度满足规范要求,转角处弯折自然,接缝顺滑。

⑥897扇各类门窗制作规范,安装牢固,五金齐全,框扇闭合严密,开启灵活,收口整齐。

⑦经太仓市建设工程质量检测中心有限公司于2014年12月、2015年3月进行了室内环境检测,室内环境污染物浓度限量符合Ⅱ类民用建筑的要求。

(4)屋面工程

①工程屋面防水等级为Ⅱ级,防水工程完成后,经蓄水试验,无渗漏,投入使用至今,未发现渗漏现象。

②屋面泛水坡向正确、排水通畅,面砖色泽一致、砖缝嵌缝密实、顺直,混凝土支墩实用美观、规则划一、成排成线,设备基础、排水沟、落水口、女儿墙根部等细部节点做工精致。

(5)建筑给水、排水及采暖工程

管廊区域桥架、风管、管道施工时,采用CAD进行三维管线综合放样、后台预制加工等方法。综合管线排布合理、安装整齐,保温严密,标识清晰;固定支架牢固、可靠,位置设置规范,标高一致。使用近3年来未发现跑、冒、滴、漏、堵等现象,系统运行良好。

(6)通风与空调工程

①空调系统采用远程操作系统进行能量调节,在增加了人的舒适感的同时,减少了冬季空气温度垂直梯度的影响,高效节能。

②风管制作精巧、接口严密、支架牢固、保温严密,防火、防腐到位,各系统运作正常。

(7)建筑电气工程

配电设备安装规范,发电机组设施齐全,明装管线排列整齐,支架安装牢固可靠,间距均匀,配管走向合理,管口保护严密,防腐涂刷均匀。箱盒位置准确,跨接规范可靠,产品保护措施得当;线槽、桥架排列整齐,位置合理;屋面设置镀锌扁钢避雷带,实现建筑防雷、避雷措施的全覆盖,避雷系统接地电阻符合设计及规范要求。

(8)智能建筑工程

本工程智能系统功能齐全,智能化程度高。各项功能满足使用要求。监控摄像头运转正常,图像清晰;消防探测器运行正常,反应灵敏。系统全部由计算机控制,运行平稳。

(9)节能工程

①本工程地下室外墙设置40 mm厚挤塑板(XPS),地下室顶板反贴40 mm厚的岩棉板。

②玻璃幕墙采用的玻璃为6中透光Low-E+12氩气+6透明,框料采用隔热金属型材,石材幕墙内设80 mm厚岩棉板,能有效隔热保温。

③办公、会议室及各类机房选用LED等节能型灯具,节约了能源。

④隔墙部分采用加气混凝土砌块,预拌商品砂浆砌筑,节能又环保。

⑤屋面选用加气混凝土保温块及110 mm厚泡沫玻璃保温板,保温效果好。

⑥空调系统风管及水管保温层采用橡塑保温,隔热保温效果好。

（10）电梯工程

本工程共设12部垂直电梯,均检验合格,运行平稳,停层准确。

6. 工程技术资料情况

工程技术资料共21卷、257册。管理资料,物资资料、施工记录、试验记录等工程质量保证资料,施工方案、工程质量验收资料等工程资料,均编写规范、内容完整、签字盖章完备、齐全、真实有效;工程资料编目规范、目录清晰、层次清楚、组卷合理、装订整齐、可追溯性强。

7. 绿色施工

（1）施工中采用木方接长技术,将短木方接长,实现短料长用,实现变废为宝。

图18-19　节材(废料再利用)

（2）利用施工场地空余处设置工人休息茶亭和花池,节省了土地,美化了环境。

（3）施工现场使用散装使用、渣土车辆加盖运输、施工现场进行硬化以及有专人进行清扫,同时进行洒水降尘,减少了扬尘,保护了环境。

（4）办公区、生活区均安装LED节能灯具,节约了电能。

图18-20　生活区、办公区绿化与节能

三、工程获奖及综合效益

1. 工程获奖情况

（1）2013年度江苏省建筑施工文明工地;

（2）2013年度国家专利2项;

（3）2013年度江苏省省级工法1项;

（4）2014年度苏州市QC成果三等奖;

（5）2016年度中国长三角优秀石材建设工程"金石奖";

（6）2017年度江苏省优质工程"扬子杯";

（7）2017年度江苏省新技术应用示范工程;

（8）2017年全国实施用户满意工程;

（9）2017年全国建设工程项目管理成果三等奖;

（10）2018年度全国工程建设项目优秀设计成果三等奖。

2. 综合效益

金融大厦主要承担太仓市农村商业银行的金融业务办理、日常办公、举办各种会议及商务洽谈等。在施工过程中,工程管理各方面都受到了建设主管部门及社会各界的一致好评,参建各方均表示非常满意。大厦建成后,由于大厦优秀的设计、质量精细、功能齐全、绿色环保,实现了营业区、商务洽谈区、办公区和教育培训区等"功能分区"的相对独立,不仅为太仓市农村商业银行提供了优良、舒适的工作环境,满足了当地居民存款、取款、理财等各类金融活动、生活需求,更提升了太仓城市形象,成为太仓市的重要金融中心,带动了周边的经济发展,造福了一方百姓,得到了使用单位和当地人民的一致好评。

（沈士锋　汤　鑫　黄裕平）

19 万科溧水2014G01A-05A地块项目2-08#楼
——南京建工集团有限公司

一、工程概况

图19-1 工程照片

万科溧水2014G01A-05A地块项目位于南京市溧水区天生桥大道与秦淮大道交汇处，工程采用"高层住宅工程铝模与木模结合支模施工""住宅工程非承重墙体陶粒砼一次浇筑成型施工""现浇混凝土楼面一次成型施工""预制楼梯施工""地坪精找平施工""免抹灰施工"等进行了新工艺试验论证和探索研究，取得了良好的效果，有力地促进了施工标准化和精细化。

本工程由南京源辉置业有限公司投资建设，南京长江都市建筑设计股份有限公司建筑设计，南京江城工程项目管理有限公司监理，南京建工集团有限公司施工总承包。

本工程列入公司2016年创优质重点项目，全力推进企业技术质量管理标准化建设，贯彻企业"严格工艺、持续改进"的企业质量理念，工程质量确保优质；精心组织工程项目部班子，重点管理，重点保证，确保创优目标的实现。

二、工程创优

1. 质量目标创建

根据设计文件、施工验收规范要求以及现场资源配置情况，工程合同要求工程质量要达到单项工程一次验收合格率100%，优良率95%以上，杜绝重伤以上因人为因素造成的重大质量事故发生，争创江苏省"扬子杯"工程。以"精心组织、优质高效、科学管理、文明施工、确保安全、按期完工"为指导思想，依靠科技进步和科学管理，确保实现"开工必优、全面创优"的全面质量管理目标。

2. 创优保证措施

（1）按照GB/T19001质量管理体系，结合本工程实际情况，建立工程管理程序，严格实行项目管理办法，设立以项目经理为组长的行政管理系统，抓好施工全过程中的质量控制、检查和监督。

（2）建立图纸会审制度，并结合现场铝木结合模板进行图纸深化，及时组织相关人员对图纸进行学习，充分领会设计意图，明确技术要求，对设计文件中的差错与问题，及时与设计单位联系，积极提出修改意见，避免发生技术事故或产生经济与质量事故。见图19-2。

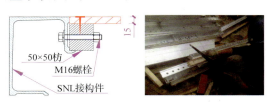

图19-2　铝、木连接点优化并现场制作实施

（3）建立技术交底制度，包括施工方案讨论制、技术交底复核制、测量三级复核制等，以保证技术责任制的落实，技术管理体系的正常运行，技术管理工作有效。见图19-3。

图19-3　施工技术进行逐级交底及交底记录

（4）严格执行工程监理制度，项目部自检、复检合格后及时通知监理工程师检查确认，隐蔽工程的质量验收必须经总包方及监理工程师签认后方能隐蔽。

3. 组织管理措施

1）健全创优组织管理机构，完善创优保证体系的内容，严格按照创优保证体系的内容开展工作，把创优工作和责任落实到每个单位、每个部门和每道工序的每一个人，并与施工管理人员及班组签订责任书，使整个工作的开展形成全员参加，全工序进行，事后有总结。见图19-4。

图19-4　与班组签订责任书

2）加强施工技术管理，严格执行以总工程师为首的技术责任制，使施工管理标准化、规范化、程序化。认真熟悉施工图纸，深入领会设计意图，严格按照设计文件和图纸施工，吃透设计文件和施工规范、验收标准。施工人员严格掌握施工标准、质量检查及验收标准和工艺要求并及时进行技术交底，在施工期间技术人员要跟班作业，发现问题及时解决。

在基础、主体施工过程中，项目部注重抓好编制方案、技术交底、检查、验收几个环节，严格过程控制，做到交底按规范、"三检"不敷衍、验收按标准，坚持定位挂牌施工、学习培训、持证上岗制度。

标准化的管理，不单单是指设备、设施、工具的标准化，而是更高层次的施工过程管理行为的标准化。所以，标准化的管理，首先是管理制度的标准化，然后是管理过程的标准化。为此，加强标准化管理，我们从以下几个方面下功夫：

（1）制度标准化方面下功夫

切实做到三点：其一，形成和完善管理组织架构及管理体系，明确对应岗位质量职责，并召开质量管理工作例会，按照创优方案，有针对性地部署质量精品工程创优工作；其二，依据省、市政府、建工集团、万科等的相关质量管理制度，万科溧水2014G01A-05A地块项目建设的特点和项目实际，建立环环相扣的工程质量责任制度和严谨高效的工程质量保障体系；其三，坚持目标引领和底线管理，通过阶段检查指导考核，层层落实目标责任，狠抓项目质量管理，使"精品意识"贯穿于工程建设的每一个环节。

（2）在管理过程标准化方面下功夫，做到四个重点落实

① 重点落实公司和万科工程部等制定的标准化制度，严格执行项目部制定的各分部分项工程质量标准，细化各工序质量控制措施、标准化做法、批准的施工工艺等。

② 重点落实样板引路制度。项目在开工之初，就在现场设置了样板实物展示区，通过样板展示每道主要工序的材料标准、施工工艺、质量要求，并将主要节点施工做法进行现场图文展示。落实样板引路制度，使操作工人更直观、更深刻地理解各个环节部分的具体做法，大大提高了工程的一次成活率和成优率，确保了工程质量，加快了施工进度。见图19-5。

图19-5　工序样板验收及现场交底会议记录

③ 重点落实实测实量制度。在施工前，通过对模板加固体系的优化，以保证施工中模板体系的稳固；在施工过程中，通过现场实际测量垂直度、平整度、顶板水平度、方正度、楼板厚度等，以确保结构实体成型质量。采用PDCA循环的方式规范实测过程中的工作程序、取样方法、测量操作、数据处理等具体步骤和要求，尽可能消除人为操作引起的偏差，并形成系统的数据记录。通过分析，找出短板进行修正，并将经验进行分享，从而提高创过程精品的管理水平。见图19-6、图19-7、图19-8。

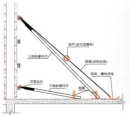

图19-6　软拉硬撑结合方式加固验证

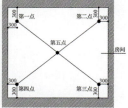

图19-7　顶板水平度实测

图19-8　墙身垂直度、平整度实测

④ 重点落实结构安全及成型质量。加强施工过程节点控制，加强技术复核和交底，加强工序控制。见图19-9。

图19-9　结构一次成型效果图

（3）精细化施工，实施样板引路，加强过程精品工程管控

工程根据精细化施工的措施采取了四个强制手段：

① 通过采取重要物资集中采购、试验和工程实体检测相结合、分户验收等有效强制手段，强化结构和功能质量指标，确保进场材料合格。通过加强质量过程控制，实现检验批一次成活。

② 采取对结构工程实施实物样板制强制手段，在结构施工过程中，早日做好竣工交付样板，经与甲方共同协商，尽早确定精装修标准，对改善一些既影响使用功能又易发生质量通病的做法，取得了较好效果。

③ 为全力打造"过程精品"采取细节达标和实测实量复核的强制手段。项目部制定了环环相扣的监督标准，对建筑施工的各个环节实行全方位监控，不留一丝隐患，确保每根钢筋的使用、每次混凝土的浇筑、每扇门窗的安装都能达到质量安全标准。同时，为加强过程管控，在施工人员进行混凝土浇筑期间，检测人员会对墙面垂直度、顶板标高等进行复核检查，确保主体质量达到规范要求，减少修补量，为后续施工及质量控制打下良好基础。

④ 采取质量、进度、消防系统的可视化管理的强制手段。在每栋楼入口处实行一楼一图（平面可视化图）、一表（实测实量数据表），通过数据分析让在场施工人员时刻掌握施工质量和进度。

（4）针对可能出现的质量通病制定出专项措施

① 在应对渗漏方面：采用直埋管件工艺，使厨卫间、阳台等处管件的渗水问题得到根本处理；通过将窗台梁做成内高外低形式，从构造上很好地解决了窗渗水问题；通过三次外墙淋水试验，确保外墙无渗漏。见图19-10。

图19-10　外墙淋水照片

② 在应对空鼓开裂方面：采用干粉预拌砂浆，结合抗裂纤维，提高了砂浆抗开裂性；通过预制同模数规格的强弱电箱预制块、空调预制块，从根本上解决了机电管线剔凿施工与砌筑结构施工矛盾问题；通过陶粒板生产同步预埋强弱电箱工艺，将由于强弱电箱施工导致陶粒板开裂的矛盾得以很好地解决。

③ 通过绘制模板展开深化图，运用精加工机具工厂化集中加工模板，产品质量

稳定,现场施工简便、快捷,极大地减少了材料浪费,提高了工效。见图19-11。

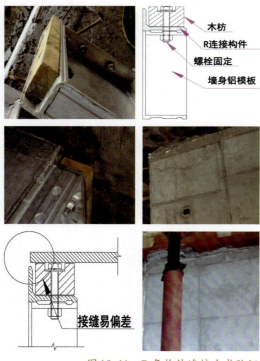

图19-11 R角构件连接方式验证

④ 在支模前绘制模板展开图,让工人在现场直观工艺。二次结构方面,绘制了二次结构砌体展开图,并在每个户型内张贴,让工人在现场可以随时看到工艺做法,提高了质量和效率。见图19-12。

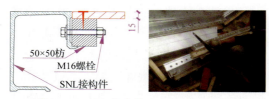

图19-12 铝、木连接点优化并现场制作实施

⑤ 通过机电综合管线图深化,减少了工种间的交叉施工,降低了材料消耗,保证了产品的成优率,从而获得极大的效益。项目在建设中的一些好的做法经质监站的推广,已在后续开工的万科的项目中被采用,深受大家好评。

三、新技术的运用

主要有混凝土裂缝控制技术、高强钢筋应用技术、大直径钢筋直螺纹连接技术、轻骨料混凝土、预拌砂浆技术、铝合金窗断桥技术、聚氨酯防水涂料施工技术、高精度自动测量控制技术、施工现场远程监控管理及工程远程验收技术、工程量自动计算技术。

四、取得的科技成果

(1) 2017年南京市优秀工程勘察设计奖住宅与小区设计类一等奖。

(2) 2017年省城乡建设系统优秀勘察设计奖城镇住宅和住宅小区类一等奖。

(3) 2016年编写的《高层住宅工程铝模与木模结合支模施工创新》荣获全国工程建设优秀质量管理小组一等奖。

(4) 2016年编写的《花篮拉杆工具式悬挑脚手架施工探讨及应用》荣获南京市优秀论文二等奖。

总之,过程精品,质量重于泰山,这是我们中国建筑的经营理念,也是我们参与工程建设,对政府和对我们用户的承诺。使"精品意识"贯穿于商品房建设的每一个环节。努力做到让政府放心、业主满意、公司满意、员工满意。我们将不断提高,勇于创新,追求卓越,秉承"为客户创造更大价值,为员工谋求更好的发展,为出资人谋取更大回报,为社会提供一流服务",勇于担当,精益求精,在不断超越的道路上迈出更加坚实的步伐。

(唐家杰 董洪亮 查承浩)

20　中国移动（江苏无锡）数据中心二期工程

——江苏无锡二建建设集团有限公司

图 20-1　立面效果图

一、工程简介

1. 工程概况

工程名称：中国移动（江苏无锡）数据中心二期工程。

工程类别及功能、用途：公共建筑，生产及办公。

工程规模：本工程包括中国移动（江苏无锡）数据中心二期通信机房楼、水泵房及地下冷罐室，用地面积 11 720.9 m²，总建筑面积 19 875.8 m²。通信机房楼地上七层、局部八层，功能为数据中心、高低压配电室、变压器室、钢瓶间、油机房、制冷机房、配套用房等；水泵房地下一层，地上一层，功能为消防水泵房、消防水池、空调水池、冷罐室等。

外装饰情况：外墙采用真石漆，东立面为石材幕墙。

室内装饰情况：乳胶漆、地砖等饰面。设建筑电气、建筑给水排水、通风与空调、电梯等九个分部。

2. 工程立项至使用全过程情况

工程立项：2014年3月25日。

开工日期：2015年7月10日。

竣工验收日期：2017年3月23日。

3. 各责任方主体

建设单位：中国移动通信集团江苏有限公司无锡分公司。

勘察单位：江苏博森建筑设计有限公司。

设计单位：江苏省邮电规划设计院有限责任公司。

监理单位：无锡建设监理咨询有限责任公司。

施工单位：江苏无锡二建建设集团有限公司。

4. 工程特点

（1）先进的设计理念：本项目通过对园区周边环境的理性解读，合理开设入口，合理安排场地功能区域，并与南侧的一期工程遥相呼应。建筑体量以简洁大气的方形构成，整个建筑通过形体与材料的对应关系，运用现代材料，给人以理性稳重之感，建筑造型清新简约，时尚美观。

（2）新技术含量高：工程共应用住建部推广的新技术9大项，江苏省推广的新技术5大项。

（3）装饰装修主要采用国产普通材料，整体效果美观大方，细部处理精致细腻。舒适的空间，便捷的动线，环保的理念，简约的色彩，营造出一个自然、舒适、高效率的生产运营及办公环境。

5. 工程难点

(1) 混凝土裂缝控制

该工程施工期间的温度和收缩裂缝控制有较大的难度。施工中应用混凝土裂缝防治技术，通过优化配合比和遮盖麻袋蓄水养护，避免了混凝土裂缝的产生。

(2) 砌体裂缝控制

工程填充墙体量大，水平、竖向接缝量大，防开裂技术要求高。

图 20-2　遮盖麻袋蓄水养护　　图 20-3　砼表面平整、拉毛清晰　　图 20-4　墙体及二次结构规范

(3) 防水工程要求高

本工程屋面采用 4 mm 厚和丙纶 SBS 二道防水卷材屋面，面积约 5 000 m²。防水的细部处理节点多且量大，因此对屋面防水施工质量的要求较高。

(4) 机电安装错综复杂

该工程水电、暖通、消防、水冷空调等工程各安装功能齐全，各功能房内管线纵横交错，错综复杂。施工配合、成品保护难度大、协调工作量大。

图 20-5　施工缝翻边阴角细部处理　　　　图 20-6　动力机房管道标识清晰、排列整齐

二、工程创优的实践

1. 工程创优的策划

(1) 工程开工前，公司就明确了创"'扬子杯'优质工程奖"与"江苏省建筑施工标准化文明工地"的质量、安全目标，成立了各专业创优小组（由建设方组织监理、总包单位、各专业施工方人员组成创优小组），形成了管理网络，落实管理职责和标准，签订责任状。

(2) 编制各专业创优方案，进行创优策划，制定创优管理方案和实施方案，明确目标实现的过程活动要求，坚持有目的、有步骤地实施，并实施制度化监督。

(3) 实施样板引路，规范施工。现场划块建设样板展示区，工程中实行样板引路和样板交底制度，以实实在在的工程样板进行交底，严格比照施工。

(4) 深化施工二次设计，落实重点区域细部特色。对屋面、卫生间、电梯厅、消防楼梯、标准层进行特色策划，制定细部施

图20-7 样板展示区

工措施,明确实施责任人,力求体现大楼的风格和效果的同时,实现细节精品,为工程创优提供保障。

2. 工程创优实践的主要情况

1) 地基与基础工程

工程基础设计为高强混凝土预制管桩及承台、筏板C35、S6防水砼基础。承台及筏板模板采用大面积木模体系结合局部砖胎模的办法。砖胎模内侧1:2水泥砂浆18 mm厚粉刷,1.5 mm厚JS-II型复合防水涂料一布四涂。

2) 主体结构工程

(1) 采用胶合板模板和木方定型组合,使用对拉螺栓、工字钢加固,薄型自粘带封堵,模板拼缝严密,无胀模、漏浆等现象,混凝土表面平整、光滑,截面尺寸准确,无明显色差,达到清水混凝土效果。

图20-8 柱子模板采用定型件加固

(2) 钢筋保护层采用塑料限位件,固定方便、位置准确。经无锡市建筑工程检测中心对结构实体钢筋保护层厚度进行检测,合格率为92%。

图20-9 钢筋绑扎整齐、位置准确

(3) 填充墙构造柱按规范及图纸要求设置,马牙槎先退后进,上下顺直。墙面上粘贴双面胶带,并采用对拉螺栓进行加固,避免胀模和漏浆。

图20-10 二次结构设置规范

(4) 对浇筑好的砼工程,对竖向构件施工缝进行凿毛处理。由专人进行浇水、养护,砼养护时间不少于14天,保证了砼的质量。对竖向构件实施喷洒养护剂养护办法。

图20-11 砼结构尺寸准确、平整、光洁

（5）外窗边框的间隙应采用弹性闭孔材料填充饱满，并使用密封胶密封，窗框外侧应留10 mm宽的打胶槽口，清理干净、干燥后，贴美纹纸，打密封胶，密封胶应采用中性硅酮密封胶。密封胶做到表面光滑，无杂物。

图20-12　外窗边框嵌填到位、细部精致

3）建筑装饰装修工程

（1）整个大楼外立面采用真石漆，竖向线条分格。施工中根据设计要求组织深化设计与精心施工，尺寸精确，外墙线条通顺，分格均匀平顺，富有现代气息。门窗均采用断桥隔热门窗系统，玻璃采用中空玻璃。气密性性能、水密性能、抗风压性能满足设计要求。

图20-13　西、南立面效果

（2）内装饰简洁大方。公共部位采用内墙涂料，房间内用专用腻子粉批墙，表面平整，阴阳角顺直，色泽均匀，颜色一致。

图20-14　楼层通道整齐划一

（3）楼梯间踏步高、宽一致，扶手高度符合规范要求。

图20-15　公共楼梯简洁、大方、地砖通缝铺贴

4）防水工程

（1）屋面防水优化采用丙纶卷材加4 mm厚SBS防水层及刚性防水层等多道防水体系，确保屋面克服渗漏。屋面坡度正确，分仓分格合理、清晰，排气管位置统一，屋面风管、桥架布局合理，排列整齐。

图20-16　屋面管线、桥架布局有序

（2）厕浴间及用水房间防水采用1.5mm厚聚氨酯防水涂膜。通过严格蓄水试验，确保无渗漏现象。

5）机电设备安装工程

（1）建筑给水、排水及采暖工程

① 给水、消防、暖通等管道定位准确，管道安装试压一次性验收合格，满足规范及使用要求。保温铺贴严密，美观大方，无开裂、脱落现象。

图20-17　消防管道安装规范、标识清晰

② 管道安装整齐规范、标识清晰，支吊架布置合理，间距满足设计要求。排水管道坡度合理，标识明确规范。消防系统设备安装布置紧凑，运行正常；油漆色泽均匀，标识清晰完整。相同设备及配件安装成排成线，整齐划一。

图20-18　动力机房管道综合交错、排列有序

③ 上人屋面透气管距地高度大于2.0 m，排列整齐划一，角钢固定稳固。

④ 设备穿楼面处均设置挡水坎，防火封堵严密美观。

（2）建筑电气工程

各类机电设备安装规范、美观，排布大气、高档。

桥架、支吊架安装牢固，横平竖直，跨接准确、规范。

配电箱柜安装稳固，电线敷设整齐、接线规范，标识正确。系统运行平稳，控制灵敏。

开关、配电箱标识清晰，排列整齐。

（3）电梯工程

电梯运行平稳，平层准确，运行噪声低，各控制信号响应灵敏，安全可靠，一次通过电梯专项验收。

图20-19　配电房电柜排列整齐

三、工程获得的各类成果

通过一年多的使用，各系统运行良好，使用单位"非常满意"。本工程获得2016年度江苏省建筑施工标准化文明示范工地，2016年度江苏省工程建设优秀QC小组成果，2017年度无锡市"太湖杯"优质工程奖，2018年江苏省建设工程优秀设计三等奖，2018年度江苏省优质工程奖"扬子杯"。

图 20-20　省级文明工地证书

图 20-21　优秀设计证书

图 20-22　市级"太湖杯"证书

图 20-23　省级"扬子杯"证书

（章晓飞　王　磊　牛玉飞）

21 济南宜家家居商场项目
——中亿丰建设集团股份有限公司

一、工程概况

济南宜家家居商场工程位于济南市槐荫区,二环西路以西,张庄路以北。它是一家将功能、质量、设计与价值结合在一起的大型家居用品商场。

图 21-1 济南宜家家居商场实景图

工程由济南宜家家居有限公司开发,中国海诚工程科技有限公司设计,山东昌隆建设咨询股份有限公司监理,山东正元建设工程有限责任公司勘察,中亿丰建设集团股份有限公司承建施工。

工程总建筑面积58 519 m²,为三层单体钢框架结构商场。卸货区为混凝土框架结构。商场一层主要为停车场及泵房;二层由高货架区、小件物品售货区、服务区、收银线区、瑞典食品部、顾客服务中心、收货区、回收站等组成,三层为宜家内部办公区、小件商品区、展厅及自助餐厅。地上三层,建筑高度22.47 m,工程总造价约2.2亿元。

工程于2016年8月7日开工,2017年7月7日竣工。

济南宜家家居商场的建成,从设计、采购、包装、配送到业务模式,始终牢记可持续发展理念,是为大众提供经济实惠的家居用品,而非仅为少数人服务。它提高了居民的生活质量水平,为更多人缔造美好的家居生活。

二、创精品工程过程

1. 工程技术难点

(1) 高强钢纤维超平地坪施工技术

本工程二层高货架区采用掺钢纤维金刚砂液体固化一次性成型耐磨地坪。地坪强度需达到15 kN/m²,平整度要求达到3 m内±2 mm以内。

主要解决方案:

① 地坪裂缝控制:首先,在混凝土配合比配置过程中考虑天气因素的影响,增加抗冻剂;其次,在施工过程中,注意标高,确保保护层厚度,并对混凝土进行充分振捣;最后,在养护时注意洒水的频次,确保混凝土能吸足水分,并及时覆盖薄膜、棉毡及模板。

② 平整度控制:采用在钢楼承板上每根次梁上方沿次梁方向每隔2.7 m焊接U形卡槽,卡槽内沿次梁方向放置2 cm×4 cm截面方钢,方钢与卡槽采用钢丝绑扎牢固,确保可刮平表面。

③ 钢纤维控制:搅拌时投入联排状钢纤维丝,在投放钢纤维时,分散布料以确保

钢纤维在混凝土中散布均匀。地坪上冒头钢纤维在收光刮平时直接拔除,拔除后需抹平地坪表面。

④ 成品控制:做好保水抗冻养护,表面铺设塑料薄膜+软垫+木模板,确保地坪未达到强度时不受外力破坏。

图 21-2　覆盖保护

（2）钢结构吊装及施工

本工程为钢结构,钢柱采用箱型钢柱,钢梁为H型钢,屋面为钢桁架,楼板采用桁架式楼承板现浇混凝土楼板。本工程钢结构总量约为6 200 t,压型钢板面积约35 000 m²,整体吊装工作量大,焊接工作量大。

采用4台75 t履带吊及两台25 t汽车吊进行钢结构吊装。

结构没有伸缩缝,累积误差难以消除,设置2个预留误差消除区,最后安装。

楼承板打包后,采用吊车吊到安装楼面再进行水平运输,在板变厚区域外围直接增设两个相同板比梁高差的钢板折件来调整。

现场构件验收主要是焊缝质量、构件外观和尺寸检查,现场需配备足够的检测仪器、检测人员,保证检测一次性通过。

梁柱长度方向累积误差会造成误差积累,采用预留法和反变形法控制变形误差。

（3）屋面防水工程

本工程大部屋面为钢结构,局部为混凝土屋面,均对防水要求较高。本项目为柔性屋面,由于钢结构构造特点,屋面整体呈波浪起伏形,需在凹陷处设置虹吸雨水漏斗,设置时会破坏原铺好的防水卷材,造成一定的漏水隐患。在卷材铺设完成后,在其上方还需布设避雷网及其他机电设备,将可能破坏屋面防水。

主要解决方案:

① 由专业厂家进行虹吸雨水系统布设。

② 在屋面上设置马道,避免后期材料运输及人员上下与卷材直接接触,减少损坏。

③ 机电设备采用成品抗震支架架空在楼面上,支架支座直接放置于卷材面上,无须卷材上翻,减少漏水隐患。

④ 避雷网也采用易拆卸成品避雷网支座及不锈钢夹件,施工方便效率高,便于更换,精致美观,不破坏防水层。

⑤ 在屋面进行焊接作业时,做好保护措施,下方垫防火毯,设置接焊渣桶,禁止焊渣掉落于屋面。

图 21-3　结构吊装　　图 21-4　易拆卸成品避雷网　　图 21-5　成品抗震支架

2. 技术创新及应用

（1）BIM技术

本工程机电安装采用BIM深化设计，从预留预埋、机电综合等阶段进行深度运用。管线设备合理布局、管道支吊架、设备优化选型，降低了机电管线设备使用空间。解决碰撞点约1 328处，减少返工及材料浪费，节约成本。

图21-6　BIM技术

（2）卸货区坡道采用融冰系统，预埋于坡道面层下面，可避免雨雪天气坡道结冰，安全可靠，确保商场的供货。

图21-7　融冰控制柜

（3）屋面采用成品避雷网支座及不锈钢夹件，施工方便效率高，便于更换，精致美观。模块化设计的支撑系统适用于平屋面或坡度较小的斜屋面；支座以再生木质塑料复合材料（WPC）制成，抗腐蚀、抗老化；不破坏屋面防水，可移动，方便后期维护，可二次利用；美观，整洁，节约成本。

 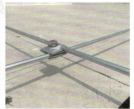

图21-8　屋面避雷网　　图21-9　避雷夹

3. "四节一环保"应用及建筑节能技术

（1）从设计到施工的各个环节都遵循了"四节一环保"的要求，设计中积极提倡绿色低碳设计理念，采用太阳能热水、屋面空气监测系统、雨水回收等多项新型节能、保温技术，有效降低了建筑能耗。

（2）施工中积极推行绿色施工技术，设置定型化工具围栏、节能节水设备、裸土绿化等措施。

图21-10　太阳能集水　　图21-11　太阳能集热

 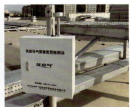

图21-12　雨水回收处理　图21-13　屋顶空气检测系统

4. 工程质量情况

（1）工程质量目标

工程开工之初，明确誓夺"华东六省一市杯"的质量目标。

(2) 地基与基础工程

本工程基础采用灌注桩基础，基桩直径为 700、600 mm，桩端持力层 11 号粉质黏土层，单轴抗压强度标准值为 1 200 kPa，共 854 根。Ⅰ类桩占 94.4%，Ⅱ类桩占 5.6%，无Ⅲ、Ⅳ类桩。

本工程建筑设置 78 个沉降观测点，最后 100 天沉降速率为 0.003 mm/d，沉降处于稳定阶段。

(3) 主体结构工程

工程结构安全可靠；混凝土结构内坚外美，达到清水混凝土效果，柱、梁棱角采用倒角，构件尺寸准确，表面平整清洁，垂直、平整度均控制在 4 mm 以内。

图 21-14　主体结构和墙体砌筑

砼强度试块标养 86 组，同养 97 组，抗渗试块 7 组；钢筋总用量 1 770.313 t，钢筋原材料进场检测 46 组，直螺纹机械连接检测 15 组，全部合格，结构实体检测合格。

钢结构总用钢量 6 000 t，1 092 件钢构件，现场安装一次成优。2 327 条一级焊缝（10 843 m 二级焊缝）饱满，波纹顺直，过渡平整，焊缝超声波检测合格。131 285 颗高强螺栓，扭矩检测满足规范要求。

图 21-15　楼面钢筋绑扎和混凝土浇筑绑扎

(4) 建筑装饰装修工程

① 外装饰

采用宜家特色夹芯岩棉三明治钢板蓝板及防火铝塑复合板黄板，玻璃幕墙面积约 500 m²，蓝板及黄板面积约 8 200 m²，安装精确，节点牢固，幕墙"四性"检测符合规范及设计要求。

图 21-16　蓝板　　　图 21-17　黄板

② 内装饰

25 000 m² 增强纤维水泥板墙、艾特板墙等面层装饰，表面垂直平整，阴阳角方正，接缝顺直。

图 21-18　纤维水泥板防火隔断　　图 21-19　办公区艾特板墙面

硬化地面、自流平地面、PVC 卷材等平整光洁、纹理顺畅，收边考究。

图 21-20　PVC 卷材地面　　图 21-21　水泥自流平地面

(5) 设备安装工程

① 电气部分

母线、桥架安装横平竖直；防雷接地规范可靠，电阻测试符合设计及规范要求；配电箱、柜接线正确、线路绑扎整齐；灯具运行正常，开关、插座使用安全。

② 给排水部分

管道排列整齐，支架设置合理，安装牢固，标识清晰。给排水管道安装试验一

图21-22　桥架　　图21-23　配电柜　　图21-27　消防管道　　图21-28　消防泵房

合格,主机房设备布置合理,水泵整齐,安装规范。

③通风空调部分

支吊架及风管制作工艺统一,风管连接紧密可靠,风阀及消声部件设置规范,各类设备安装牢固、减振稳定可靠,运行平稳。

图21-29　消防泵房

图21-24　冷冻机房　　图21-25　排烟风管

（6）智能化工程

智能化子系统多重安全方案,高效数据管理,设备安装整齐,维护和管理便捷,布线、跳线连接稳固,线缆标号清晰,编写正确;系统测试合格,运行良好。

（8）电梯工程

本工程共设置12台直梯,3台扶梯,运行平稳、安全可靠。

（9）工程资料

工程资料编目清晰,查找方便,装订整齐,覆盖全面,所有资料准确、有效、真实,具有可追溯性。

5. 质量特色

（1）楼地面地坪光洁平整,无裂缝,涂料墙面顶棚阴阳角方正、平直。

图21-26　弱电机房布线

图21-30　商场自流平地坪　　图21-31　商场钢纤维地坪

（7）屋面工程

屋面防水等级为Ⅰ级,钢屋面防水层采用1.5 mm厚PVC防水卷材,局部混凝土屋面采用1.5 mm厚PVC防水卷材+2 mm厚聚氨酯防水涂料;防水工程完工后经闭水试验,使用至今无渗漏。

（2）外墙采用宜家特有黄板、蓝板,极具产品辨识度,拼缝整齐严密。

主要解决方案:

①龙骨定位:定位线全部放出后再使用水准仪或水平管尺复核图纸上同一标高的连接件是否在同一标高线上,如有偏差,

应该重新放线,直到准确无误,水准仪需要检测合格方可使用。

② 连接件质量保证:连接件的施工标准按照节点要求及图纸尺寸焊接,为了保证连接件焊接质量,焊接前一定要校合连接件的定位线,确认无误后开始焊接连接件。

③ 泛水收边安装:在墙面板的底端头和横向接缝处都有收边包角,收边板安装需重点考虑防水搭接,同时要做到美观、大方。

④ 防火封堵安装:防火层的位置在每层楼板结构边缘与墙板之间,是采用1.5 mm厚镀锌钢板为罩板,内置防火棉,置于楼层结构与墙板之间形成封堵。

图21-32 蓝板　　图21-33 黄板

(3)大面积钢结构PVC卷材屋面,铺贴平整,耐久环保,出屋面风管采用PVC卷材防护,防水性能更优。

PVC卷材的搭接缝采用热风焊接方式,接缝处的材质同母材,即通过焊接连接的防水卷材可等同于无接头的整块材料。材料长边搭接宽度:手工焊接为3 cm(自动焊接机焊接时为3 cm)。

细部处理、大面积卷材是屋面工程防水的重点,应一体化施工。大面卷材铺设完毕后必须立即进入细部收口处理,以防止水或灰尘等沿接缝渗入,破坏防水效果。

PVC卷材优点:良好屋面热工性能,最大限度地满足节能需要;细部处理容易,适应性强,维修方便;耐久性好,抗老化能力强;结构自重轻,抗渗性能好。

图21-34 PVC防水卷材屋面

(4)本工程墙体要求为清水墙,构造柱按芯柱方式设置,芯柱竖筋应贯通墙身与圈梁连接,芯柱及过梁钢筋采用C20。卸货区清水混凝土美观,梁柱节点尺寸精准,梁柱棱角采用倒角处理。

 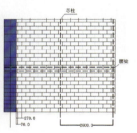

图21-35 舒布洛克砖墙　　图21-36 墙体构造

图21-37 清水梁板　　图21-38 清水柱

6. 质量亮点

(1)玻璃幕墙节点安装牢固,玻璃间胶缝饱满顺直。

图21-39 玻璃幕墙　图21-40 幕墙胶缝

(2)机电系统,二次优化设计;管道立体分层,错落有序,保温严密。

图21-41　机电设备管道　　图21-42　空调管道保温

(3)穿墙管道封堵密实。设备安装布局合理、整齐统一。

图21-43　穿墙封堵

(4)设备管道铝壳保护,精致美观。

图21-44　铝壳保护

(5)卫生间墙地对缝,洁具居中布置、排水畅通,墙角设置防撞条。

图21-45　墙地对缝　　图21-46　墙角不锈钢
　　　　　　　　　　　　　　　　及PVC线条包边

(6)屋面各类设备采用成品抗震支架,安装方便,便于更换,造型美观。

(7)屋顶避雷设置于女儿墙侧,压顶三层式折边,保证防水效果。

图21-47　成品抗震支架　　图21-48　避雷带

(8)室内外钢梯踏步高度一致,扶手节点安装牢固,美观精致。

图21-49　楼梯

(9)宜家商场内各类照明灯具根据场地区域使用功能不同而进行搭配组合,色调偏暖色系,在保证照明度的同时给顾客以家的感觉。

图21-50　商场内各式灯具

(10)防火门套安装牢固,门套边收口平整。闭门器等配件,牢固美观。

图21-51　防火门套牢固收口

三、综合效果及获奖情况

1. 质量效果

工程获2017—2018年度建设工程金属结构"金钢奖"、2017年度济南市建筑工程优质结构、2018年度"华东六省一市杯"。

2017年山东省建筑业优秀QC小组成果。

2017年度江苏省工程建设优秀质量管理小组活动成功三等奖。

2. 技术效果

2016年度省优秀论文二等奖。

3. 绿色建筑

二星级绿色建筑。

4. 环境、安全、节能效果

工程获"2017年度济南市建筑施工安全文明标准化示范工地"。

5. 社会和经济效果

工程交付使用至今,结构安全可靠,系统运行良好,工程质量与使用功能得到业主和社会各界的一致好评,业主单位"非常满意"。

该工程践行"精、细、严、实、突"的管理思路,使工程各项管理均达到很高的水准,工程质量始终处于行业领先水平,同时经济效益显著。

济南宜家家居商场的建成,为大众提供经济实惠的家居用品,提高了居民的生活质量水平,取得了良好的经济与社会效益。

四、经验总结

通过济南宜家家居商场工程的施工管理实践,我们深深体会到:工程创优,贵在精益求精,我们只有追求不断创新,持续改进技术和苛刻内控,才能建造出更多与时俱进的精品工程。

通过推行管理标准化和系统化,实现管理流程制度化;在工程质量的管理中,要求项目管理人员知道:有标准可循和标准要求、如何达到标准、结果是否符合标准、如何按标准持续改进;通过技术交底和现场指导使操作工人知道:操作程序、操作要点、成型标准。以此达到使用普通材料、普通装饰设计,通过精心组织、精心施工也能创出精品工程。

打造时代精品,铸就百年基业,品质为先是中亿丰永无止境的追求,借济南宜家工程为依托,我们将向社会奉献更多的优质精品工程!

(王海鸥 王春晖 王 磊)

22 苏州同程网研发办公楼项目
——中亿丰建设集团股份有限公司

一、工程简介

1. 工程基本信息

同程网研发办公楼项目工程由同程网络科技股份有限公司投资兴建，工程位于苏州园区星湖街东，裕新路北。

本工程为框架剪力墙结构，层数为18层，最高建筑高度78 m，室内外高差0.3 m。总建筑面积65 828.35 m²，地下室层高5.3 m，首层层高6.3 m，标准层层高4.2 m，工程总造价约3.5亿元。

工程于2014年5月开工建设，2014年11月通过基础验收，2015年2月通过主体验收，2016年4月通过竣工验收。

图22-1 同程网研发办公楼

同程网络科技股份有限公司是国内一流的旅游电子商务公司。其总部大楼作为展示企业形象的文化性地标建筑，肩负着重要作用。该大楼秉承"包容与开放彰显企业精神"的设计理念，将其定制成为同程网专属的典范之作。打造企业对外宣传的名片，体现同程网的独特内涵。

以同程网旅游电商的企业特性为出发点，充分发挥"让工作成为一场旅行"这一设计思路，打造"在旅行中工作"的概念。以世界七大洲的景致为基础抽象简化，定义不同楼层的空间氛围。同时融入各地区的人文景观，把单调的办公空间打造成为各具特色的旅游目的地，让员工以游客的心态畅游其间学习工作；把同程网总部大楼打造成为同程人自己的景点，让员工在平凡的工作中欣赏不平凡的风景。

以"一起游天下"为主题展开思路，充分结合建筑的造型元素与网络科技的概念，以旅行途中所搭载的飞机、动车、游轮的流线设计元素为画笔，勾勒空间轮廓。从空间构架、参观流线、功能实施、氛围营造等不同角度共同诠释同程网的企业特质和"一起游天下"的主题。

我们怀着对同程网企业文化与精神的热爱和尊崇，精心构思、努力创新，以勇攀高峰之志，精雕细作，定将其打造成为国内首屈一指的精品空间。让我们在未来的旅程中相伴，追求梦想，一路同程。

2. 项目建设的意义

同程网研发大楼项目是同程网新总部所在地，位于苏州工业园区星湖街与裕新路交汇处，该地段是正在快速崛起的园区月亮湾商圈的核心，作为同程网新十年规划的重要组成部分，研发大楼的建成标志着同程网新的十年扎根园区、立足移动互联网、冲击国内休闲旅游市场的长远规划的开始。同程网今后将为园区和苏州的产业转型升级做出更大的贡献。

3. 工程参建单位

表22-1　各责任方主体

建设单位	同程网络科技股份有限公司
设计单位	中衡设计集团股份有限公司
监理单位	苏州建筑工程监理有限公司
施工单位	中亿丰建设集团股份有限公司（总包）
	苏州金螳螂建筑装饰股份有限公司（参建）
	苏州朗捷通智能科技有限公司（参建）

二、明确精品工程目标，完善质量保证体系

工程开工伊始，我们就确定了确保"扬子杯"的精品工程质量目标。为确保创精品工程目标的实现，我公司首先建立并完善项目管理技术、质量保证体系，挑选优秀的管理人员组成项目经理部。

项目经理部全体人员以严谨的工作态度，精心组织施工，按设计文件和现行的标准、规范来约束自己的施工行为，认真贯彻执行公司颁布的《质量手册》和《程序文件》等质保体系内控制度。在工程的整个施工过程中，对"人、机、法、料、环"等五大质量因素进行全方位的质量管理及控制。同时，严把工程材料质量关，材料采购有质保书、合格证、出厂检测报告，在进场后会同现场监理人员随机见证取样，检验合格后的材料方可用于工程中。并进一步的严把工程质量关，实行过程"三检"制，即班组自检、互检、交接检，在此基础上，再由项目部质量科检查、分公司抽查等，形成一个完整的质量检查体系。在各种检查中实行"质量否决制"，在分项、分部工程施工前对施工班组进行技术交底，在工程隐蔽前，由监理人员检查验收合格后才进行隐蔽；确保整个工程的质量都能够达到精品要求。

三、工程重点及难点分析及对策

1. 大厅个性化吊顶

大厅GRG及软膜灯槽为不规则弧度造型，曲面多、工程量大；要保证这个大厅顶部线条顺畅，过渡自然难度较大。

对策：项目部首先对节点进行深化，拿出节点详图，标明基层材料做法及圆弧尺寸。施工过程中设计师亲临现场进行技术指导，现场持续改进与优化。材料基层完成后，由GRG及软膜供应商将现场模板带回工厂定制加工，完成后进行现场成品

图22-2　大厅GRG及软膜灯槽

安装,确保了观感效果良好。

2. 电梯厅弧形玻璃安装

电梯厅设S形烤漆玻璃,中间暗藏电梯指示灯,安装及后期维修方式复杂。

对策:项目部预先进行深化设计,根据师徒进行1∶1样板制作,确认满足设计要求后再进行现场施工。现场弧形木板基层完成后,由烤漆玻璃供应商现场取模并返厂制作加工,由于下端暗藏电梯指示灯,弧形玻璃必须在指示灯处上下分段成型,现场安装成型效果较好。

3. 报告厅铝方通安装

100 mm×60 mm铝方通贯通整个顶面至墙面,长度达到21.0 m,阴角为弧形,收口难度较大,且中间存在接缝,容易拼接弯曲影响整体吊顶效果。

对策:根据现有施工图纸结合专业厂商,弧形阴角采用套管安装,根据深化的节点详图,现场组织样板制作,经业主及设计院确认后按照样板进行施工,检验吊顶基层的平整度、"三检"合格后放线,严格控制施工精度,确保放线偏差在2 mm以内,铝方通接缝处不允许存在高低差,每个方通均通过2.0 m靠尺检验,合格率为100%。

4. 施工平面布置及交通组织

本工程现场施工场地布置需要考虑的因素较多。考虑到本工程基础为一层地下室,基坑开挖深度较深,周期长;整个基坑区域占地面积大,地下室基本全部占至红线,现场主要施工场地只能利用后开的场地临时进行布置;为此我司将充分考虑各方面的影响,未雨绸缪,提早规划,做好各项应对措施,保证本工程顺利平稳施工。

对策:合理进行各阶段平面布置,在基坑分区开挖施工的同时利用后开的场地临时进行布置,作为主要加工场地和材料临时堆放点。地上结构及装饰装修施工阶段,我们将部分加工堆码场地转移至地库顶板,以达到平面布置最优、二次转运最少的目的。

5. 机电安装管线碰撞

工程机电安装部分系统齐全、材料设备种类繁多,各种管线纵横交错,支架规格门类较多、工艺复杂。

对策:为实现设计和施工的衔接与吻合,项目部利用BIM管线综合布置与平衡技术,完善节点设计和施工图详图设计,解决了管线设备的标高、位置所存在的实际问题。在进行各类管线综合时,大量运用综合吊支架应用,较好地解决了吊支架碰撞问题,并为今后的运行维修、管理和二次施工提供了便捷,保证了施工中各系统安装布局合理、整齐美观、检修方便,避免了各系统衔接不当、交叉碰撞的情况发生。

图22-3 BIM管线综合布置与平衡技术

图22-4 BIM管线综合布置与平衡技术

图 22-5　消防机房

四、工程建设管理

1. 有组织地进行目标策划与管理

（1）确定"扬子杯"优质工程的质量奖目标。目标管理是整个创优活动的开端，根据工程整体质量目标、工期目标、业主的要求和安全文明施工目标，结合工程具体情况和特点，确定工程各阶段目标，还应将工程质量目标层层分解落实到各分项、分部工程。目标确定要有科学性和可行性，目标一旦确定，就要强调严肃性，对业主、对社会的承诺，要不折不扣地兑现。

（2）建立完善的项目管理体系。企业要选聘精干的项目部经理，由组织能力强、有责任感、技术水平过硬的管理人员组成能打硬仗的项目管理班子。对每个部门、岗位的设置要科学合理，职责分明，人员选配要有创优经验。项目部应建立完善的质量岗位责任制，形成一个由项目经理为主要责任人，项目工程师（技术员）现场监控，以及各分包队伍严格实施的网络化的项目组织体系。

（3）建立项目质量管理程序。建设企业应建立一整套规范的项目质量管理程序，自工程开工、施工过程质量管理预控关，到工程竣工验收，再到用户回访与维修，工程创优，形成一整套统一、完整、系统的实施程序。

2. 建立运行质量保证体系和各项工程质量管理规章制度，促进施工质量管理规范化、标准化

为了有章可循地进行质量管理，很好地利用ISO9000族标准来进行质量管理是现代建筑企业的基本要求。ISO9000族标准，它强调要素管理，突出了《质量手册》这一纲领性文件和程序文件及业务证书的质量保证体系作用。项目经理要严格按质量手册和程序文件要求，做好质量控制。建立"质量奖罚条例""质量分析制度""质量检查制度""用户回访制度""全面实行优质优价和分项工程质量控制的规定""消灭质量通病措施"等质量管理规章制度，把功夫下在落实上，追求实际效果。项目经理部建立一整套质量控制规章制度，旨在严密对人的控制，通过提高人的工作质量来提高工程实体质量。对施工材料的控制，主要是严格施工原材料、预制构件等质量检查；对施工机具的控制，就是正确选择、使用、管理和保养好机械设备；对方法的控制，是指施工方案、施工工艺、施工技术等；对环境的控制，主要是对工程地质、水文、气象等的了解和掌握。

3. 强化培训、优选施工人员是奠定质量控制的人才基础

工程质量是所有参加工程项目施工的技术管理干部、操作人员、服务人员协同工作的结果，所以施工人员是保证工程质量的主要因素。要控制施工质量，首先是培训和优选施工人员，提高他们的综合素质。

首先应提高他们的质量意识。按照全面质量管理的观念，施工人员必须树立五大观念：质量第一的观念、预控为主的观念、为用户服务的观念、用数据说话的观念以及社会效益与企业效益并重的综合效益观念。

其次是施工人员的技术素质。管理干部、技术人员都应具有较强的进行质量规划和目标管理的能力，组织施工和进行技术指导的能力，以及识别质量和检查质量的能力。生产人员则应当具有精湛的技术技能，一丝不苟的工作作风，严格执行质量标准和操作规程的法制观念。服务人员则应做好技术和生活服务，能以出色的服务间接地保证工程质量。

4. 严格监管建材、建筑构配件和设备质量是保工程建设质量的物质基础

《中华人民共和国建筑法》明确指出："用于建筑工程的材料、构配件、设备……都必须符合设计要求和产品质量标准。"因此要保证工程优质，那么凡承建的工程必须把好"四关"，即采购关、检测关、运输保险关和使用关。当前在物资供应处于买方市场的环境下，各种销售名目繁多，有"回扣销售""有奖销售""送货上门销售"等，对采购人员来说是极大的诱惑。因此在建筑材料选择方面我们尤其要把好采购关。

（1）首先要优选采购人员，并提高他们的政治素质和材料质量鉴别水平。采购人员应挑选那些诚实守信，事业心强，并具有一定专业知识的人来担任。

（2）掌握信息，优选送货厂家。广泛调查，全面掌握质量、价格、供货能力等信息，选择国家认证许可证、有一定技术和资金保证的供货商或厂家；去自由市场采购，则应选购有产品合格证、有厂址下落、有社会信誉的产品。这样既可控制材料质量，又可降低材料成本。针对建材市场产品良莠混杂情况，还要对建材、构配件和设备实行施工全过程的质量监控。施工项目所有主材要严格按设计要求选材，要有符合规范要求的质保书，对进场材料除按规定进行必要的检测外，对质保书项目不全的产品，应进行分析、检测、鉴定。凡不符合要求的设备和材料决不得使用，凡发现有材料质量问题应追踪到底。为了把好材料关，要严格执行建材检测的见证取样送检制度，以确保检测报告的真实性。

5. 充分发挥质量检人员质量检查控制作用

按照"防检结合，预防为主"的原则积极推行"讲、帮、防、卡"的科学检查方法，与施工人员一道，共同对业主，对下道施工工序负责。质检人员、用户、施工人员要建立新型的合作关系，质量检查人员和施工现场作业人员目标是一致的，都是向用户提供高质量、令用户满意的建筑产品。但据笔者所知，在工程施工进度与质量发生矛盾的时候，质量管理说起来重要，但施工生产忙起来，为抢工程进度就放松质量管理的倾向却时有发生。这导致了工程质量检查方与被检查方之间产生矛盾。要充分发挥工程质量检查人员的积极性，就要树立质量检查人员的权威性，这是十分必要和重要的。

6. 开展QC小组攻关活动，实施质量否决权

在全面施工质量控制之下，对施工项目质量重点部位，建立质量管理点，开展QC小组攻关活动，这对提高施工项目实体质量事关重要。项目经理部要制定"QC小组管理制度"，从项目质量控制实际出发，注意类型的多样性，建立以班组为基础，以工人为主体的"现场型"活动。针对某些质量通病组织起来的由技术人员参加的"攻关型"活动，以改善管理为主，由管理人员组成的"管理型"活动等，开展QC小组活动。实践证明，这对提高施工项目的工程质量起到了重要作用。推行项目质量承包，实施质量否决权，用签订责任状的形式，把质量指标一次包死，把质量指标作为否决指标。这涉及项目经理部每位职工的切身利益，有利于增强对施工项目质量的关切度。

五、工程建设亮点

图22-9　电梯厅整洁美观

图22-6　门厅电子屏幕简洁大方

图22-10　地下室耐磨地面平整光滑、停车与通道分色清晰美观

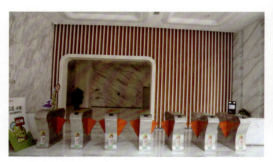

图22-7　室内装饰墙面富有活力特色

图22-11　配电间机电设备安装整齐、规范，标志标识清晰

图22-8　室内装饰墙面、吊顶弧度优美，美观大气

图22-12　消防泵房设备及管线布置合理，支、吊架安装美观实用

六、单位工程质量评定

本工程共十个分部工程,各个分部工程质量均合格,单位工程安全和功能性检验及观感质量符合要求,单位工程质量综合评定为合格。

七、获得的荣誉

本工程顺利通过规划、消防等专项验收,在各方努力下工程荣获:

(1)2014年度江苏省建筑施工标准化文明示范工地;

(2)2016年度省城乡建设系统优秀勘察设计奖;

(3)2017年度苏州市"姑苏杯"优质工程奖;

(4)2018年度江苏省"扬子杯"优质工程奖。

同时获得建设单位高度赞誉及上级建设行政主管部门的一致好评。

八、结束语

百年大计,质量为本,房屋建筑工程的质量关系到人们日常生活和生命、财产安全。因此,在工程施工管理中,质量管理是工程实施的关键和核心,只有做好房屋建筑工程施工质量策划和房屋建筑工程施工质量过程控制,才能造出更多的优质工程。

经过两年的不懈努力,在全体员工的奋力拼搏下,圆满完成了同程网研发办公楼的建设工作,确保了工程顺利投入使用,得到了建设单位好评,也获得了各建设主管部门的肯定。我们中亿丰人将继续努力、奋勇向前,为苏州的城市建设和企业的发展壮大做出更大的贡献。

(匡怡菁 王 震 黄俊杰)

23　苏州工业园区设计院办公大楼工程
——中亿丰建设集团股份有限公司

一、工程概况

工程位于苏州工业园区独墅湖高教区，星湖街西、文景路南，地处苏州工业园区城市副中心月亮湾CBD区域，是集办公、商业于一体的大型综合体。

工程总建筑面积约74 897.96万 m^2，地下3层，地上21层（裙房6层），建筑高度99.4 m，地下3层至地下2层为人防车库及设备用房等，地下1层至地上3层为员工食堂及配套商业，4层以上主要为办公场所。

工程于2012年9月24日开工，2016年7月2日竣工。工程开工伊始就明确"鲁班奖"的质量目标。

图23-1　苏州工业园区设计院办公大楼工程全景

二、工程参建单位

表23-1　各责任方主体

建设单位	中衡设计集团股份有限公司
设计单位	中衡设计集团股份有限公司

续表

监理单位	中衡设计集团工程咨询有限公司
施工单位	中亿丰建设集团股份有限公司（总包）
	苏州金螳螂建筑装饰股份有限公司（参建）
	苏州合展设计营造有限公司（参建）
	苏州金螳螂幕墙有限公司（参建）
	苏州朗捷通智能科技有限公司（参建）

三、工程重点、难点

1. 超薄地下室楼板原浆抹面施工技术

本工程地下室单层面积约1.16万 m^2，楼板厚度仅90 mm，保护层厚度仅为1.5 cm，采用原浆抹面，后期装修直接施工环氧面层，不再设置找平层。该工艺对于振捣速度控制、裂缝的控制、地坪标高及表面平整度控制要求极高，是本工程的施工难点之一。

施工过程中我们采取以下措施：

（1）采用预埋钢筋头的方式控制标高。在楼板中每隔1～1.5 m预埋一个钢筋头与楼板钢筋焊接牢固，钢筋头的高度设置在完成面下0.5 cm左右的位置。确保最后完成面标高及平整度符合设计要求。

（2）混凝土浇筑过程中采用振捣器进行振捣，振捣速度控制在1.5 m/min以内。楼板砼浇筑振捣完后1～2 h后，对楼面标高进行复测，最后进行收光。

（3）支撑排架设计充分考虑各种施工荷载及施工机械的影响。

（4）配置足够的劳动力，确保在终凝前规定时间内施工完成大面积楼面一次原浆抹面。

通过对楼板标高的控制、限载、劳动力配备等措施，最终地下室楼板成型效果较好，满足设计及规范要求。

图23-2　地下室地坪

2. 钢筋桁架式螺旋楼梯技术

本工程四至六层的共享空间里设置贯通四、五、六层的螺旋楼梯。由于钢筋混凝土构件自重大、刚度小，且楼梯底部支撑的四层楼面，中间挂的五层T形天桥板，顶部支撑六层T形天桥（屋面）板上这些部位竖向刚度都比较小，如何保证楼层结构及楼梯的稳定性是本工程的难点。

经过结构设计优化最终采用钢筋桁架式的混凝土螺旋楼梯。在楼梯上沿纵向设置纵向桁架，沿横向设置横向桁架，加大整个楼梯自身的刚度。在施工过程中严格按

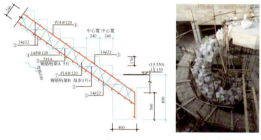

图23-3　混凝土旋转楼梯施工

设计方案施工，施工完成后对楼梯进行加载试验，确保满足设计使用要求。

图23-4　混凝土旋转楼梯完成

3. 钢结构门厅施工技术

一楼门厅由钢管混凝土柱及钢桁架、主次钢梁组成，整个门厅高16.4 m，长49.8 m，宽16.8 m。两侧悬挑端部采用多层钢桁架形式，悬挑最大长度10.2 m。悬挑段桁架组拼及吊装是本工程的难点。

整个悬挑钢桁架先进行工厂预拼装，精度无误后运输至现场。现场组装时仔细核对编号、顺序、杆件方向等，根据上下弦杆先定位、腹杆后定位的原则进行组拼。并在地面放好钢板凳后进行超平，确保每段桁架的钢管中心在同一标高。整个悬挑段在地面上拼装完成后用吊车吊装与钢柱对接。在吊装过程中，对钢梁及桁架进行索具固定，吊装到位后进行安装，安装时在悬挑桁架端头设置临时支撑。安装完成后，对临时支撑进行统一卸载，临时支撑卸载时，需要及时观测桁架端部的变形情况，确保施工安全。

图23-5　钢桁架拼装

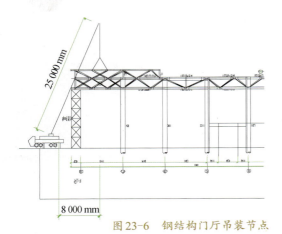

图23-6 钢结构门厅吊装节点

4. 预应力空中平台施工技术

大楼门厅二层空中平台采用预应力钢拉杆悬吊平台,平台跨度24.14 m,中间设置4个吊点,每侧两个,单个吊点设置两根ϕ40的平行拉杆。主要受力结构为预应力钢拉杆,拉杆的安装及张拉是本项目的技术难点。

根据本工程的特点,钢拉杆在结构两端支座焊接完成后,安装钢拉杆。并在连廊结构杆件安装完成及连廊底面压型钢板铺设完成,混凝土浇筑之前,对钢拉杆施加预应力。

采用拉杆张拉法,每个张拉点采用两台千斤顶并联,另配置工装、张拉螺杆、油泵系统等。

鉴于单根拉杆最大施工张拉力约为100 kN,因此选用YDC240QX型千斤顶进行张拉(一个张拉点的两台千斤顶的张拉力能达到480 kN)。

钢拉杆张拉控制采用双控原则:控制结构内力和变形,其中以控制张拉点内力为主。

拉杆的张拉分成3个阶段,第一阶段0~50%张拉力;第二阶段50%~90%张拉力;第三阶段90%~100%张拉力。同一阶段,单点的4根钢拉杆同时张拉;4个点的钢拉杆流水进行。同一个张拉点,有2根拉杆同时张拉。采用迈达斯(MADIS)模拟张拉过程,进行施工全过程力学分析,预控在先,确保平台安装牢固。

5. 超低层高机电管道安装技术

工程为减少开挖深度,节省造价,地下汽车库层高控制在2.7 m,设备专业如何满足该要求是个难题。

我们通过以下方式来解决管道安装问题:

(1)通过合理排布管道,尽量避免交叉,管道均穿梁布置。

(2)地下三层喷淋采用支状管网全部穿梁设置。喷淋管不低于梁底,主管管径DN150,穿梁处梁局部加高。

图23-7 钢结构悬挑门厅

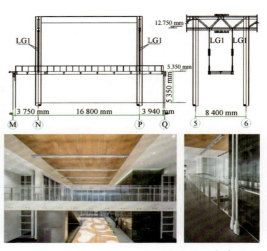

图23-8 空中平台

（3）地下二层无梁楼盖处局部喷淋采用环状管网，减小环状喷淋主管管径和支管管径，主管靠外墙敷设，支管贴顶板敷设。

图23-9　管线穿梁布置

6. 玻璃栏杆灯箱施工技术

本工程裙楼商场中空部位设置玻璃栏杆灯箱，原设计采用钢架基层加1 cm厚分色钢化烤漆玻璃饰面，内部暗藏灯管。经过试验我们发现钢化烤漆玻璃在灯光的照射下烤漆部位会出现不明显的条纹且钢化烤漆玻璃一般作为墙面饰面无法达到设计效果。

经过对其他材料进行试验，并经过业主同意，现场选用6 mm×6 mm超白烤漆夹灯箱膜、夹胶分色玻璃，在灯箱位置加一层硅酸钙板（表面披白）作为封底，并对灯箱栏杆玻璃图纸进行深化。按照深化图纸进行放线定位、钢板焊接、预埋、涂抹防锈漆、安装硅酸钙板饰面、灯管安装、栏杆扶手焊接、玻璃驳接件焊接、玻璃安装、玻璃缝打胶等工序，最终达到设计要求效果。

7. 顶板LED穿孔灯施工技术

根据设计理念，裙房有3处顶板区域设置LED穿孔灯，灯排布参考北斗七星规则布置。原土建顶面距离顶棚完成面距离为1.7 m，顶面需先安装钢架转换层。

按区域划分为A、B、C三个区域，然后进行布点深化。其中，A区域划分为7块；B区域划分7块；C区域划分为12块。每块LED穿孔灯均为12个一组。根据布点深化图进行现场钢架转换层、龙骨、石膏板及LED穿孔灯的安装，最终达到星光点点的效果。

图23-11　LED穿孔灯

8. 地源热泵系统安装技术

在本工程中，地源热泵系统的地耦换热器深埋在建筑物底板下方，打井深度约超过120 m，在施工过程中，地耦换热器的管道的敷设、成品保护和井位的探测是本工程的技术难点。

在开挖后，基础承台施工前，根据设计井位优先打井铺设地埋管，每口井都设置一种电子探测系统，回填后可以根据探测器的信号反馈，来确定每口井的位置，在二次开挖时，避免了地埋管被开挖设备损坏，节约了成本，提高了工作效率。

图23-10　玻璃栏杆灯箱

图 23-12 地源热泵

四、工程创优管理

（1）我公司开展以"建设质量强企"为主线的"质量月"活动。

（2）把创新作为企业核心价值观的重要内容，在企业内建立了创新工作机制和激励机制，明确创新重点方向和创新成果申报流程，并通过信息宣传、经验推广、年度评优颁奖等措施，增强企业各层面创新意识。通过持续导入卓越绩效管理模式、开展质量管理小组创新活动等，为企业营造持续改进、积极创新的环境。同时公司结合企业实际情况，每年确定科技进步考核项目，并大力推行住建部10项新技术的应用，不断提高企业自身的技术水平和能力。

（3）通过绿色施工逐步实行建筑领域的资源节约和节能减排，结合本公司企业视觉形象识别系统，通过科学管理和技术进步，最大限度地节约资源并减少对环境的负面影响，实现"四节一环保"。

（4）贯彻样板领路的思想，每个分项工程在开始大面积操作前项目部均做出示范样板，统一操作要求，明确质量目标，实现可视化管理。

（5）施工中，项目部对每个施工段都有明确的质量负责人，对该段施工负质量责任，以提高操作人员的责任心。加强施工过程的监控和抽查，从材料使用、半成品加工、操作工艺、成品质量、成品防护等方面进行全方位监控。未经检查合格，不得进行下道工序施工。技术、质检人员技术复核、过程监控，不等整段施工完成后再统一检查，及时发现问题及时整改。

（6）苏州工业园区设计院办公大楼工程在开工之初就确定创"鲁班奖"目标，通过创优策划、创优交底将目标分解落实到基层，以过程控制、召开阶段分析会的方式贯彻执行，达到一次成优。

五、新技术应用

本工程采用建筑业10项新技术中的8大项、14小项及江苏省10项新技术中的3大项、7小项。工程通过了江苏省新技术应用示范工程验收。

六、工程质量情况

1. 地基与基础工程

桩基设计采用预制混凝土桩，其中预制混凝土管桩总桩数190根，直径500 mm，桩长为24～30 m。预制方桩总桩数为1 093根，边长为400 mm，桩长为15.5 m。

预制混凝土管桩低应变检测Ⅰ类桩56根，占总检测数的96.6%；无Ⅲ、Ⅳ类桩

预制混凝土方桩低应变检测Ⅰ类桩314根，占总检测数的95.2%；无Ⅲ、Ⅳ类桩。

地下室防水等级二级，地下室配电间、配套用房、办公区（种植屋面）防水等级为一级，地下室筏板底面、外墙板迎水面及地下室顶板面采用4 mm厚SBS防水卷材，施工过程中细部处理规范，至今无渗漏现象。

图 23-13 基础及底板结构施工

2. 主体结构工程

本工程混凝土结构内坚外美,棱角方正,构件尺寸准确,偏差 ±3 mm 以内,轴线位置偏差 4 mm 以内,表面平整清洁,平整偏差 4 mm 以内。墙体采用 ALC 蒸压砂加气混凝土砌块,砌体工程施工中,严格按标准砌筑及验收。混凝土标养试块 365 组;同条件试块 53 组,评定结果全部合格。检测钢筋原材料 6 130 t,复试组数 142 组,复试结果全部合格;直螺纹机械接头试验组数 202 组,检测结果全部合格。结构保护层厚度检测合格。

钢结构构件加工精度高,现场安装一次成优。焊缝饱满,过渡平整。焊缝超声波检测、高强度螺栓扭矩检测,均满足设计和规范要求。

图 23-14 主体混凝土及钢结构施工

3. 建筑装饰装修工程

工程外幕墙主要由凹凸幕墙系统、玻璃肋驳接玻璃幕墙系统、开放背栓式干挂石灰石幕墙系统、横明竖隐玻璃幕墙系统等组成。

玻璃幕墙面积约 45 000 m²,安装精确,稳定牢固,节点处理严密。幕墙"四性"检测符合规范及设计要求。

木饰面、石材、乳胶漆等面层装饰,内墙乳胶漆涂刷均匀;石材墙面表面垂直平整,阴阳角方正,接缝顺直,缝宽均匀。

图 23-16 石材及木格栅墙面

大理石、实木地面等,拼缝严密,纹理顺畅、收边考究。花纹地毯,平整服帖。

工程吊顶有乳胶漆顶面、铝板吊顶、木饰面板等,接缝严密,灯具、烟感探头、喷淋

图 23-15 外幕墙施工

图 23-17 大理石及地毯地面

头、风口等位置合理、美观,与饰面板交接吻合、严密。

图 23-18　木饰面吊顶

4. 电梯工程

本工程共设置11台直梯、8台扶梯。电梯前厅简洁大方,墙面与电梯门套相结合,地面采用石材对缝铺贴,色调和谐统一;扶梯设计合理,运行平稳、安全可靠。

图 23-19　电梯及扶梯

5. 屋面工程

面层采用面砖、绿化等多种形式,面砖整体平整,绿化设置合理。种植屋面防水层采用SBS弹性体改性沥青防水卷材,地砖屋面防水层采用SBS弹防水卷材;保温层采用发泡陶瓷板。防水节点规范细腻,防水工程完工后经闭水试验,使用至今无渗漏。

6. 建筑电气工程

24.5万m电缆、桥架安装横平竖直;防雷接地规范可靠,电阻测试符合设计及规范要求;489个箱、柜接线正确、线路绑扎整齐。

图 23-20　配电房及桥架施工

7. 给排水工程

管道排列整齐,支架设置合理,安装牢固,标识清晰。给排水管道安装一次合格。主机房设备布置合理,安装规范美观,固定牢靠,连接正确。

图 23-21　消防泵房

8. 通风与空调工程

支吊架及风管制作工艺统一,风管连接紧密可靠,风阀及消声部件设置规范,各类设备安装牢固,运行平稳。

9. 智能化建筑工程

工程共有15个智能化子系统,多重安全方案,高效数据管理,机柜安装平稳、布置合理;控制设备操作方便、安全,系统测试合格,运行良好。

图 23-22　消控室

七、工程特色及亮点

(1)裙楼以苏州传统的院落展开,分东西两落,两落交错布置,庭院形态各异。

(2)首层大堂整体温馨淡雅,石材地面铺贴平整,拼花优美;木饰面吊顶结合造型灯具排布整齐、拼接严密。

图 23-23　裙房屋面及大厅大理石地面

（3）图书馆采用中式藏书阁格局，美观大方，顶部"宫灯"引导天光，节约能耗。

（4）裙房共享空间屋顶采用不规则天井及采光天窗，做到自然采光、实用且美观。

图 23-24　图书馆及不规则采光天窗

（5）在不同区域采用各类形式的天窗，增加采光效果，降低能耗。

（6）共享中庭地板送风，风口隐蔽巧妙，与内装风格保持一致，运行效果显著。

图 23-25　各类天窗及底板送风

（7）办公区采用侧向通风（裙楼"下悬窗+玻璃挡墙"，主楼侧向通风玻璃幕墙系统），节能效果显著。

（8）裙房干挂石材幕墙嵌入式点窗，悬挑彩色遮阳铝板，有较好的遮阳效果。

（9）屋顶设置光华发电板与风力发电设备，为大楼部分设施提供电能，绿色节能。

（10）办公区设置各色楼梯来连接不同区域，将不同空间连接为一体。

（11）运用机电BIM管线综合技术，确

图 23-26　侧向通风、光伏发电板及室内旋转楼梯

保管线布置合理。

（12）IBMS系统集成系统将消防、机电、物业等系统集成进管理平台，各系统实现信息共享与联动控制。

（13）地下室环氧地坪涂抹均匀、平整无裂缝。

（14）配电箱接线正确，接地牢固。

图23-27　BIM运用、楼宇控制及配电箱等

八、建筑节能运用

在建筑节能方面，从设计开始就充分考虑到建筑运营的节能要求，采用多项绿色建筑技术，有效地降低了能耗。

（1）主动性先进节能设备如下：

1）264 m^2太阳能集热板，供员工食堂厨房及健身房使用。

2）地源热泵技术，提供供暖与空调冷热源。

3）4台冷却塔辅助供冷。

4）雨水收集池容量超过200 m^3，经过处理满足要求后用于景观补水、绿化浇灌、道路冲洗等。每年可节约5 119 t自来水。

5）裙房屋顶设两组风光互补并网发电系统，一年约可省电4 307 kW·h，减少6.16 t二氧化碳排放。

6）楼控BA系统对空调、给排水、太阳能热水、电梯等系统进行自动化控制，可节能15%～20%。

大楼还配备了热回收新风机组、变频水泵、人体感应照明控制系统等技能设备。

（2）被动式节能措施如下：

幕墙侧向通风、可调节遮阳、采光天窗、垂直绿化、导光筒、屋顶花园农场等绿色节能系统。

九、工程获奖情况

工程获得江苏省文明工地、江苏省"扬子杯"工程、1项省级QC成果、1项市级QC成果、2篇省级论文、1项省级工法、4项国家专利。

在设计上获得了全国优秀勘察设计、中国建筑学会建筑创作银奖、第九届江苏省土木建筑学会建筑创作奖一等奖、苏州优秀地域特色建筑设计优胜奖等10余个设计奖项。

获得全国首个"绿色建筑、健康建筑"双三星运行标识认证。

（汤　烨　潘　鸿　李　华）

24　金湖县城南新区九年一贯制学校
——振华集团(昆山)建设工程股份有限公司

一、工程概况

1. 工程基本信息

金湖县城南新区九年一贯制学校位于江苏省淮安市金湖县城南新区城南干道以南，工三路以北，黎城南路以西，船塘路以东。校园规划强调功能分区清晰合理，空间组织力求整体统一，有理有序，最终形成一个"两轴五院六片区"的格局。

图 24-1　工程效果图

图 24-2　工程实景图

本工程总建筑面积 54 653.04 m^2，框架结构四层，地下一层，建筑高度 22.45 m。由行政楼、中小学教学楼、艺体馆、食堂、学生宿舍、看台、风雨廊、地下人防工程等组成。

工程基础：行政楼采用桩承台+筏板基础，其余为独立承台基础。

工程主体：框架结构。

室外装饰：以面砖和涂料为主，局部采用玻璃、石材幕墙。

室内装饰：墙面以涂料和面砖为主，玻璃隔断等；地面以防滑地砖及水磨石为主，局部木地板和 PVC 地面。

安装工程：给排水系统、建筑电气系统、消防火灾报警系统、智能化控制系统。

工程于 2015 年 12 月 29 日开工，2017 年 6 月 12 日竣工验收合格。

2. 主要参建单位

建设单位：金湖县教育局。

设计单位：江苏建筑设计研究院有限公司。

监理单位：淮安市神州建设项目管理咨询公司。

施工总承包单位：振华集团(昆山)建设工程股份有限公司。

二、工程策划

1. 建立创优小组，明确责任划分

工程开工前，我公司即强化目标管理，精心策划，确定了创"扬子杯"的质量目标。同时确立项目管理目标，并制定切实可行的管理制度，对项目管理目标进行分解。

公司由施工管理部牵头，建立以常务副总经理为首的"扬子杯"创优工作小组，

强化了工程创优的组织、指导和监控。在施工现场建立了以项目经理为核心的项目质量保证体系，建立健全了各项管理制度，明确了岗位职责，成功推行了质量、安全、环境等项目经理负责制。

事前的高标准策划，是项目目标能够实现的必要条件。项目部结合本工程的具体特点编制了《工程创优策划方案》，包括基础主体、装饰装修及机电安装工程创优亮点策划、细部亮点等施工措施。

根据本工程的创优工作部署和需要，分阶段组织建设单位、监理单位及相关责任主体和项目部管理人员观摩学习我公司及兄弟公司的获奖工程，学习好的创优管理经验、细节措施，提升自身的创优能力。

2. 严格质量管理，确保工程项目质量目标

施工阶段是形成工程项目实体的重要过程，也是决定产品质量的关键阶段，要提高工程项目的质量，就必须狠抓施工阶段的质量工程。本工程项目健全了质量目标管理系统、组织保证系统和信息反馈系统，以确保工程质量目标的实现。

3. 提高管理人员质量意识

本工程现场质量目标管理系统由建设单位的现场工程师、监理单位的监理工程师以及我项目部的施工管理人员组成，这是保证工程质量的主要因素。要控制施工质量，就要提高管理人员的质量意识，按照全面质量管理的要求，使所有现场管理人员树立质量第一的观念、预控为主的观念、为工程服务的观念。现场管理人员要具备较强的质量规划、目标管理、施工组织和技术指导、质量检查的能力，用严谨科学的态度和认真的工作作风严格要求自己。

4. 建立质量信息反馈系统

根据对影响工程质量的关键节点、关键部位及重要影响因素设立质量管理点的原则，建立高效灵敏的信息反馈系统。专职质检员、技术人员作为信息中心，负责搜集、整理和传递质量动态信息给项目经理和项目技术负责人。项目经理和项目技术负责人对异常情况信息迅速做出反应，并调整施工部署，纠正偏差。

5. 加强质量检查，做好过程控制

坚持施工过程中的自检、互检、交接检制度，现场各级质量检查员都要充分行使自己的职权，对施工中每道工序、每个部位进行全面检查、把关。班组自检是质量管理的基础，自检记录按分部分项汇总装订，每个分项及检验批完成后，必须进行交接检查验收，验收时交接双方对工序质量，对照图纸逐一检查，符合设计标准要求后办理交接验收记录，三方签证，方可进入下道工序的施工，将质量问题消灭于萌芽状态。

6. 坚持高起点样板引路制度

施工操作中注重工序的优化、工艺的改进和工序的标准化操作。每个分项工程开始大面积施工前都要做出示范样板，统一操作要求，明确质量目标，确保操作质量，建立质量责任制，明确具体任务、责任，责任到人，使工作质量和个人经济利益挂钩，加强操作人员的责任心，形成严密的质量工作责任体系。样板经建设单位、监理单位、我公司项目部共同验收达到规范标准要求后方可大面积施工。

三、工程特点、重点、难点

1. 深基坑施工

本工程行政楼地下室工程为甲类人防

工程,防护级别为核6级,基坑平均开挖深度5.35 m,局部5.85 m,基坑围护主要采用土钉墙围护,局部自然放坡。其基坑属于超过一定规模危险性较大的基坑,基坑方案经专家论证通过,保证了基坑施工的经济合理性,保证了工程的顺利进行。见图24-3。

为700 mm×2 200 mm,属于大截面梁模板支护;另在乒乓球馆设计有600 mm×900 mm混凝土现浇桁架梁;工程行政楼报告厅部位,模板支撑最大高度达12 m,均属于超过一定规模的分项工程,施工难度和危险性较大。项目部邀请公司技术部门参与编制施工方案,并在项目部会议室组织了方案论证,论证通过后对现场工人进行交底后再进行施工。在施工过程中,严格按照方案进行施工,以确保支撑体系的稳定性。模板支设要求符合《建筑施工模板安全技术规范》(JGJ 162—2008)、《建筑施工扣件式钢管脚手架安全技术规范》(JGJ 130—2011)相关规定。混凝土施工严格按方案实施,经现场检验,混凝土密实、美观、平整度达到规范要求。见图24-4至图24-9。

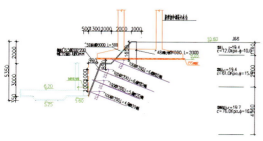

图24-3 基坑围护设计方案

2. 高大支模施工

本工程艺体馆篮球馆上空最大梁截面

图24-4 篮球馆

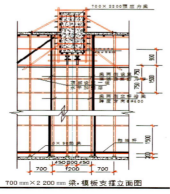

图24-5 梁模板支撑图

图24-6 乒乓球馆

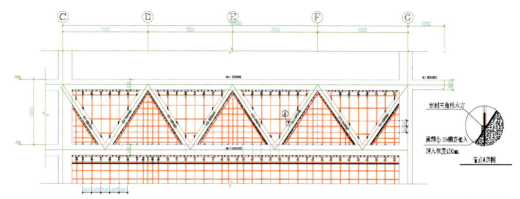

图24-7 桁架梁模板支撑图

图 24-8　行政楼报告厅高大模板支撑

图 24-9　行政楼报告厅

3. 预应力施工质量控制

本工程艺体馆屋面部位 3 榀大跨度框架梁采用有粘结预应力混凝土结构，最大梁截面 700 mm × 2 200 mm，梁跨度达 33.7 m。预应力筋采用 1860 级 $d = 15.2$ mm 高强度低松弛钢绞线，镀锌波纹管成孔，张拉端采用夹片群锚。通过后张拉有粘结预应力混凝土技术的应用，提高了结构的整体性能和刚度，同时也降低了能耗，减轻了建筑物自重，确保了结构的质量。

图 24-10　预应力施工质量控制

4. 屋面防水节点控制

本工程上人屋面采用刚柔结合多层防水、工序多、要求高。施工中坚持方案先行，对屋面刚性层进行有效分格，排水沟设置、泛水部位、设备基础等增加附加层进行强化，使屋面功能和观感质量得到明显提高。

5. 外幕墙装饰施工

本工程外立面幕墙类型多，包括玻璃幕墙、石材幕墙、铝板百叶格栅等多种组合形式，施工前进行方案设计和策划，施工过程中加强质量管理、组织质量攻关，确保了施工质量和整体效果。

图 24-11　艺体馆外立面

图 24-12　行政楼外立面

6. 机电管线安装

本工程安装工程系统多，设备管线布置复杂，做到了排列紧凑、标识正确明晰；管道特殊布置，地下室管道安装与装饰做到了有机协调统一，施工难度较大。

7. 室内装饰控制

本工程室内装饰吊顶样式繁多，各区域风格迥异，施工中通过二次深化设计，各专业精密配合，确保了装饰施工质量和现场的安全施工。

图24-13 消防泵房管线布置

图24-14 地下室管线桥架布置

图24-15 桩基子分部验收报告

四、工程质量特色及亮点

1. 地基与基础工程

本工程行政楼桩承载力检测4根,全部合格;低应变检测45根,其中Ⅰ类桩45根,占比100%;结构无倾斜、无裂缝,室外无沉陷。本工程沉降观测委托金湖县经纬建设测绘有限公司检测,工程沉降已稳定。

2. 主体结构工程

本工程主体结构外光内实,无结构裂缝。全高垂直度偏差最大值为3.2 mm,小于规范要求。梁、板、柱等结构尺寸准确,柱、梁轴线位置偏差在5 mm以内,截面尺寸在-3 mm～+5 mm以内,表面平整度在3 mm以内。工程主体结构砼经金湖县检测检测中心抽测,其强度全部符合设计要求,钢筋保护层抽测符合设计要求。

3. 建筑装饰装修工程

(1)外墙为面砖及涂料墙面,表面平整,色泽均匀。

图24-17 外面面砖整体效果

(2)公共部位走道地砖铺贴整齐,无任何空鼓,缝格平顺,缝宽均匀;楼梯踏步尺寸一致,踢脚线顺直。

图24-18 公共走道面砖　　图24-19 楼梯

(3)室内吊顶形式多样,板缝精心设置,缝口重点处理,细部处理到位。

图24-16 梁柱节点

图24-20 吊顶1　　图24-21 吊顶2

图 24-22　吊顶 3　　　图 24-23　吊顶 4

4. 屋面工程

保温层排气管排列整齐，高度一致；屋面排水通畅，无积水。屋面防水等级设计为一级，采用 MBA-S 自粘防水卷材，经蓄水试验，无渗漏现象。

图 24-24　屋面

5. 给排水及采暖

给排水、消防管道畅通无渗漏。设备运转正常，系统工作可靠，管道经专业深化设计，走向流畅、排列美观、标色明确、工艺精细。消防工程一次性通过淮安市公安消防支队验收。给水管道试压试验、排水管道通球试验等试验检测合格。

图 24-25　消防泵房

6. 建筑电气

桥架安装横平竖直，螺栓朝向正确，涂漆桥架连接处接地跨接线顺直。桥架穿墙及穿楼板处防火封堵严密，做工细致。动力及照明箱、柜接线正确，线路绑扎整齐，编号明确，标识正确；灯具运行正常，开关、按钮开启灵活、安全。

图 24-26　弱电桥架

7. 通风与空调工程

风管制作规整，安装顺直，各种支架固定牢靠，管道防腐、连接到位，穿楼板柔性防火封堵严密。风口安装位置准确、牢固，格栅顺直、平整、美观。

图 24-27　通风空调

8. 建筑节能工程

本工程采用了多项保温节能措施，节能单项工程施工质量满足验收规范，一次性通过节能专项验收。

墙体保温采用 220 mm 厚淤泥烧结自

保温砌块,传热系数、导热系数等指标经检测均符合设计要求。

屋面保温采用 50 mm 厚挤塑聚苯板,经检测各指标符合设计要求。

五、业绩与荣誉

在建设单位、设计单位、监理单位及各级主管部门领导的关心和支持下,经各参建单位的共同努力,在质量管理、安全生产等方面本工程都取得了较好的成绩,工程投入使用一年多以来,结构安全可靠,功能满足使用要求,内外装修工艺精良,设备安装工程各系统运行正常、安全可靠、各项指标均达标。工程获得了以下奖项和荣誉:

(1) 2016 年江苏省建筑施工标准化文明示范工地。

(2) 2017 年江苏优秀质量管理小组。

(3) 2018 年度淮安市"翔宇杯"优质建设工程。

(4) 2018 年度江苏省优质工程奖"扬子杯"。

六、后续工程建设需要改进的工作

我公司在以后的工程建设中将继续坚持"质量第一,信誉至上,安全生产,争创一流"的企业宗旨,以建造精品工程为己任,不忘初心,以高起点、严要求的工作作风,科学管理,精心施工,注重过程控制,重视细部处理,开拓创新,为社会和用户建造更多的精品工程和令用户满意的工程。

(王小健　倪汝杰　黄　正)

25 南通高新区科技之窗A区A1、A2和B区工程
——南通新华建筑集团有限公司

一、工程概况

南通高新区科技之窗A区A1、A2和B区工程,为框架结构,A1楼为11层,A2楼为7层,B区楼为4层。总建筑面积133 882 m²,其中地下室建筑面积29 026 m²。

图25-1　南通高新区江海智汇园

本工程位于南通高新区世纪大道以西,鹏程路以南,现改名为"南通高新区江海智汇园",既是高新区管委会驻地又是高新区的科技中心,集科技孵化、办公、商务、会议等多功能于一体的智能化建筑。

图25-2　大堂前台

本工程由同济大学建筑设计研究院(集团)有限公司设计,南通四建集团建筑设计有限公司勘察,南通市建设监理有限责任公司监理,南通新华建筑集团有限公司施工总承包,于2014年5月25日开工,2016年9月16日通过竣工验收。

图25-3　办公区域、休息区域、会议区域

本工程地基基础为整板及承台基础。主体结构为现浇钢筋混凝土结构,内外非承重围护墙均采用专用预拌砂浆砌筑加气砼砌块砌体墙。楼地面主要做法为金刚砂耐磨地面、水泥砂浆楼地面、细石混凝土地面、现浇水磨石楼地面、块料楼地面、石材楼地面等。内墙面主要为水泥砂浆墙面、面砖墙面(胶粘)等。外墙面主要为玻璃幕墙、真石漆外墙面等。门窗主要为铝合金门窗、钢板门、实木门等。A区楼共设16台电梯,其中5台为无障碍电梯,B区楼共设5台电梯。

图 25-4　外饰面

二、创建过程

中标后，本工程被集团公司列为重点工程，明确必须实现的质量管理目标是江苏省"扬子杯"优质工程奖，争创国家优质工程奖。为此，本工程项目部把质量目标进行分解细化，把创优责任落实到每个岗位和每个人，采取了一系列针对性措施，确保如期实现目标。

1. 落实创优目标的组织措施

（1）开工前，集团公司着力建立健全了公司、分公司和项目经理部的三级质量管理网络，分级负责精品工程创建的总体策划、过程指导、检查考核等工作。

（2）在全公司范围内优选管理骨干组建了项目经理部，项目经理具有丰富的施工管理经验、综合素质突出并由获得"鲁班奖"的一级建造师担任，项目管理班子由包括高级工程师、工程师、高级技师在内的技术和管理人员组成，为创建优质工程提供了组织保证。

（3）成立了创建精品工程实施小组。由项目经理担任组长，集团公司总工程师担任顾问，项目技术负责人、施工员、质检员、专业工长为成员，定人、定岗、定制度、定措施，统一协调施工过程中与质量有关的各项工作。

（4）根据集团公司创优质工程实施办法，明确创优目标，签订目标管理责任书，并直接分解落实。集团公司与项目经理签订创优质工程责任书，明确双方的职责和具体奖罚规定，项目经理及项目班子主要成员向公司缴纳风险抵押金。项目经理与操作班组分别签订了质量责任书，使责任层层落实。

（5）建立工程质量保证体系。按ISO9001质量保证标准的要求，在项目经理部内建立工程质量保证体系及岗位责任制度，做到职责明确，有章可循，严格根据国家有关施工和验收规范、图纸以及公司的质量手册、程序文件和作业指导书组织施工。

（6）创建良好的创优氛围。项目经理部在施工过程中通过设置展板、横幅、标语、农民工业余学校等宣教形式，广泛地、有针对性地开展了精品工程创建动员，增强全员精品意识，努力营造良好的创优氛围。使全体施工人员了解工程的质量目标及创优的意义，深刻认识到创优是新形势下企业占领市场及生存发展的需要，使创优质工作转化为全体施工人员的自觉行动。

（7）与建设单位、勘察设计单位及监理单位共同整合创优细则，保证创优计划切实可行。

2. 加强施工过程动态管理

（1）工程开工后，由集团公司总工程师对项目部进行整体质量交底，分部分项工程施工前，由项目部技术人员向操作班组进行针对性的质量技术交底，对施工程序、方法以及易产生质量问题的环节提出详细的要求。

（2）项目部专门成立了以项目经理为首的包括技术、质检员等组成的质检小组，每周对工程质量进行一次全面检查。要求管理人员做到腿勤、眼勤、嘴勤、手勤，施工员、质检员、班组长坚持跟班作业，发现问题及时纠正。

(3)实行挂牌制。木工、瓦工等所有作业班组在施工部位挂牌,注明部位、班组名称、操作人员姓名、施工质量状况等。加强操作人员的责任心,督促各责任人严把施工质量关。

(4)采取样板引路。主要分部分项工程大面积施工时,先做样板,经业主、监理等各方主体认可后再全面铺开,并以样板的质量标准进行质量控制与验收。

图25-5 框架柱支模样板

图25-6 剪力墙钢筋绑扎样板

图25-7 楼梯施工缝留设样板

图25-8 楼梯支模样板

3. 强化一线操作人员创优意识

(1)项目部充分利用农民工学校,定期组织对操作人员进行技术培训。根据工程进度情况,每个分部分项工程开工前,对作业班组进行技术交底。

(2)实行优质优价制度。瓦、木、钢筋、装修等大工种每月进行任务单结算时,预扣15%质量保证金,工程完工退场时经项目部累计检查,凡全部达到优质等级的,一次性全部返还保证金,反之则予以扣除,促使操作班组成员在每道工序操作时精心施工,遇有质量缺陷,自觉在操作过程中进行返工,直到达到优良标准。

(3)在生产班组之间开展劳动竞赛,经项目部检查后,通过现场宣传栏公布结果,并充分发挥经济奖罚的作用,对检查中名列前茅的班组及时给予奖励。

4. 重视细部处理,创建精品工程

(1)主体结构工程除了内在质量外,外观质量的关键是梁、柱节点的细部处理。鉴于梁柱节点的质量问题往往是由于在该部位模板拼装整体性差、东拼西凑所引起的,故在拼模前,不仅要画出整过系统的拼模图,而且要根据每个不同的节点尺寸,画出节点拼装图,明确做法,特别要强调梁、柱交接处模板一次性到位,不得留有空隙待事后修补塞缝。

(2)砌块砌筑施工时,随砌随勾缝,提高墙体观感质量。墙体上部与梁板交接处留设30 mm间隙,用C20细石混凝土分2~3次填塞密实。墙体与框架柱、墙交接处,预留15 mm缝隙,砌筑结束后用掺膨胀剂的水泥砂浆勾缝。砌体与构造柱、腰梁连接处,通过在马牙槎及腰梁底部沿周边粘贴20 mm宽双面胶带,防止混凝土浇筑时漏浆,保证砌块与混凝土连接处轮廓分明,清晰美观。在墙体上安装预埋管线,采用切割机切割处理,再用专用工具凿缝。

图25-9 梁柱阴阳角模板、砌体砌筑样板

(3)装修工程阶段,针对水电、管道、综合布线、幕墙、精装修等施工要求多,配合事项繁杂等问题,项目部切实履行总包单位职责,采取签订质量目标责任三方管

理协议、跟踪检查评比、实施激励措施、召开工程协调例会等多种形式,将专业施工纳入项目创优常态化管理,主动参与精品工程创建工作。

图25-10　走廊效果,地下室消防、水及冷热源泵房

5. 创建精品工程的过程策划

(1) 创建精品工程要突出一个"精"字,从预控、构思、创新入手。精品工程过程策划与深化设计是指导施工的依据,其内容应针对整个工程的分部、分项工程进行。

(2) 创建精品工程必须进行详细、全面的质量策划。策划过程是基础→主体→屋面→装饰装修→安装→细部处理的全过程。策划载体是施工组织设计(质量计划)、施工专项方案、二次深化方案、技术交底等。

6. 实施精品工程的方法

(1) 在创建精品工程过程中,我们坚持九个"四"。第一个"四"是"四高",即"高起点、高标准、高意识、高目标";第二个"四"是"四严",即"过程控制严、检查严、责任严、评定奖惩严";第三个"四"是"四保",即"组织体系保证、制度保证、资源保证、协调保证";第四个"四"是"四新",即"工艺新、设备新、技术新、产品新";第五个"四"是"四精",即"深化设计精、操作精、修整精、成品保护精";第六个"四"是"四细",即"异形部位细、平面与圆弧细、立面与弧形角过渡细、线条与直角细";第七个"四"是"四录",即"原材料记录完整、试验记录完整、检查评定记录完整、声像记录完整";第八个"四"是"四创",即"创一流工程、创技术水平、创新技术、创一流企业形象";第九个"四"是"四满意",即"政府满意、业主满意、社会各界满意、自己满意"。

(2) 创精品工程过程中我们还做到"四个同步",即:创精品工程与推动技术进步同步;创精品工程与强化管理同步,严格按程序文件办事;创精品工程与提高员工素质同步,既有高素质的管理人员,又有高素质的操作者;创精品工程硬件与软件同步。

7. 注重技术创新,夯实创优基础

集团公司以企业技术研发中心为科研阵地,制定相应的科技进步奖励办法,鼓励现场技术攻关、创新,对省级以上QC成果、科技应用示范工程、施工工法和国家专利等技术成果均进行奖励。同时,项目经理部积极开发施工技术科技成果,加大"建筑业10项新技术"等技术成果的推广应用。通过开展施工技术创新,为该工程重点、难点部位施工提供有效的技术支撑和质量保障。该工程已获得省级QC成果2项、省级工法1项、专利2项、"江苏省文明工地",为最终申报"扬子杯""国优"工程创造必要条件。

8. 主要过程结构精品控制措施

(1) 模板工程质量控制

① 项目部落实一名专职模板翻样员和一名专职模板质量检查员。模板制作前,由翻样员根据施工图和质量要求,绘制

模板拼装图，对整栋楼的模板统一下料，编制模板及配件的周转使用计划和规格、品种、数量明细表。

② 严格控制梁、板底模的标高，确保模板间拼缝严密，外墙、楼梯间、电梯井间上下层的接茬处进行专项处理。

③ 所有墙、柱模板背方龙骨及楼面底模搁栅均经过锯、刨处理，由专人加工成统一尺寸，未经加工的木方不得用作模板的龙骨和搁栅。

④ 为了保证不出现胀模、跑模现象，模板中穿墙螺杆的设置控制如下：柱、墙下部 2/3 段间距≤500 mm，端头加双螺母固定；柱、墙高上部 1/3 段间距≤600 mm，端头加单螺母固定。

⑤ 墙、柱底脚模板与楼面接触处的楼板平面应保持平整，间隙处理方法如下：板面平整度<5 mm 时，贴海绵条；板面平整度≥5mm 时，用木方锯成 L 形嵌缝处理，凹陷处用砂浆找平处理。

⑥ 外墙、楼梯间、电梯井间上下层的接茬部位按如下方法处理：外侧模板一直延伸至下层最上排穿墙（柱）螺栓下 100 mm，利用下层最上排穿墙螺栓紧固；在楼面水平接茬处外侧预留 20 mm×20 mm 的凹槽，在凹槽下 10 mm 处贴宽 20 mm 的海绵条。

⑦ 模板安装前将结构面清扫干净，弹出墙、柱的位置线，为防止地面不平造成模板底部漏浆，沿口加贴海绵条。框架柱墙底部模板预留清扫口。

⑧ 为了保证楼层标高的准确性，每层梁、板底模的标高需严格控制。在模板支撑立杆搭设好后，由施工员用水准仪从 ±0.000 m 起始标高控制点引测各楼层标高控制，经复核无误后，交木模工使用。严禁逐层引测标高。

⑨ 模板支撑的第一排立杆与墙边的间距不应大于 300 mm，中间立杆的间距不得大于 800 mm。每一开间内纵横方向均不得少于一道剪刀撑。

⑩ 模板拆除过程中应注意对阳角及楼梯踏步等处的保护，所有拆除落地的模板必须分类堆放整齐，清理干净，堆放在指定地点。模板拆除后必须认真清理干净，涂刷隔离剂，经检查合格后，方可翻转至上一层使用。

（2）钢筋工程质量控制

① 落实一名技术员负责钢筋翻样，一名专职质检员检查钢筋施工质量。负责钢筋翻样的技术员进行钢筋翻样，编制下料单和加工图，经项目技术负责人审核后下达到班组。钢筋质检员对钢筋的下料长度、制作形式、规格尺寸等进行检查验收，符合要求后再进行钢筋绑扎。

② 严格控制主筋位置符合设计要求。采用高强混凝土保护层成品垫块，并明确控制其数量和间距。

图 25-11　柱模板支撑底部细节样板

图 25-12　柱钢筋绑扎样板

③ 限位筋、定位筋、撑筋、钢筋马凳等均不直接接触模板。钢筋每一个交叉点均用扎丝绑扎牢固，扎丝尾部朝向混凝土芯部，不与模板接触。

④ 每层施工放线到位，复核竖向钢筋无偏差后，方可绑扎墙、柱钢筋。墙、柱竖向钢筋必须吊线垂直。

⑤ 卫生间楼板高低差处的负弯矩钢筋按如下方法处理：高低差处设梁时，负弯矩筋在梁截面处分开设置；高低差处无梁时，将负弯矩筋弯成弯起式钢筋。

⑥ 纵横梁、主次梁交接处钢筋重叠较多，易出现上部钢筋保护层小，甚至超过板面标高，造成楼板面的不平整，采取如下解决措施：增大正弯矩梁上部钢筋保护层的厚度，相应缩小正弯矩梁的箍筋，保持负弯矩梁上部钢筋的保护层厚度不变。

⑦ 梁底主筋垫块设置：梁宽≤200 mm时，每排设置2只垫块，间距≤1.5 m；200 mm<梁宽≤300 mm时，每排设置3只垫块，间距≤1.2 m；梁宽>300 mm时，每增加100 mm，每排增加1只垫块，间距≤1 m。梁侧垫块设置：梁口、梁中各设置1块垫块，间距≤1 m。

⑧ 板筋绑扎结束后，及时架设钢管马凳，铺设木板作为施工人员的临时通道，严禁施工人员随意踩踏钢筋，加强对钢筋的成品保护。

⑨ 浇筑混凝土时，必须派专人看护钢筋，发现有钢筋位移，及时将其复位。

（3）混凝土工程质量控制

① 落实一名专职混凝土质检员。

② 严格控制现浇板厚度，保证楼面平整，在混凝土浇筑前，沿楼面纵横方向每2 m范围内设置1个标高控制点。

③ 对楼面混凝土严格执行两次振捣、两次抹压，防止其表面出现裂缝；安排专人收拾小型构件，确保其表面平整，变角整齐方正。

④ 加强对混凝土的养护。楼面蓄水保湿养护，墙、柱拆模喷水保湿养护，外面覆盖或包裹一次性塑料薄膜。

⑤ 振捣混凝土主要使用插入式振捣器，每一振点的振捣时间控制为20～30 s。

⑥ 墙、柱混凝土浇筑时分层下料、分层振捣，每次下料高度控制在40～60 mm，并在第一次振捣完毕后混凝土初凝前进行第二次振捣。

⑦ 浇筑楼面混凝土时，待混凝土标高到位后，用插入式振捣器进行第一次振动，用长度不小于3 m的铝合金刮杆刮平。停歇1～1.5 h后，在混凝土初凝前用平板振捣器进行第二次振捣，用刮杆刮平、木抹子搓平压实。在混凝土终凝前（以脚踩在混凝土上不下陷但有鞋印时为宜），进行第二次压实收光，用打磨机打磨出浆、木抹子搓平、铁抹子收光，最后用笤帚扫出纹路。距墙、柱根部边线200 mm宽范围内的楼面，在用铁抹子进行第二次压实收光时，用1 m水平尺检查其平整度，偏差不大于3 mm。

⑧ 楼梯侧墙板、高于楼面的反梁吊模处，必须先浇筑平面的混凝土，浇筑完间隙1～1.5 h沉实后，再浇筑上部混凝土。在平面与立面吊模空隙处，必须绑扎密实钢筋网片以阻止根部混凝土向下滑动。

⑨ 混凝土浇筑过程中应安排专人负责检查模板，并经常敲击正在浇筑部位的墙、柱模板，以避免混凝土漏振，并尽可能排除混凝土表面的气泡。

图 25-13　梁、柱、板面混凝土浇筑成型样板

⑩加强混凝土成品保护,墙柱钢筋采用塑料薄膜作围裙,后浇带钢筋用彩条布覆盖,导墙钢板止水带用塑料薄膜包裹,以防止污染;墙柱阳角用木条防护,以防止棱角撞坏。

(4)填充墙砌体抗裂防潮防渗漏措施

①提前购置至少一层数量砌块存放现场,减少砌块自身收缩变形大而导致的砌块及抹灰层的裂缝。

②砌体下端浇筑 200 mm 高 C20 混凝土导墙,砌体中间设置 C20 混凝土腰梁,构造柱间距小于 3.0 m,大于 1 500 mm 门洞增设门框柱。

图 25-14　砌体、腰梁、构造柱模板加固、线管槽切割、墙顶塞缝样板

③门窗侧边、窗台增设现浇混凝土框。

④圈梁模板采用专用夹具以减少穿墙洞,构造柱对拉螺栓孔采用发泡剂堵孔防渗。

⑤砌体与梁底预留 30～40 mm 空隙,至少15天后采用细石混凝土分两次嵌实。

⑥严格控制水电安装乱开槽、乱凿现象。

⑦为预防水电安装人员随意在砌体表面乱凿、乱开槽而影响砌体质量,砌体施工前由水电技术人员提供书面预埋管位置及大小示意图,现场根据图示制作相应混凝土预制槽。对信息箱等提前预制混凝土框,填充墙砌筑时就位安装。

图 25-15　信息箱预留框样板

9. 全面控制施工过程,重点控制工序质量

我们在整个施工过程中做到:工序交接有检查;质量预控有对策;施工项目有方案;技术措施有交底;图纸会审有记录;配置材料有试验;隐蔽工程有验收;计量器具校正有复核;设计变更有手续;质量处理有复查;成品保护有措施;行使质控有否决;质量文件有档案。通过检验批、分项一次成优,来保证分部工程一次成优。

图 25-16　玻璃幕墙、铝板整体效果

三、获得的成果

（1）本工程被评为2015年度"南通市优质结构工程"。

（2）本工程被评为2017年度南通市"紫琅杯"优质工程"。

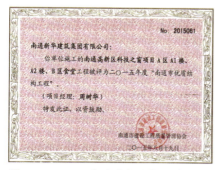

图25-17　2015年度"南通市优质结构"

图25-18　2017年度南通市"紫琅杯"优质工程

（3）被评为2014年度第二批南通市市级文明工地（市级标准化文明示范工地、平安工地）。

（4）被评为2014年度第二批江苏省建筑施工标准化文明示范工地。

（5）两篇QC成果被评为2015年度江苏省工程建设优秀质量管理小组成果优秀奖。

（6）授权专利2项。

（7）省级工法1项。

（8）本工程被评为2018年度江苏省"扬子杯"优质工程奖。

图25-19　2014年度南通市市级文明工地

图25-20　2014年度江苏省建筑施工标准化文明示范工地

图25-21　2015年度江苏省工程建设优秀质量管理小组活动成果优秀奖1

图25-22　2015年度江苏省工程建设优秀质量管理小组活动成果优秀奖2

图25-23 实用新型专利证书1

图25-24 实用新型专利证书2

图25-25 江苏省"省级工法证书"

图25-26 2018年度江苏省优质工程奖"扬子杯"

（易杰祥 徐宏均 吴广华）

26　连云港凤祥铭居住宅小区一期工程（10#、13#、14#）

——江苏省苏中建设集团股份有限公司

一、工程概况

凤祥铭居住宅小区为连云港市凤祥铭居房地产开发有限公司投资建设的高档住宅小区，位于连云港凤凰新城学院路西、新建路北、凤翔路南，其中10#、13#、14#楼建筑总面积61 035.4 m²，包括地上住宅部分58 898.35 m²，地下部分2 137.05 m²。10#住宅楼地上18层，地下2层，建筑高度54.85 m；13#住宅楼，地上30层，地下2层，建筑高度86.2 m；14#住宅楼，地上27层，地下2层，建筑高度77.8 m。其使用功能为住宅，户型多样，适应多种需求；地下室为储藏间、车库，同时设有水泵房及配电室。

本工程建设单位为连云港市凤祥铭居房地产开发有限公司，江苏华新城市规划市政设计研究院有限公司设计，北京中景恒基工程管理有限公司监理，江苏省苏中建设集团股份有限公司施工总承包。

工程于2014年9月26日开工建设，2016年11月30日竣工验收。工程建设履行了基本建设程序，认真执行了国家有关行业管理的政策，土地、规划、工程立项、施工许可等报建批复手续齐全合法。建设单位按照国家相关标准规定程序组织验收，所含10个分部全部验收合格，质量控制资料完整，主要使用功能的抽查结果符合相关专业验收规范的规定，观感质量为好，竣工验收合格。规划、环保、消防、电梯、防雷、室内环境检测等专项验收均符合相关要求，并经连云港市住房和城乡建设局竣工备案。

本工程地基与基础采用钢筋混凝土灌注桩+筏板基础，主体结构为混凝土框架剪力墙结构，内墙采用蒸压加气砼砌块，外墙采用空心砼砌块，屋面为发泡混凝土找坡层，挤塑聚苯板保温层，SBS改性沥青卷材防水层，细石砼刚性防水保护层，面层为环氧树脂漆。内装饰，公共大厅、走道地面采用地面砖铺设，一楼公共部位墙面为饰面砖，之上为乳胶漆。外装饰为石材幕墙与仿石材外墙涂料相结合。外窗为隔热断桥铝合金窗。

本工程安装包括其室内给排水系统、室外给排水管网、通风与空调送风系统、排风系统、防排烟系统、室外电气系统、变配电室系统、供电干线、电气动力、电气照明、防雷接地系统、消防系统、智能门禁系统、安全技术防范系统、用户电话交换系统、信息网络系统、综合布线系统、消火栓系统、火灾报警及联动控制系统、电梯等。

二、工程技术特点、难点、技术创新情况

1. 质量要求高，誓夺江苏省"扬子杯"优质工程

本住宅楼工程，装修做法均为常规做法，要实现绿色施工及质量目标，必须粗粮

细作，有周详的创优保证体系和策划，组织高水平的项目管理班子，执行责任明确的管理制度，采取有针对性的、先进合理的精细化管理措施，以有效的管理手段和控制方法来确保总体目标的实现。

2. 智能化系统多，要求高

本工程设有综合布线、有线电视、微机网络及电话系统、监控系统、门禁等智能系统，施工要求高。

3. 工期紧、一次性投入大

本工程楼栋号较多，各栋号基槽开挖后周边场地狭小。要符合绿色节能减排施工原则，施工期间合理布置利用好各栋号周边狭小场地是施工过程中控制重点。

各栋号同时施工，在单位时间内投入的劳动力、周转材料和机械数量均较多，开工前项目部需按照总进度计划要求编制好人力、材料、机械设备分批进场计划，施工过程中合理组织和调配是保证项目顺利实施的重点。

4. 参建单位多，协调配合要求高

本工程由一家单位总包、多家分包单位参建，各栋号楼层数多且同时施工，各专业之间施工进入错开时间较小且专业分包项目较多，协调工作是否顺利将直接影响工程目标能否顺利实施。

5. 工程的技术创新

（1）高效钢筋技术，HRB400级钢筋应用技术、焊接箍筋技术、粗直径钢筋直螺纹连接技术。

（2）建筑防水新技术，高聚物改性沥青防水卷材应用技术、合成高分子防水卷材应用技术、建筑防水涂料。

（3）新型模板及脚手架应用技术，早拆模板成套技术。

（4）建筑节能和环保应用技术，节能型围护结构应用技术、新型墙体材料应用技术及施工技术、预拌砂浆技术。

（5）施工过程监测和控制技术，施工控制网建立技术、施工放样技术、深基坑工程监测和控制、大体积混凝土温度监测和控制、大跨度结构施工过程中受力与变形监测和控制。

（6）建筑企业管理信息化技术，工具类技术、管理信息化技术。

三、建设过程的管理情况

开工伊始，项目团队就明确了誓夺江苏省"扬子杯"优质工程的质量目标，成立创优小组，精心策划、技术创新，确保目标实现。

本工程的创优实行了全员参与全过程的管理。建设单位领导高度重视工程质量管理工作，认真抓好质量保证体系的建立和责任制度落实工作。设计单位充分了解业主对工程的意图和期望，注重节能环保，及时解决工程实际问题。监理单位建立健全监理质量监控体系，配备经验丰富的监理工程师，编制针对性和可操作性强的监理规划和实施细则，对施工过程加强监督检查，严格控制分包管理。

施工总承包单位配备创优经验丰富、高水平管理团队，建立完整的质量保证体系，明确各项规章制度，精心组织、合理策划、加强管理、严格过程控制、优化细节处理，确保本工程各项目标的实现。采取以下管理措施，对工程各方面进行管理。

1. 质量管理目标分析

本工程占地面积大，单体工程多，对整个现场的施工协调管理、质量控制管理、安全文明施工管理及现场布置具有一定的难度。同时本工程属住宅楼，施工做法无特殊性，要达到创优要求，必须从细部做法入手，把细部做法做得精、细，方能确保创造精品工程。

2. 管理措施策划实施

（1）质量管理策划及实施

工程中标后，公司在开工前组织精兵强将成立了凤祥铭居建设工程项目部，采用目标管理法组织施工，形成了以项目经理责任制为核心，以项目合同管理和施工过程控制为主要内容，以科学系统管理和先进技术为手段的项目管理体制，进一步完善质量管理责任制度，成立质量创优策划小组，明确了每一个职能部门及职能人员的责任，形成了周密的质量管理工作体系。以此高效地组织和优化生产要素，严格按照ISO质量保证体系和环境管理体系来运作，制定了详细的质量保证工作计划和创优计划，运用质量预控法原理，开展全面质量管理，通过QC小组活动攻关技术问题，同时每个分部分项都有详细的施工方案和技术交底，且方案、交底都具有指导性、针对性和可操作性，施工过程中实行样板引路、材料进场验收制度，实测实量管理办法等制度，确保目标实现。

（2）安全文明施工管理策划及实施

项目部成立了以项目经理为组长，项目安全负责人为副组长，项目主要管理人员为成员的安全管理小组，制定了各项安全文明施工管理制度，编制了安全文明施工组织设计及各项专业方案。各分项工程施工前，由项目安全员、施工员向有关施工人员进行了具有针对性和操作性的书面交底。项目部对每位新入场的施工人员均进行了三级安全教育并签订了安全协议。项目部定期组织项目部全体职工进行安全学习。在施工过程中，进行定期和不定期的安全检查，加强施工现场巡查力度，发现安全隐患立即整改。项目部还利用适当的时间，举办相关的安全知识竞赛活动和文娱活动，增强了职工的安全意识，丰富了业余生活。

（3）节能环保实施情况

本工程施工中在保证质量、安全的前提下，通过科学管理和技术创新，实施了"四节一环保"施工。

节水方面，采取分路供水，建立水收集和循环系统，合理使用雨水等水资源。

节材方面，应用了钢筋直螺纹连接技术，利用混凝土余料预制小型构件，利用钢筋余料制作钢筋支架、明沟盖板等。

节地方面，利用地红线范围内无任何

图26-1 现场样板引路　　图26-2 实测实量管理办法

图26-3 材料进场检查

图26-4 水收集系统与利用

原有基础设施管线。项目部通过科学、合理进行施工总平面规划布置，提高了场地利用率。

节能方面，建设单位、设计单位、施工单位秉承节约、节能、环保的理念，使用了大量的环保节能材料和节能施工技术，如墙体、屋面、门窗隔热保温，选用节能灯具、节能管材等。

环境保护方面，实施了建筑垃圾、扬尘、噪声与振动、污染的有效控制，打造花园式工地。

钢筋混凝土静压桩，10#楼桩数184根，13#楼桩数217根，14#楼桩数201根，共602根，低应变桩身完整性检测均为Ⅰ类桩，占比100%，单桩抗压静载试验共9根，均满足设计要求。

图26-6 防雷接地、沉降观测点

2. 主体结构工程

主体结构未发现影响结构安全的裂缝，结构测量全高垂直偏差最大值仅为4 mm，远小于规范允许值。

钢筋绑扎纵横顺直，间距符合规范要求，钢筋保护层使用水泥及PVC垫块控制保护层厚度。剪力墙厚度控制，辅助"F"形卡筋。直螺纹的接头，安装、检验符合规范要求。

图26-5 安全通道

四、工程质量情况

10#、13#、14#楼各10个分部，共核查质量控制资料135个，安全和主要使用功能核查及抽查结果66个，观感质量均为好，按照《建筑工程施工质量验收统一标准》GB 50300—2013，全部一次验收合格。

1. 地基与基础工程

本工程基础结构安全可靠，沉降均匀，未发现裂缝、倾斜、变形等现象。沉降观测，最大沉降量10#楼为23.37 mm，13#楼为23.62 mm，14#楼为23.84 mm，最后一次观测的沉降速率均低于0.005 mm/d，沉降均匀，趋于稳定。

图26-7 剪力墙钢筋绑扎成型

混凝土，表面平整、内部密实、色泽均匀，阴阳角顺直、方正。

图26-8 主楼梁顶板结构实体图

按规范要求对结构进行钢筋保护层及混凝土强度实体检测,结果全部合格。

3. 建筑装饰装修

门厅简欧装修风格尽显华贵坚实、细部装饰细腻丰富,对称的构图配合刚柔并济的竖向线条,营造出奢华、精致、大气的气度,表达出居者不断向上、积极进取的精神。

图26-9　门厅简欧装修风格

石膏吊顶线条流畅,分格合理,灯具等居中设置,石膏吊顶与墙面交接处凹槽处理精细,有效防止裂缝产生。

图26-10　门厅石膏吊顶效果

墙地砖排布合理、粘贴牢固,图案清晰,色泽一致,接缝均匀,周边顺直,镶嵌正确,板块无空鼓、裂纹、掉角、缺棱现象。

图26-11　门厅地砖效果

玻璃外窗安装正确、牢固、打胶饱满,经检测,外窗四项性能符合要求,经过两个雨季的使用,无一渗漏。百叶窗安装上下平齐、牢固。单元门、防火门、入户门等拼缝严密、安装精细,油漆光滑,手感细腻,五金件安装牢固、开关灵活。

图26-12　主楼外窗　　图26-13　主楼单元门

外墙一至三层干挂石材表面平整、色泽鲜明、无色差,打胶严密顺直,美观大方。

图26-14　大角挺　图26-15　三层以下干挂石材拔、顺直

4. 建筑屋面

屋面排水坡度、坡向正确,泛水等细部做法符合规范要求,经过淋水试验,无渗漏,屋面环氧自流地面表面平整光滑,无裂缝,屋面美观大方。水簸箕、雨水口、透气孔等做工精细,布置合理。

图26-16　屋面细部

5. 建筑给排水

管道安装做到了横平竖直,给水、排水管道按规范要求做到了竖向、横向坡度合理。水表井布置合理,排列整齐,部件标高、朝向一致,管道标识清晰,立体分层,清晰、有序,安装牢固,运转正常。各管道试验压力及试验时间均符合设计要求,试验结果合格。排水管道的灌水及通水试验合格,100%的通球试验合格,管道保温做工规范精细。

消防设备安装齐全,消火栓箱开门见栓,消防报警系统启动灵敏。

图26-17 管道标识　　图26-18 室内消火栓

6. 通风与空调

通风风机安装规范。风管安装整齐有序,间距均匀,支吊架设置合理、固定牢靠、标识清晰,风管强度及漏风量试验符合设计及规范要求,通风机均设有吊架式减振垫,设备风压、风量合理,管路系统设有消声器,通风道管道部件符合气流组织要求,风阻小,使得通风系统的运行噪声低于设计值,保证了环境的安静、舒适,环保节能。经过两年的运行考验,未发现任何渗漏、结露现象,设备试运行及系统调试均符合规范要求。

7. 建筑电气

配电箱、柜布局合理,面板平整,操作方便;线缆排列整齐,绑扎牢固,标识清晰。配电箱、开关箱等箱盖开启灵活,内部布线合理整齐,回路编号齐全、正确,线缆进设备、电器具的管口位置正确,管口光滑,护口齐全。变配电设备布置合理,一次性通过验收,使用近两年来运行平稳,供电正常。桥架、线槽安装顺直,连接牢固,表面平整,紧密一致,跨接正确、防火封堵严密。

图26-20 管井内电缆桥架　　图26-21 配电室

灯具安装牢固,排列整齐,通电试运行一次性全部合格。

防雷接地测试点标识清晰,安装规范,避雷带安装横平竖直,焊接良好,引下线标识清晰。经连云港市防雷中心检测防雷装置检验合格。

图26-19 屋顶通风设备

图26-22 公共区域灯具安装居中设置　　图26-23 防雷接地标识清晰

8. 智能建筑

建筑智能化系统集成度高，设备操作方便，控制灵敏。建筑智能化系统包括：通信网络、监控系统、可视对讲系统等。各系统信息通畅、控制精确。箱、柜、线槽、配管、布线设置规范，接地装置可靠，系统运行稳定、可靠。

9. 建筑节能

外墙、屋面保温施工符合设计要求，门窗热工系数达标，建筑满足节能设计要求，一次性通过节能验收。

图26-26 资料整理完整清晰

五、项目获奖情况

（1）2015年连云港市优质结构工程。

（2）2015年连云港市标准化文明示范工地。

（3）2017年连云港市"玉女峰杯"优质工程。

（4）《现浇混凝土楼梯模板施工创新方法研究》获2017年全国工程建设优秀质量管理小组二等奖。

（5）2018年江苏省优秀设计奖。

（6）2017年江苏省建筑业新技术应用示范工程。

（7）2018年江苏省优质工程奖"扬子杯"。

图26-24 可视门禁系统　图26-25 建筑外窗节能实体图

10. 电梯工程

12部电梯停层准确，安全可靠。电梯机房设备布置合理，各项安全措施到位，运行噪声低，控制信号响应灵敏。绝缘电阻及接地电阻测试结果符合设计及规范要求。电梯经江苏省特种设备监督检验院检测全部合格，符合国家规范要求。

11. 工程资料

按照《建筑工程资料管理规程》要求收集、整理、归档、组卷。资料编目清晰，内容翔实，数据真实有效、完整准确，可追溯性强，满足归档要求。

本工程设计先进合理，造型简洁大方，功能齐全，结构安全可靠，资料齐全完整。装饰美观，精益求精。做工细腻，装饰工程的亮点表现处处可见。屋面、卫生间、地下室无渗漏现象，满足使用功能和设计要求。各类设备、设施正常、连续安全运转，交付使用两年，没有发现任何质量问题，使用单位非常满意。

（焦远俊　夏厚荣　姜杰文）

27 扬州科技综合体项目（西区）工程
——江苏邗建集团有限公司

一、工程简介

1. 工程概况

扬州科技综合体项目（西区）工程，位于文昌路和国展路交叉口的东北侧，由1栋裙楼和2栋塔楼组成，其中南侧临近文昌路为1栋24层的塔楼，西端临近国展路为1栋22层塔楼。

通过高耸的建筑外立面和带有强烈金属质感的材料，并配以明亮的玻璃幕墙，彰显出都市感和现代感。几何线条的色彩分割和纯粹抽象的集合风格，凝练硬朗，塑造挺拔的形象，营造简单轻松、舒适自然的办公环境，塑造现代主义建筑风格。它作为5A甲级标准和完善的商务配套，大幅度促进了扬州经济发展。

图27-1 南立面

2. 工程各责任主体

工程于2014年12月08日开工，2016年8月30日竣工。由扬州华建新城置业有限公司投资兴建，上海同济大学建筑设计研究院有限公司进行设计，江苏苏维工程管理有限公司监理，江苏邗建集团有限公司施工总承包。

3. 工程规模

工程总建筑面积为119 553 m^2（其中地下39 370 m^2，地上80 183 m^2）；建筑结构为框架剪力墙结构；地下2层、地上24层，建筑高度最大为98.2 m；工程造价33 771.79万元。

4. 主要使用功能

工程内部设计充分考虑了不同功能的使用要求，各个单体既可相互联系，又可以独立使用，设置钢结构连廊，便于各单元之间的联系交流，增加了空间的活跃性，符合办公、商业的实际使用需求。

地下室：平时为车库和设备用房，战时局部为人防。一、二层：主要为商业用房、餐厅。三层：主要为餐饮、办公。四层及以上：主要为办公。

图27-2 侧立面

二、精品工程目标管理及实现措施

1. 质量目标

工程建设伊始根据施工合同及企业创精品工程的要求，项目部确定了创江苏省"扬子杯"优质工程、争创"国家优质工程"的质量目标。

2. 创优目标实现措施

（1）成立创优小组，明确责任划分

强化目标管理，精心策划，成立创优领导管理小组，签订创优责任书，将要达成最终目标所需的各项工作指标进行分解，使施工的质量均处于受控状态，确保创优目标的实现。

（2）制度保证

根据集团公司一体化管理体系、管理手册及程序文件，项目部建立健全各项管理制度、施工图审查制度、技术交底制度、样板引路制度、质量检查验收制度、工程质量的"三检"及交接检制度、质量奖罚制度、质量例会制度、材料采购制度、材料检验制度、材料保管制度、计量器具管理制度、成品保护制度、工程质量保修制度，确保工程一次成优。

（3）开展QC质量小组活动，实行科技攻关

项目部建立QC质量小组，在公司技术部门的指挥下协同攻关，项目部将投入一定的技术基金，用作QC小组活动经费，开展技术革新和关键施工工艺的研究。

（4）施工过程

① 综合应用绿色文明施工技术，除了封闭施工、降低噪声扰民、防止扬尘、减少环境污染、清洁运输、文明施工外，还减少对周边环境干扰，结合气候施工，节约水、电、材料等资源和能源，采用环保健康的施工工艺，减少填埋废弃物的数量，以及实施科学管理、保证施工质量等，遵循可持续发展的原则。

② 推行首件样板引路控制，严格样板质量标准，强调工程质量的预控和过程控制。

③ 从设计图纸入手，努力改进管线预埋、敷设、屋顶、装饰细部、变形缝及外墙节点处理，提高了工程整体观感质量。

④ 在具体施工过程中，对易发生质量通病的部位，如室内抹灰、石材干挂、铺贴以及管道根部处理等施工工艺进行优化，达到质量预控的效果。

⑤ 加强过程质量预控，是保证工程质量的一个重要项，每一道环节都由专人负责、专人检查，层层把关、严格执行。

3. 创优奖罚措施

（1）项目部选用有创优工程施工经验的施工班组参与本工程的建设，并与管理人员和施工班组签订责任状，明确责任和奖罚措施。

（2）施工班组严格按施工规范要求和项目部的操作要求进行施工，对分项工程检验批达到优质验收要求的班组进行奖励，达不到质量验收要求的班组，按制度进行处罚。

（3）各施工班组之间相互配合，服从项目部的指挥和协调，对配合能力较强的班组进行奖励，对配合能力较差的班组进行处罚。

三、精品工程质量过程控制

1. 质量保证管理措施

（1）建立健全质量管理体系

工程开工前，公司建立和健全了一

套由总工程师统一领导，项目经理负责，技术负责人、项目质检员具体实施，公司技术质量、材料设备和经营管理等部门密切配合监督检查的质量保证体系，为保证工程质量提供了可靠的组织保证。

（2）执行公司三合一体系贯标工作

对工程的关键工序、特殊过程，除编制施工组织设计外，均编制专项施工方案，对工长进行交底，对容易出现质量通病的工序编制预防措施，出现质量不合格时立即分析原因，编制纠正措施，坚持实行"三检"制，确保过程受控。

（3）加强职工教育

加强质量意识教育，树立"百年大计，质量为本"的思想，使施工人员意识到质量、效益是企业的生命，创造优质的工程，提高经济效益，提供优质的服务，提高自身的竞争力。

（4）加强工程材料控制

严把材料质量进场关，建立健全进场前检查验收和取样送验制度，所有进场原材料及成品、半成品，均进行严格的检验和按规定要求进行取样复试，达不到质量标准的坚决不使用。施工过程中发现不合格的材料应及时清理出场。

2. 质量控制措施

（1）一般过程控制

提供必要的施工文件，进行详细交底，作业人员按照图纸、规范、标准的要求进行操作。施工过程中，严格执行"三检"制度，对"定位测量、钢筋绑扎、模板安装、砼浇筑、装饰装修"等每道工序认真做好自检、专检、交接检的工作，做到检查上道工序、保证本道工序、服务下道工序，使施工过程始终处于受控状态。

（2）关键过程控制

在"屋面防水""卫生间施工""墙体砌筑"等关键分项工程施工时，除向作业人员提供图纸、规范和标准等文件外，还提供专门的工艺文件和作业指导书，明确施工方法、程序、检查手段，统一施工做法，实现样板化、标准化施工。

（3）质量展示区设置、质量标准化施工

在现场设置质量展示区，对各种常见施工做法，如"现浇板钢筋绑扎""卫生间做法""墙体砌筑""楼梯施工""屋面施工"等进行样板展示，做到样板引路控制。

（4）细部施工质量控制措施

根据大量实践以及工程中容易出现的问题，公司制定了《建筑工程细部质量控

图 27-3　现浇板钢筋绑扎样品

图 27-4　墙体砌筑样品展示

制标准》，实现了细部施工工艺标准化，保证施工质量。

项目部根据本工程具体情况，结合《建筑工程细部质量控制标准》，制定了不同阶段的针对性细部质量保证措施。

四、施工难点

（1）难点一：10.5 m深基坑施工

本工程紧邻主干道路，市政管道、地下管线较多，开挖最深达10.5 m的深基坑支护，施工难度大。

（2）难点二：高支模安全控制

工程内有多个挑空式中庭，最大挑高15 m，最大梁截面尺寸500 mm×1 800 mm，高大模板安全控制是工程施工难点。

图27-5　难点一：深基坑施工

图27-6　难点二：高支模安全控制

（3）难点三：钢连廊施工

本工程南、北裙房之间设置钢连廊，南、北塔楼各设置16根外框型钢柱，钢结构吊装难度大，施工工艺复杂。

（4）难点四：种植屋面防渗漏

多暴雨地区，地下室、裙楼种植屋面防渗漏，是施工难点。

图27-7　难点三：钢连廊施工

图27-8　难点四：种植屋面防渗漏

（5）难点五：大体积混凝土裂缝控制

塔楼地下室底板面积4 500 m²，其底板厚度1.7 m，混凝土强度C35，混凝土结构裂缝控制是施工的重点。

（6）难点六：各专业交叉作业

各工种专业多，协调管理配合要求非常高。机电安装施工与其他各专业交叉施工较多，协调施工难度大，配合要求高，尤其是公共区域各专业同步施工，除大量技术节点配合外,工序交叉配合协调,界面管理问题尤为突出。

(7)难点七:屋面深化施工

屋面设备基础较多,广场砖的排布复杂,排水沟为弧形排布,铺贴难度大。

(8)难点八:大面积外墙施工

45 000 m² 玻璃幕墙和石材幕墙,其模数与窗分割排布复杂,墙面色差、平整度控制和石材胶缝顺直饱满是工程的难点。

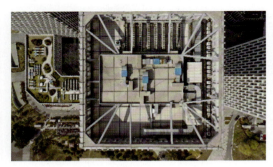

图27-9　难点七:屋面施工

图27-10　难点八:大面积外墙施工

(9)难点九:综合管线布置

本工程设备系统众多,管线排布复杂。采用BIM技术优化各类管道、电气管线、桥架和设备的排列布置方式,达到走向合理、排列美观、功能实用的效果。

五、技术创新

1. 新技术的应用

在施工过程中,采用了住建部推广应用的"建筑业10项新技术"中的9大项、18子项,采用江苏省推广的新技术6大项、9子项,自创新技术2项,获"江苏省建筑业新技术应用示范工程",整体水平达到国内领先。

2. 开展QC质量小组活动,实行科技攻关,获得省级工法

在电梯井施工过程中,开发出"构件组合式电梯井操作平台",它具有自主支承、同步提升的特点,满足定型化、工具化的要求。

该技术获得2016年度国家级QC成果一等奖,并获得省级工法《构件组合式电梯井同步提升钢操作平台施工工法》。

六、绿色施工节能减排

1. 绿色施工

(1)工程开工前,结合工程特点,编制绿色施工方案,制定相应的管理制度和目标,按照"四节一环保"五个要素中控制项实施,并建立了相关台账,评价资料齐全。

(2)利用BIM技术,对施工临建布置、塔吊运行空间分析、合理优化材料、加工区的布置,将整个场地进行3D模拟、优化,现场布置合理、紧凑,实现场地动态管理。

(3)绿色施工过程中,首次采用"多维度复合式自控压力水综合降尘施工工艺",

图27-11　降水除尘

实现建筑工地的地面、高空、室内立体交叉，多维度全覆盖的全自动降尘体系，提高扬尘控制的效果。

2. 节能减排

（1）屋面采用50 mm厚挤塑聚苯保温板；外墙保温采用200 mm厚砂加气混凝土砌块；外窗（幕墙）采用断热铝合金辐射中空玻璃幕墙。经第三方检测，室内空气质量检测合格；围护结构密实性试验符合设计要求；幕墙现场实体检测合格；分项工程全部合格；质量控制资料完整；满足设计要求。

（2）用水器具全部选用节水型，灯具采用节能型，降低了运行使用阶段的能耗。

七、工程的质量特色、亮点

1. 地基与基础工程

（1）桩类型为灌注桩267根、抗拔锚杆桩944根，承载力检测试验及桩身完整性检测，满足规范和设计要求。

（2）地下室种植顶板采用结构自防水与1.5 mm厚自粘聚合物改性沥青防水卷材及1.2 mm厚聚氯乙烯防水卷材（PVC）耐根穿刺，使用至今建筑物无渗漏现象。

（3）建筑物沉降已均匀、稳定，沉降速度符合规范要求。

2. 主体结构工程

混凝土结构表面平整、截面尺寸正确、棱角方正。填充墙体砂浆饱满、横平竖直、清洁美观。局部钢结构构件安装、焊接、高强螺栓、防腐涂装等质量均符合规范要求。

3. 建筑装饰工程

（1）外墙面

①玻璃幕墙：安装牢固，表面平整、色系一致、缝隙平直、宽窄一致、打胶饱满顺直，各种尺寸及形状的玻璃下料尺寸控制精确。

②石材幕墙：精心选材，色泽一致、颜色自然，缝隙均匀，封胶严密，固定牢固，边角顺直，线条清晰，排版美观。

图27-14　玻璃幕墙　　图27-15　石材幕墙

（2）内墙面

①涂料内墙面：阴阳角顺直，涂刷均匀、无刷纹、无污染、无开裂现象；顶棚平整，线角通顺。

图27-16　涂料内墙面

②石材内墙面：石材、瓷砖、墙地面铺贴平整，缝隙均匀，安装牢固。

图27-17　石材内墙面

（3）楼地面

①公共部位石材地面：地砖排版正确美观，粘贴牢固、铺贴平整，缝隙均匀，无空鼓，平整、洁净、色泽一致、周边顺直。

图27-12　主体结构　　图27-13　砌体工程

图 27-18　地砖地面

② 地下室地坪：地下室耐磨地坪平整光洁、色泽均匀、细部美观，无空鼓裂缝。

图 27-19　塔楼1地下室地坪　　图 27-20　塔楼2地下室地坪

（4）卫生间

卫生间墙、地砖对缝整齐，卫生洁具居中对缝，无渗漏现象。

图 27-21　卫生间面砖及洁具

（5）门窗

门窗安装位置准确、牢固，开关灵活、缝隙均匀，无倒翘。合页安装平整吻合、位置正确。

图 27-22　实木门及细部

（6）吊顶

大面积吊顶、吊架密布均匀，安装牢固，接缝严密，无翘曲变形，整齐美观。通长吊顶无裂缝，且与地面造型对称、上下呼应。

图 27-23　吊顶1　　图 27-24　吊顶2

（7）楼梯踏步

踏步铺贴平整，相邻踏步尺寸一致，踢脚线厚度一致，上口平直。楼梯栏杆安装稳固，栏杆高度满足规范要求。

图 27-25　楼梯踏步

4. 屋面

屋面构架尺寸精确、节点清晰，滴水线顺直，广场砖排布合理、铺贴牢固。

弧形排水沟、落水口、水簸箕设置精美，使用至今无渗漏现象；各种设备基础牢固、排列整齐、高度一致。

图 27-26　屋面

5. 机电设备安装

（1）配电箱、柜安装整齐，操作灵活可靠，柜内接线规范、牢固，盘面清洁，标识清晰，排列美观，相线及零线、地线颜色正确；柜体接地可靠。

图 27-27　配电柜

（2）屋面避雷带顺直，固定点均匀牢固、测试点安装规范，设备接地、等电位连接有效。

图27-28　屋面防雷带

（3）机房、泵房设备安装稳固，减振装置齐全有效；阀门、仪表方向一致，排列整齐；墩座、排水沟细部处理统一精美。

图27-29　机械设备及墩座

（4）管道、桥架应用BIM技术、成品共用支架、综合平衡，安装规范，标识醒目，建筑防雷系统安全可靠。

图27-30　管道、桥架

（5）灯具、烟感、喷头、风口安装牢固可靠，布置合理，排列整齐，成行成排。电气线路绝缘电阻测试合格，通电运行正常。

图27-31　灯具、烟感

（6）监控、消防、广播、信息联网等智能化系统，将各种信息终端连接，并通过以计算机为主的控制中心处理，做出相应的对策，使得信息终端或控制终端做出相应反应，成为现代化智能型系统。

（7）电梯安装牢固，运行平稳，停层准确，停靠时无撞击声，松闸时无摩擦，经特种设备检测中心检测及年检合格。

图27-32　智能化监控　　图27-33　电梯

6. 节能

各种保温材料复试合格。外墙节能构造现场实体检验、外窗气密性检验、系统节能性能检测均合格。节能专项验收合格。

八、工程获奖与综合效益

1. 获奖证书

在施工中，紧扣工程质量这一核心，科学管理、规范施工，先后获得多个奖项，具体如下：

（1）2015年度江苏省安全文明工地。

（2）2018年度江苏省"扬子杯"优质工程。

（3）2016年度江苏省新技术应用示范工程。

（4）2016全国QC小组活动一等奖。

（5）省级工法2项。

图27-34　江苏省安全文明工地

图27-35　"扬子杯"优质工程

图27-38　省级工法1

图27-36　江苏省新技术应用示范工程

图27-39　省级工法2

图27-37　全国QC一等奖

工程建设施工期间未发生任何质量安全事故，无拖欠农民工工资等不良行为，市场行为规范。自2016年9月投入使用以来，结构安全稳定，各系统运行可靠，功能完善，节能舒适。使用单位对工程的质量非常满意。

2. 社会效益分析

西区新城科技综合体以5A甲级标准和完善的商务配套，打造具有五星级服务的中央商务示范区。项目建成后将和已建的行政商务中心一期、京华城德馨大厦以及将建成的商务中心二、三期、产业大厦共同助力产城融合新板块建设，大幅度促进扬州经济发展。

（徐永海　赵　祥　王贤坤）

28 江苏省交通技师学院1#楼
——江苏润祥建设集团有限公司

图28-1 工程外景

一、工程简介

江苏省交通技师学院新校区建设工程项目位于镇江市丹徒区十里长山南麓，总占地面积约550亩，新校区分为教学区（含实训、培训等）、运动区、生活区三大功能区域，总建筑面积约15万 m^2。

图28-2 本工程所在位置示意图

1#楼培训中心工程建筑面积为14 082 m^2，地上六层，地下一层，建筑高度22.65 m，±0.000相当于黄海高程63.55 m。

1#楼培训中心工程地下一层设计使用功能为车库；地上部分设计使用功能为会议、餐饮和住宿。其主体结构类型为现浇钢筋混凝土框架结构，主楼为六层，局部为五层、二层和单层。一层层高4.2 m，二至六层层高3.6 m，二层局部层高4.2 m和6.2 m。一层至三层框架柱、梁、板的混凝土强度等级为C35，三层至顶层框架柱、梁、板的混凝土强度等级为C30。内外墙体材料采用加气混凝土砌块和煤矸石空心砌块。构造柱、圈梁、过梁、压顶梁的混凝土强度等级为C20。

1#楼培训中心外墙装饰采用大理石保温一体外板墙面，外窗采用断热铝合金中空玻璃窗。室内楼地面做品有地砖楼（地）面、地砖防水楼（地）面、地砖防潮地面。室内墙面做品有乳胶漆内墙、瓷砖内墙。室内顶棚做品为乳胶漆顶。屋面保温采用挤塑聚苯板。

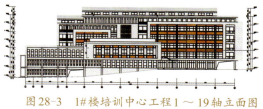

图28-3 1#楼培训中心工程1～19轴立面图

本工程耐火等级为二级，抗震设防烈度为七度，设计使用年限为50年。

本工程由镇江交通产业集团有限公司代建，镇江市规划设计研究院设计，镇江市兴华工程建设监理有限责任公司监理，江苏润祥建设集团有限公司施工。该工程于2014年8月开工，于2016年5月竣工交付。

二、精品工程的创建

1. 工程质量管理措施

项目开工伊始即确立确保江苏省优质工程奖"扬子杯"的质量目标，并结合工程特点，精心进行了创优策划，建立创优组织机构，制定了相应的管理制度等，使得工程质量始终受控。

（1）管理组织

公司对本项目高度重视，建立以项目经理和项目总工为核心的质量保证体系，根据工程特点及区域重要性进行了创优策划，并成立科技创新与推广工作组、QC攻关小组、项目部技术中心等积极开展创新创优活动，实施样板引路制、质量奖惩制、工程质量一票否决制、岗位责任制、质量"三检"制、现场质量检查制、隐蔽验收制、过程验收制、现场会议制等质量管理制度，全面开展技术创新和QC质量攻关活动。实现横向到边、纵向到底的网格化管理模式，确保质量管理无死角、工序对接无缝隙，对全部分项工程最终质量及各工程项目的施工工序进行全过程的质量监督控制；加强现场质检员的监督，实行质检工程师一票否决权制度，确保了所有工序质量一次成优。

（2）管理目标

为打造精品工程，树公司形象，创企业品牌，故制定工程质量目标为：确保江苏省优质工程奖"扬子杯"。

（3）管理改进

公司成立科技创新与推广工作组、QC攻关小组、项目部技术中心等进行全面质量管理并积极开展科技创新、质量创优活动，对各道工序的操作规程、作业要点、工作顺序、质量标准逐项进行交底，对关键性施工工艺成立专门的技术攻关小组，在施工过程中通过PDCA循环不断地对工艺、管理等进行改进，提升管理水平，提高施工质量。

（4）管理措施

运用过程控制、动态管理、节点考核、严格奖罚的方法，采取超前策划，事前精心准备，样板引路，事中加强控制、检查，事后严格验收的措施，确保每道工序施工一次成优。

2. 原材料质量控制及现场检测

（1）原材料：所有进场材料均有出厂合格证，并按规范现场取样送检，复试报告全部合格。钢筋连接：纵向受力钢筋采用直螺纹连接，柱、墙竖向钢筋采用电渣压力焊连接，并在现场监理的见证下取样复试，电渣压力焊试件29组，直螺纹连接22组，经检测全部合格。钢材检测30次。本工程墙体砌块复试5批，检测合格。

（2）砼试块：C20：标养试块9组，同条件试块8组。C30：标养试块28组，同条件试块15组。C35：标养试块51组，同条件试块22组。C40：标养试块3组，同条件试块3组。试块经综合评定合格。

（3）本工程±0.00以上墙体采用DMM5.0砂浆砌筑，留置砂浆试块8组，试块经综合评定合格。

（4）混凝土强度现场实体检测合格。钢筋保护层及板厚检测合格。墙体拉结钢筋现场拉拔符合要求。室内环境检测合格。现场热工性能检测合格。

（5）本工程通过现场水电检测和镇江市气象局防雷设施检测所防雷装置检测，消防已通过了镇江市消防支队专项验收，电梯经江苏省特种设备安全监督检验机构检验合格。

3. 安全和功能性检验

镇江市丹徒区建筑工程质量检测中心对建筑物的沉降进行了全过程的跟踪观测，最大沉降量及沉降速率符合规范要求。

对屋面、卫生间等进行了淋水、蓄水试验，试验结果无渗漏。

对建筑物的全高、净高、垂直度等进行了全面的检测，检测结果符合验收规范要求。

该工程的安全和使用功能符合设计要求。

4. 分部分项工程质量控制情况

在工程施工中，每道工序、隐蔽工程及所有分部分项均严格执行班组自检，项目部专职质检员验收后报监理验收，合格后方才进入下道工序的施工。

（1）土方工程：根据现场地面标高及设计图纸的基础底标高，确定基础土方开挖深度采用机械开挖时，做好基坑降排水，基础底预留200 mm厚的土方为人工修整，防止机械扰动基底土层。基础土方回填采用素土回填，回填密实度符合设计和验收规范要求。

（2）钢筋工程：钢筋品种、级别、规格、数量均符合设计要求，钢筋接头位置、搭接长度、锚固长度满足验收规范要求。

（3）模板工程：模板的强度、刚度和稳定性满足施工要求，隔离剂涂刷到位。

（4）混凝土工程：混凝土浇筑内实外光，无蜂窝、麻面等质量缺陷，截面尺寸控制严格。

（5）墙体工程：墙体砂浆饱满，上下错缝、内外搭砌，拉接筋设置规范。

（6）装饰工程：基层处理到位，严格按程序操作，粉刷前浇水湿润墙面，喷浆毛面处理，粉刷砂浆中掺抗裂纤维丹强丝，立面垂直度最大偏差3 mm，表面平整度最大偏差3 mm。施工质量符合设计和验收规范要求。

（7）防水工程：屋面防水层无渗漏或积水现象，防水层在天沟、檐沟、檐口、水落口、泛水、变形缝和伸出屋面管道的防水构造均符合设计要求。防水层与基层粘结牢固，表面平整。刚性保护层的分格缝留置符合验收规范要求。

5. 工程资料控制

施工中严格执行资料的规范化管理，工程施工技术管理资料、材料质量控制资料和试验资料齐全。编制了总目录、卷内目录和细目录，资料收集齐全完整，立卷编目分类清晰，装订组卷合理，整理规范，便于检索，各项资料均具有可追溯性。

6. 工程质量特色

（1）地基基础牢固可靠。

（2）混凝土结构梁、板、柱表面平整，节点方正，截面尺寸准确，内实外光。

（3）石材幕墙安装安全可靠，外观平

图28-4　立面错落有致，造型新颖别致

图28-5　外观材质均匀、色泽一致、素雅大方

整光洁,材质均匀,颜色一致,胶缝饱满顺直,无渗漏现象。

(4)装修粗粮细作,做工细腻,节点处理精致美观,墙面、地面表面平整,接缝整齐、对缝顺直。

(5)地下车库环氧自流平地坪表面平整、色泽均匀,车位标识清晰、醒目。

(6)配电箱柜安装牢固,排列有序,接线规范,标识清晰。

(7)室内喷淋、烟感、灯具、广播布置协调,成行成线。

图28-6 共享大厅通透明亮

图28-8 屋面坡度正确、排水顺畅,无渗漏或积水

7. 新技术应用与科技创新

本工程在施工过程中共应用住建部建筑业10项新技术(2010)6大项11个子项,应用江苏省建筑业10项新技术(2011)3大项3个子项。通过新技术的应用,既保证了施工质量,又加快了施工进度、降低了工程投资成本。具体应用情况见表28-1。

图28-7 楼梯踏步高差一致、栏杆扶手安装牢固、滴水线顺直美观

表28-1 新技术应用情况

序号	新技术项目名称	应用部位	应用数量
一	住建部建筑业10项新技术		
2	混凝土技术		
2.6	混凝土裂缝控制技术	主体结构	17 700 m³
3	钢筋及预应力技术		
3.1	高强钢筋应用技术	基础、主体结构	2 600 t
3.3	大直径钢筋直螺纹连接技术	基础、主体结构	4 360 mm
6	机电安装工程技术		
6.2	金属矩形风管薄钢板法兰连接技术	室内通风空调系统水电安装	670 m²
6.6	薄壁金属管道新型连接方式	给水管道	3 570 m
7	绿色施工技术		
7.3	预拌砂浆技术	墙体砌筑粉刷	1 690 t

续表

序号	新技术项目名称	应用部位	应用数量
7.4	外墙自保温体系施工技术	外墙	11 620 m²
7.5	粘贴式外墙外保温系统施工技术	外墙砼柱梁热桥	6 652 m²
7.8	工业废渣及(空心)砌块应用技术	煤矸石空心砌块	2 400 m³
8	防水技术		
8.7	聚氨酯防水涂料施工技术	地下室、卫生间	6 534 m²
10	信息化应用技术		
10.4	工程量自动计算技术	工程预决算	
二	江苏省建筑业10项新技术		
3	建筑幕墙应用新技术		
3.1.2	自保温一体化石材幕墙施工技术	外装修	5 300 m²
5	建筑施工成型控制技术		
5.5	自流平树脂地面处理技术	地下室地坪	3 930 m²
9	废弃物资源化利用技术		
9.2	工地木方接木应用技术	主体结构	330 m³

三、工程获得的各类成果

本工程开工后,基础主体先后通过镇江市丹徒区质监站的监督检查验收,并于2016年5月一次性通过竣工验收。本工程在施工过程中多次获得上级主管部门、业主、设计及监理等单位的好评。本工程荣获2015年度"江苏省建筑施工标准化文明示范工地"、2016年度镇江市优质结构工程、2017年度镇江市优质工程奖"金山杯"、2018年度江苏省优质工程奖"扬子杯"。

在施工中,我们还积极开展QC质量攻关活动,组织攻关的《提高大跨度井字梁混凝土一次施工合格率》QC成果获2016年度镇江市工程建设优秀QC小组活动成果一等奖、2016年度江苏省工程建设优秀QC小组活动成果三等奖、2016年度"江苏省新技术应用示范工程"等荣誉称号。

(陈国兴　李昌军　张羽翔)

29 盐城市串场河小学(教学楼、1#连廊、2#连廊)
——江苏省千和建设工程有限公司

一、工程简介

1. 工程概况

盐城市串场河小学工程位于盐城市城南新区境内,盐城市鹿鸣路南,戴庄路东,现被周围群众誉为盐城市最美校园。见图29-1。

图29-1 工程外景

工程总投资约2.9亿元,总建筑面积39 986 m^2,其中教学楼及1#、2#连廊的建筑高度为15.65 m;地上4层,建筑面积为11 440 m^2;工程采用预应力混凝土空芯方桩+承台、基础梁基础,主体结构为框架结构,各栋楼外装饰采用黑色石材墙裙配米白色真石漆,深灰色铝板配古铜色格栅,外窗均采用深灰色铝合金隔热断桥窗,玻璃为中空Low-E玻璃,教室楼地面均采用镜面水磨石,卫生间采用防滑地砖。屋面檐口四周采用深灰色铝板包边,走廊栏板采用深灰色铝合金夹胶玻璃栏板。工程采用古典与现代相结合的新中式设计理念,设计新颖、典雅。内装饰做工精细,楼内配备给排水、电气、通风空调、消防、智能化等系统。

工程于2016年5月5日开工挖土,2016年12月30日装修全部完成;2017年3月28日竣工验收交付,并于2018年9月28日在盐城市城南新区建设局完成备案手续。

2. 工程各责任主体

建设单位:盐城市城南新区开发建设投资有限公司。

勘察单位:江苏省鸿洋岩土勘察设计有限公司。

设计单位:江苏铭城建筑设计研究院有限公司。

监理单位:江苏创盛项目管理有限公司。

施工单位:江苏省千和建设工程有限公司。

二、工程创优

1. 确立创优目标,优化创优组织

本工程质量管理的目标是获得江苏省优质工程奖"扬子杯"。我们在此目标上,更加严格要求自己。我们在全公司范围内精心挑选了有学历、有丰富施工实践和现场管理经验的同志担任现场管理工作,从而建立了高效能的项目经理部;并成立了质量检查小组,制定了消灭质量通病的纠正/预防的措施,定期总结,确保本工程不出现质量通病,保证达到质量目标。

2. 精心策划，做到控制在前

本工程在施工前，我单位会同监理、设计院、建设单位等相关各方共同对施工图纸进行了图纸会审工作，将对施工图纸中产生的疑点提出来并请教设计单位，并根据工程所在地的实际情况提出合理的建议，都得到了设计院的回复，并形成了图纸会审纪要文件。在施工过程中，发现图纸上的问题，我单位都及时与设计院取得联系，以设计变更或者技术核定单的方式对图纸进行补充。

3. 过程控制，通病防治，一次成优

在施工过程中，我单位严把质量关，进场的各种材料都必须符合设计要求和行业标准及国家规范要求。进场的材料必须跟随提供质保书、合格证及相关检测报告等资料，无合格证的、无质保资料的材料一律拒收。材料进场后，现场材料员和质检员都对材料的外观质量、规格尺寸、型号等进行了抽检，对有问题的材料绝不放行，进场材料自检合格后报监理验收，并对材料进行见证取样抽样检验，待检测结果合格后方才用在工程上。

对现场的所有作业人员进行了三级教育及岗前交底，以增强质量意识和安全意识。在施工中严格监督，发现问题立即整改；严把质量关；严格按照招标文件、设计图纸、国家现行规范及相关标准图集施工；认真执行技术复核制度；加强技术交底制度；认真自检、互检、交接检，在"三检"合格的基础上进行专职检，专职检合格后再报监理验收；在隐蔽钢筋浇筑混凝土前，在监理初验合格后，再会同监理、建设单位相关负责人、城南新区建设工程质量监督站等共同对钢筋、模板进行验收，验收合格后，由监理工程师签署混凝土浇筑许可令后，方才进行混凝土的浇筑工作；加强隐蔽验收，完善施工记录；加强工序控制，对工序的质量控制，我们采取序前预防，序中控制，序后检查的三阶段控制法，即在上一个工序结束后，下一个工序开始前的工序准备阶段先要对上一个工序存在的问题进行处理、整改，防止问题积累，上道工序未验收或者验收不合格不得进行下道工序的施工；严格检查制度，每天质量员、施工员跟踪检查，质量组每月全面检查；加强成品保护；规范工程技术管理资料工作。

三、新技术应用情况

工程施工中主要推广使用了建筑业10项新技术中的3大项6小项新技术。

（1）大直径钢筋直螺纹连接技术：本工程所有直径大于等于22 mm的钢筋均采用钢筋直螺纹机械连接，连接质量可靠，施工速度快。

（2）高效钢筋应用技术：钢筋均采用HRB400E级钢筋，节约钢材用量。

（3）钢筋焊接网应用技术：本工程的楼面和屋面均采用钢筋焊接网。

（4）施工扬尘控制技术：所有进出施工现场的车辆均采用自动冲洗技术。

（5）高效外墙自保温技术：所有的围护墙体均采用蒸压加气混凝土砌块砌筑。

（6）高性能门窗技术：所有铝合金窗均采用断桥隔热型材，玻璃均采用中空Low-E玻璃。

四、工程施工质量情况

1. 地基与基础工程

工程设计为400 mm×400 mm预应力混凝土空芯方桩基础，在施工中严格按照规范要求施工，总桩数为345根，承载力检测6

根,符合设计要求;桩身完整性检测345根,符合设计要求;桩位偏差检测345根,符合设计要求。基础分部经施工、监理、建设、勘察、设计单位及质监部门验收合格。

2. 主体分部

工程结构类型为框架结构。主体施工中水、电、消防、智能化预埋预留准确及时,各项隐蔽及时会同相关人员做好隐蔽验收手续。

图29-2 隐蔽工程验收

图29-3 柱角保护及楼层高低差阳角用角钢预埋保护

3. 屋面工程

本工程屋面为不上人屋面,采用两道防水:水泥基渗透结晶防水涂料、自粘卷材防水。屋面保温层,主要采用JQK保温隔热砖,保温主材为65 mm绝热挤塑板,造型坡屋面所用材料为深灰色陶瓷瓦。屋面分部工程总体观感质量好。

图29-4 屋面施工过程控制

4. 装饰工程

工程外墙为米白色和深灰色真色漆及石材墙裙,内墙为乳胶漆墙面,楼地面为水磨石地面,表面平整,缝口均匀,卫生间泛水坡度正确,其中卫生间经蓄水试验,无渗漏,外窗进行淋水试验,无渗漏。室内环境检测结果符合要求,整体观感质量好。

图29-5 外窗淋水试验及土中氡含量检测

图29-6 室内环境检测报告

5. 建筑电气工程

电气线路预埋管件均按设计要求留置,灯具布置合理安装稳固,插座、开关高度一致,避雷设施齐全。安装后经调试运转正常,符合设计要求,电器、导线绝缘电阻、接地电阻经检测均符合设计要求。

6. 建筑给排水及采暖工程

排水管道施工完成后做灌水试验,无渗漏,通球试验无阻塞,并留有记录,卫生器具按设计要求安置。

7. 建筑节能

本工程屋面保温材料为绝热挤塑板,其中屋面采用65 mm厚的保温板,外墙采用25 mm厚的玻化微珠复合保温板,楼地面采用5 mm厚隔声垫。材料进场后,会同监理对其外观质量、品种、规格进行检查,符合设计要求,并现场见证取样送检,复检合格。屋面保温板为铺贴,墙面保温板用尼龙膨胀螺钉固定,拼缝严密,均经过自检后报监理进行隐蔽工程验收,验收合格,资料齐全。建筑节能验收合格。

五、细部构造及工程亮点

(1)本工程的所有窗口及门框与瓷砖墙裙收口处均采用白色结构胶做缝,美观且有效,防止了后期出现裂缝。

图29-7　窗口和墙裙边护角

(2)屋面接水口采用定型大理石水簸箕。

图29-8　屋面大理石水簸箕

(3)屋面天沟采用与墙面同色的深灰色外墙漆。

图29-9　屋面天沟深灰色油漆

(4)所有的墙、柱及窗台阳角处均用白色PVC护角保护,既保护了学生的安全,又美观大方。

图29-10　墙、柱PVC护角

(5)所有楼栋的沉降观测点和防雷测试点的盖板均定制采用印有"江苏省千和建设工程有限公司"企业标识的不锈钢盖板,并进行统一编号。

图29-11　沉降观测点、防雷测试点

(6)墙面伸缩缝盖板均用与墙面同材料的真色漆喷涂到位。

图29-12　墙面伸缩缝盖板喷涂

(7)教室与走道的高低差采用倒斜角过渡,防止学生跌倒。

图 29-13　高低差倒斜角过渡

图 29-16　檐口及脊瓦与平瓦交接处油漆

（8）楼梯扶手采用防滑设施。

图 29-14　楼梯扶手采用防滑设施

（9）室外井盖采用油漆防锈处理

图 29-17　教学楼和连廊外墙真石漆线条交圈

图 29-18　水磨石地面洁净、光亮、分格合理

（13）室外走廊桥架整齐划一。

图 29-15　室外井盖采用油漆防锈处理

图 29-19　室外走廊桥架

（10）所有瓦屋面的檐口及脊瓦与平瓦之间均采用与瓦同色的灰色外墙漆装饰。

（11）所有外墙真石漆线条交圈。

（12）水磨石地面洁净、光亮、分格合理。

（14）井盖采用人造草皮和绿色环氧漆美化。

图29-20　井盖采用人造草皮和绿色环氧漆美化

（15）屋面采用新型保温复合板，分格清晰。

图29-21　屋面复合板分格清晰

六、工程建设成果及综合效果

1. 获奖成果

（1）获得了2016年"江苏省建筑施工标准化文明示范工地"。

（2）获得了2018年江苏省优质工程奖"扬子杯"。

（3）获得了2018年盐城优秀设计二等奖。

（4）获得了2018年江苏省优秀设计表扬奖。

图29-22　"省标化工地"和"扬子杯"证书

2. 综合效果

盐城市串场河小学项目以丰富的建筑内涵，实现了建筑特色与串场河水街相呼应，展现了现代化校园的环境风貌，以及"绿色低碳、节能环保"的理念，获得了盐城市民的高度赞誉。

图29-23　校园整体风采

（潘宏祥　祁连杰　肖　将）

30 徐州嘉源大厦
——江苏集慧建设集团有限公司

一、工程概述

江苏集慧建设集团有限公司承建的铜山区嘉源大厦工程位于徐州市铜山区政府西侧，该工程于2014年3月开工，2016年10月竣工，2017年10月完成竣工备案。该工程建设单位为徐州市铜山区嘉源投资发展有限责任公司，由华南理工大学建筑设计院设计，徐州市宏大建设监理有限公司监理，江苏集慧建设集团有限公司工程总承包。

图30-1 嘉源大厦北西立面装饰照片

本工程为框架剪力墙结构，地上8层，地下1层，总建筑面积为44 261 m^2，其中地上建筑面积33 482 m^2，地下建筑面积10 779 m^2，建筑高度31.60 m。本工程设计标高±0.000，相对于黄海高程37.20 m。建筑防火设计分类为二类高层建筑，耐火等级为一级。本工程抗震设防按基本抗震烈度7度设防，地下室防水等级为二级，屋面防水等级为二级，使用年限50年。

图30-2 嘉源大厦室内栏杆装饰效果图

铜山区嘉源大厦工程由江苏集慧建设集团有限公司施工总承包，各级领导都寄予厚望，要求我们在总结铜山区科技创业大厦会议中心工程施工经验的基础上更上一层楼，把本工程建成江苏省"扬子杯"精品优质工程，争创国家优质工程。我公司针对该工程施工技术难度大、工程涉及面广、质量要求高的特点，按照ISO9001标准要求，高起点、高标准、严要求，精心组织，精心施工，精心管理，严格控制，不断创新，大力采用新技术、新工

图30-3 嘉源大厦获得江苏省优质工程奖"扬子杯"

艺、新材料,自我加压,使嘉源大厦工程质量始终处于监控状态,最终荣获了江苏省优质工程奖"扬子杯",取得了良好的社会效益和经济效益。

二、工程管理

1. 健全机构,目标管理

江苏集慧建设集团有限公司首先挑选了有着丰富施工经验的优秀建造师陈雷、项目工程师吴计果负责管理。项目经理部着手组建了强有力的现场施工管理班子,并与他们一起考核、选择了素质过硬的施工队伍,为集团公司在嘉源大厦工程的施工创优奠定了坚实的基础。项目经理部设立了以建造师陈雷为组长的质量领导小组和由项目工程师吴计果负责指导的QC攻关小组,形成了有效的管理网络,制定了切实可行的施工、质量、安全文明管理制度,明确了岗位责任。精品工程必须依赖于人的质量意识和精品目标,集团公司从员工到项目经理及公司总经理等每一位员工都围绕确保"扬子杯"、争创"国优奖"这一质量目标,坚持把创精品工程的意识贯穿于整个工程建设中,贯彻"单位工程一次验收合格率100%,用户满意率100%"的质量方针,确保工程创优,实现用户满意。各参建单位默契配合,形成合力,精心打造,强化管理,为最终实现目标共同努力。

2. 过程控制,强化检查

为确保铜山区嘉源大厦工程创出精品工程,我公司严格按照规范要求施工,遵循《建筑工程施工质量验收统一标准》中"强化验收,完善手段"的指导思想,加强对工程施工质量的验收和全过程质量控制,严格执行"三检"制,强化质量检查制度,并制定比国家标准要求更高的内部标准来组织施工及验收。

图30-5 嘉源大厦主体施工楼梯间混凝土成型照片

 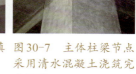

图30-6 嘉源大厦主体填充墙与柱连接节点详图　　图30-7 主体柱梁节点采用清水混凝土浇筑完成照片

3. 加强业务学习,掌握规范标准

项目管理人员做好自身的系统学习,严格进行内部考核,全面了解、掌握、运用新规范、标准;对相关设计文件和施工图纸进行认真研究,必要时能够向有关专家请教。通过系统的学习,全面了解了施工管理内容和需要重点控制的分布、分项等关键部位。

图30-4 嘉源大厦室内电梯间装饰效果图

图30-8　技术人员在现场会审图纸并提出合理化建议

4. 广开眼界，加强学习

项目经理部在施工过程中多次组织员工其他兄弟单位施工在建的工程进行参观，学习他们的施工经验，丰富了专业知识。项目部内部组织员工互相学习，交流经验，并在工程中相互检查、考核，展开劳动竞赛，实行工资待遇与质量考核结果相挂钩，以外部环境刺激与内部激励机制相结合，促使职工队伍素质得到不断提高，从根本上保证了工程的施工和管理水平。

图30-9　开工前组织技术人员对重点部位和关键技术进行专项研究

5. 方案先行，科学管理

本工程不论是主体阶段土建安装还是装饰阶段都采用了新设备、新材料、新工艺。在工程开工之初，集团公司技术部根据工程的实际情况编制了详细的施工组织总设计，项目部在此基础上又针对各单体工程、关键工序编制了具体的施工方案，并对各工种施工进行认真、翔实的质量标准、安全施工技术交底，统一思想、统一标准、统一要求。在工程质量管理以上以"预防"为主，实施过程检查，强化各项制度的落实，使每个施工环节均处于受控状态中。

建造师和项目工程师带领工程技术人员制定施工方案时，一切都围绕"精品工程"展开。施工方案制定详细，坚持"一切以数据说话"和"尊重科学，尊重数据"，保证了方案的切实可行性。在施工过程中很多问题得到了控制，迎刃而解。

例如：外墙干挂花岗岩施工方案中详细制定出严格的成品保护措施，使整个外墙面在施工中没有损坏，表面平整光洁，色泽均匀一致，凹凸线条自然流畅，观感良好，达到了施工方案的既定目标。

图30-10　嘉源大厦内庭院装饰立面效果图

我们还十分重视在工程施工前组织专业技术人员进行图纸会审，不论工期多么紧迫，我们首先要组织进行图纸会审，通过审图及时发现和解决设计中存在的问题。从而避免了施工后再返工而影响工艺质量的现象。

6. 现场隐蔽，消除隐患

该工程在整个施工过程中实施了生产控制和合格控制的全过程质量控制手段，健全了质量管理体系。工程上所用的主要材料、半成品、成品、建筑构配件、器具和设备都进行了现场验收，并全数报验检测。对于工程中涉及安全、功能的相关产品，都按各专业工程质量验收规范规定进行检测复验，其间得到了建设、监理、设计等单位的大力支持，并依照执法监督程序和国家有关验评标准，对各主要分项隐蔽工程进行检查验收，手续齐全。原材料试验、两块制作由监理工程师进行现场见证取样测验，对于关键施工工序进行技术交底，各施工班组经过精心组织施工，工程进展一切顺利，杜绝了工程质量隐患的发生。

图30-11　框架柱模板加固和板层管线布控照片

7. 关键部位控制QC攻关

如何把轴线、标高位置控制在施工规范规定范围内，是工程创优的一个关键。本工程为大型办公场所，造型复杂，放线施工难度较大。为实现这一目标，项目部开工之初成立了QC攻关小组，由项目工程师

图30-12　嘉源大厦"提高剪力墙预埋线盒安装合格率"获2015年度江苏省工程建设优秀质量管理小组活动成果二等奖

图30-13　嘉源大厦"提高现浇结构墙体线盒安装质量"获徐州市建筑行业2015年QC小组活动成果一等奖

吴计果负责成立全面质量管理攻关小组，围绕"轴线、标高、控制"进行攻关。"提高现浇结构墙体线盒安装质量"取得了徐州市QC小组活动一等奖、江苏省工程建设优秀质量管理小组活动成果二等奖。

（1）施工前编制可行的定位方案，建立起整个工程的轴线和标高的平面控制网，严格采用三级测量复核制度。

（2）施工前先按已编制的施工方案测量定出轴线的精确位置和水准标高，按照先框架、后填充的施工工序进行施工，并在施工过程时进行闭合复测，并定期复核。

（3）专职质量员负责按方案规定的程序和标准对每一个单体工程进行验收，确保准确无误。

通过QC小组活动，在现场监理及业主的帮助与支持下，整个单体工程的轴线与标高一次性验收合格，合格率达到100%，优良率达到95%，创下了江苏集慧建设集团有限公司施工框架工程的新纪录，得到了业主、监理单位、质监站及有关部门的好评。

8. 样板引路，实行预控

对每个重要的分项工程，我们均实行样板引路制度。由所有技术人员共同参

与，确定一个样板，然后全面展开，保证了工程的整体水平。如，外墙采用干挂花岗岩先后经过两次样板路的施工和改进，一直到质量优良、外观满意为止。

图30-14　门厅框架柱梁和外墙立面干挂石材装饰效果

9. 密切配合，精工细作

在整个工程施工中因工种较多，交叉施工难度大，协调各工种之间的配合是工程管理中的重要手段。项目部所有管理人员在施工前统一思想、统一策划，制订策划书和目标责任书。在施工队伍进场前着重对各工种之间协调工作进行交底，施工当中进行现场协调，经过一系列必要的工作，各工种之间配合默契，相互帮助，共同努力，极大地减少了因交叉施工的配合失误而导致工程质量发生问题，减少了返工现象。项目管理人员不仅在工程技术交底、工作会议中协调工作，还坚持深入施工现场，与各施工班组、施工操作人员一道详细研究解决工程细部工作的具体问题，并由施工人员贯彻下去，严格按标准要求进行施工。因项目部管理人员严谨的工作作风和精益求精的工艺质量，最终取得了良好的观感效果。在申报江苏省"扬子杯"工程时铜山区质量监督站和徐州市建设局工程处给予推荐精品工程。

10. 及时记录，完善资料

我公司不仅在工程硬件施工中，坚持高标准，严要求，工程施工软件的管理上我们也力求完美。工程资料归档工作由项目部技术员主抓，专职资料员负责落实、完成，切实将工程资料的整理、归档工作落到实处。我们要求资料收集及时、准确，内容真实齐全，资料整理格式完整、版面统一。

从工程开工到竣工我们共收集、整理、编制技术管理资料、保证资料、质量验收资料、施工记录资料和安全、文明创建资料等2 170余份，做到交底有记录、验收有评定、交接有签证，工程实物技术资料归档完整、真实、齐全、符合备案管理要求，为工程保修提供了真实有效的依据。

11. 文明施工，安全第一

安全责任重于泰山，安全生产重在落实。江苏集慧建设集团有限公司在铜山区嘉源大厦工程的安全生产工作中，始终坚持"安全第一、预防为主"的安全生产方针，依据国家JGJ 59—2011《安全检查评分标准》和各项安全生产法律、法规，狠抓安全生产管理。

图30-15　地下车库通风管道安装及地面装饰照片

图30-16　嘉源大厦主体施工安全防护搭设照片

加大施工现场的安全投入,是实现安全生产,防止和减少事故发生的基本条件。为使现场的各项防护达到住建部发布的工程建设强制性标准安全要求,工地现场临时施工用电都采用了 NT-S 系统,使用了五芯电缆,配电系统采用三级配电两级保护。改变了施工用电混乱、电线乱拉乱搭、漏电保护缺乏、配电箱简陋的现象;脚手架全部采用定型钢管搭设。电梯洞口安全防护门,全部做到定型钢化。上料口防护棚、机械操作棚均采用两层搭设防护,由于加大现场防护整改投入,增加了安全生产保护系数,改善了施工现场面貌,奠定了良好的安全基础,确保安全生产的正常运行。

安全文明施工是反映项目管理水平的尺度,工程管理的进步与不足均能在文明施工中得到体现。我公司在工程开工时就把创建省级、市级"安全文明标准化工地"定为安全生产工作目标,确保施工中重大安全事故为零。为了实现这一安全目标,公司安全部和项目部自上而下建立了一个以项目经理为第一责任人的安全、文明施工管理网络,制定各项安全生产管理制度,做到职责明确,责任到人,奖惩分明。要求各个参建班组班前有交底,班后勤检查,加强预控,将事故隐患消灭在萌芽之中。施工现场各种警示牌齐全,安全网张挂标准,脚手架搭设规范,施工场地工完料清。职工宿舍及食堂由专人管理,并建立相应的卫生管理制度。该工程在主体施工期间被评为"江苏省建筑施工标准化文明工地"称号。

12. 技术创新,精细操作

为了确保"精品工程"这一质量目标的实现,本工程在施工中大胆创新,努力提高工艺质量,特别在新工艺、新技术上下足功夫,不仅使传统工艺上有了创新,还在传统的观念上有所突破。

图30-17　嘉源大厦获得省级标准化文明工地

图30-18　嘉源大厦获得市级标准化文明工地

图30-19　主体框架柱模板支设加固及柱与外墙施工照片

特别是门厅钢筋混凝土框架柱梁现浇施工,配以异形模,特殊的夹具、对拉螺栓和其他组件连接,组成快速拆模体系,加快了模板周转时间,模板支设水平达到了清水混凝土要求,为后续装饰装修创造了良好的条件。对于框架结构主体施工,项目部配有专业技术人员进行模板设计、论证,使框架混凝土成型无蜂窝、麻面,表面光滑平顺,观感极佳。

墙体砌筑应用加气混凝土砌块填充墙

新技术，其主要作用为节约能源，减轻建筑物自重，符合国家墙改要求。外墙面应用干挂花岗岩施工技术，屋面保温应用挤塑聚苯乙烯保温隔热板新技术。门窗应用钢塑保温窗新技术。

这些新材料、新工艺的运用提高了施工技术含量，节约了资源，提高了工程的整体建设水平。

三、科技手段，稳步实施

在工程管理中，我公司通过运用EXP软件，加强网络进度管理，根据网络进度的要求进行人力资源和施工机械的配置及材料设备的供应，并根据材料设备和图纸供应情况的变化及时修正更新网络计划，从而使工程的施工进度有了更为科学的管理方法和手段。

在本工程施工中运用微机制作的装饰效果以及科学的管理方法；使用电脑对地面、墙面装饰花岗岩、陶瓷锦砖施工进行了模板排版；应用计算机智能化技术编制预（决）算，进行成本分析；应用微机，编制了严谨的工程资料，使资料档案的管理在电子化、信息化程度上又上了一个新台阶。

江苏集慧建设集团有限公司围绕"确保'扬子杯'、争创'国优奖'"、创出"精品工程"的目标，积极和建设方加强沟通，全面履行施工合同。经我公司自评优良率96%。工

图30-20　嘉源大厦外立面效果图

程资料全数合格，混凝土、砂浆试块试压合格率100%，工程保证资料齐全，技术资料完善，自评为优良工程。竣工后，被徐州市建设局和徐州市建筑行业协会评为徐州市"古彭杯"优质工程金奖，被江苏省住房和城乡建设厅评为江苏省"扬子杯"优质工程奖。江苏集慧建设集团有限公司用自己辛勤的汗水，不断地完善、探索、学习、进步，取得了工程文明施工与工程质量的双丰收。

江苏集慧建设集团有限公司嘉源大厦项目部的建设者们并不满足于这些已经获得的成果，而是将眼光瞄向更高、更远的地方。在今后的建设中，我们将针对建设中出现的技术难题有组织、有计划地预先研究、组织攻关，努力通过科研成果转化、施工方案优化、技术创新的深化推进工程建设。

我们不仅要一如既往地打造"精品工程"，而且应更加完善管理体系，坚持严格要求、严格制度、严格管理、严格责任，不断地提升施工质量水平，在科技创新中寻求发展，努力获取更好的社会信誉。

（李广彬　马礼玉　冯复强）

31 徐州茶庵220 kV变电站工程
——徐州送变电有限公司

一、工程简介

1. 工程建设意义

江苏电网是华东电网的重要组成部分，而徐州地区作为淮海经济区中心城市每年的用电负荷都在逐步增长。为满足徐州地区供电需求，提高电网供电可靠性，220 kV茶庵输变电工程应运而生。该工程的顺利投运，有效地缓解了新城区供电压力，解决了新城区用电负荷开放掣肘的问题，也为徐州供电公司综合能源服务在新城区的拓展提供了坚实的基础。工程整体建成投运后，进一步优化经济开发区和新城区电网结构，为轨道交通2号线工程、金融集聚区一期核心区、潘塘综合物流园、协信国际汽博城、奥林花园、中维地产等一批重点工程和项目提供更加充足的电力保障。

2. 工程建设规模

徐州茶庵220 kV变电站位于徐州市新城区东南部，地属云龙区茶庵村，位于徐州市区东南方向14 km处。站址东侧约460 m为连徐高速，站址南侧的潇湘路为茶庵社区安置房小区。

本工程为220 kV新建变电站，220 kV设备采用户内GIS设备，本期为双母线接线，远景不变；110 kV设备采用户内GIS设备，本期采用双母线接线，远景接线形式不变；10 kV设备采用户内移开式开关柜，本期单母线分段接线，远景单母线六分段环形接线；主变压器180 MVA，采用三相自耦有载调压电力变压器，无功补偿装置采用全户内电容器装置。

全站总建筑面积6 546 m²，本工程抗震设防烈度为7度，地震动峰值加速度为0.10g，本生产综合楼采用钢筋砼框架结构，钢筋砼平屋面，蒸压灰砂砖填充墙，基础采用预制钢筋砼方桩整板基础，抗震等级为二级，地基基础设计等级均为丙级。

二、精品工程的创建措施

1. 项目精品管理措施

茶庵220 kV变电站是徐州新城区首座220 kV全户内智能变电站，由徐州送变电公司负责电气安装部分的施工。为把徐州茶庵220 kV变电站工程建成一流的精品工程，我公司从工程一开始就设定了完善的质量目标，并把获得江苏省"扬子杯"优质工程作为重要的质量目标。建立健全项目管理的各级质量责任制，完善各种质量管理制度，并选派经验丰富的工程技术人员组成项目管理团队，从施工人员的素质上把好关口，加强技术技能培训，使安装作业人员技能符合设备安装要求，加强安装环境管控，逐步推行工厂化安装、无尘化作业。公司坚持把创精品工程的意识贯穿于整个工程建设中，始终按照公司质量手册的要求，贯彻"单位工程一次验收合格率100%，用户满意率100%"的质量方针，确保工程创优，实现用户满意。

在施工过程中编制创优实施细则，建立健全开工手续、消防、节能、环保审批手续等，积极开展各项工程创优策划、推进会议，积极组织开展各项工程安全、技术学习，推进施工优质化进程，规范施工过程，严格执行标准工艺及强制性条文等规范要求，严格把控各施工环节，定期进行质量、安全监察。

2. 实施过程控制

坚持一切施工项目都有作业指导书、都有标准工艺要求的原则；并在施工前进行技术交底，确保贯彻执行；对关键工序、质量薄弱环节强化质量管理和控制。

按照法律法规和其他要求建立项目部质量管理体系文件，根据工程要求配备所需的技术文件，确保所有与质量有关的文件和资料都能得到有效的控制，并确保有关场所和人员都能及时使用适用的有效文件。

对与质量活动有关的所有记录均书写工整，签字齐全，数据准确，真实地反映施工质量情况。工程竣工资料的整理、装订、移交严格按国家档案要求进行管理，确保移交的各种文件资料、质量记录等符合合同要求和国家规范要求。

3. 工程特点及难点

（1）工程特点

该工程位于徐州市新城区，地质地貌较好，交通状况良好，便于设备运输。

该变电站为全户内220 kV变电站，占地面积小，节约成本。

主变压器采用三相自耦有载变压器，220 kV、110 kV区域全部采用户内GIS组合电器，10 kV区域采用金属铠装移动式开关柜，方便检修。

电缆支架端部安装热缩套，有效增加电缆与支架间的摩擦力，防止电缆侧向滑落，同时减少电缆敷设过程中对电缆的刮碰。

二次系统均采用国内最先进的智能设备，保护动作更可靠；中间信号传输用光缆代替了电缆，传输效率更高，建设成本大大降低。

（2）工程难点及应对措施

本工程为全户内GIS站，大型吊装设备无法进入，安装时难度较高；且工期较紧，与土建存在大量的交叉作业，给设备安装带来很大的困难。

在施工中，生产部门依照省网公司最新文件标准，要求220 kV、110 kV气室纯度达到99.99%，加大了安装难度和精度要求。

针对工程难度及复杂情况，我公司在工程开工前组织人员了解施工进展情况，编制施工进度计划，找出本电气安装工程的关键路径，对关键路径上的工序进行事前控制，合理安排工期，加大人员、机具等投入，以确保关键工序的顺利进行。对工程进度进行预控及动态管理，并根据现场实际情况，定期滚动调整进度计划。制定工程进度协调制度，明确协调会举行的时间、参加的人员、解决问题的办法等，以确保工程顺利进行。针对工程难点，我们成立了QC小组，积极探索新技术，有效地保证了工程的质量始终在控、可控。

4. 工程采用的新技术、节能推广项及建筑业10项新技术

本工程采用国家重点节能低碳热转印标识打印技术。

采用建筑业10项新技术中施工现场远程监控管理及工程远程验收技术。

采用电力建设"五新"技术九项：电能质量检测与控制技术；用电信息采集系统技术；电力光纤数字通信传输技术；全密封绝缘油处理系统；智能GIS应用技术；静止无功补偿；雷电检测分析系统；变电站综合自动化系统；变电站光缆接续端子箱。

5. 管理创新

（1）分包人员采用二维码进行统一管理，全面全方位对分包人员进行动态过程管控。施工现场分包人员经审查合格后，在系统里自动生成带有本人单位、姓名、工种、照片等相关信息的"二维码"，打印后粘贴于安全帽侧面，用手机扫描即可显示，便于施工项目部掌握施工现场分包人员基本情况、出勤、进出现场时间。

（2）采用计算机后台监控系统控制使施工始终处于可控在控状态。监控系统装置分布在现场的220 kV、110 kV主变等区域，24 h监控施工现场工程进度，杜绝违章操作等。

6. 工法、工艺创新

本工程在施工工法及工艺上进行了创新，获得良好效果：

（1）采用新型施工工器具：GIS设备倒运使用了地坦克，解决了户内GIS设备安装无法使用大型吊车的烦恼。GIS安装时采用风淋机对设备安装人员进行除尘、除湿，确保安装环境符合要求。另外尘埃粒子检测仪、电动往复锯等一系列新型的工器具使用也为工程质量争先创优提供可靠的保障。

（2）光缆头制作工艺的改进：传统的制作方法是将光缆开剥后用胶带或自粘带缠裹。改进方法是光缆开剥后先用绝缘胶带缠绕牢固后用热收缩套在光缆头上，用热吹风收牢靠。改进后的光缆头加热收缩，用热吹风收固牢靠，避免出现开裂现象，且安全美观，经久耐用。

（3）盘纤工艺的改进：传统的盘纤方法是光缆熔接完毕后将光缆、尾纤混淆在一起盘在光配盒内。改进方法是光缆熔接完毕后将接续管排列整齐，用胶布包裹平整固定在光配盒内。改进后的盘纤方式实现了将尾纤与光纤分开的功能，光纤布局合理，附加损耗小，避免出现因挤压造成的断纤现象，便于日后维护。

（4）光缆排列工艺的改进：传统的排列方法中的光纤护管长度一样，改进方法是灵活改动光纤护管的长度，最短护管固定长度为50 cm。灵活调整光纤护管的长度，确保整个光缆头一致，排列整齐。

三、获得荣誉

"提高送变电站调试效率和手机应用软件研制"QC小组活动分别获江苏省建筑行业协会优秀QC小组成果三等将和徐州市建筑行业协会QC小组活动成果优秀奖。

图31-1 通过自主研发，创新出高效准确测控技术方式

四、经验总结

1. 项目管理总结

我公司承建的徐州茶庵220 kV变电站工程，由于诸多原因，工程时间紧、任务重、要求高，通过多年来对变电工程施工经验的总结，我们从开始就对该工程的创优工作进行了仔细的策划，并对工程的施工特点进行了充分的认识，认为抓好施工策划是保证工程安全优质、确保工期、提高效益的重要环节和手段，把实施施工策划工作作为头等大事来抓。

（1）明确了工程施工的总体目标、质量目标、安全及环境目标。确保工程建设中文明施工，落实环保方案，并采取积极的安全措施，杜绝人身伤亡事故、火灾事故，杜绝交通事故、环境污染事故。

（2）成立了工程管理组织机构。明确各岗位人员的工作职责，并把技术、安全、质量等方面的制度措施细化到岗、落实到人，使各部门、施工队人员目标明确、职责分明，有条不紊地进行各项工作。

（3）做好了施工准备工作。对工程开工及转序施工的准备都进行了精心策划，对人、财、物各种资源进行合理的配置，对满足现场施工的工器具、材料、大型机械等，进行合理的调配供应，确保工程施工的正常进行。

2. 安全管理总结

（1）组建规范高效的安全管理体系

为确保工程的顺利开展及各项目标的实现，集我公司优质资源，建立健全项目部安全管理组织机构；做到人员到位、责任到位、持证上岗；配备必要的设施、装备。项目部建立健全各级安全责任制，实施"全面、全员、全过程、全方位"的安全管理。

（2）强化安全管理，超前策划，确保工程安全目标实现

坚持"安全第一、预防为主、综合治理"的管理方针，按照事前策划，事中控制、检查，事后总结，不断提高管理思路。

（3）狠抓安全目标责任管理，全面落实安全生产责任制

制定工程安全施工责任目标，将安全责任目标层层分解，按层次逐级进行目标的分解落实，在明确项目经理是工程项目安全文明施工的第一责任人的同时，将安全目标责任落实到每一个部门、每一个岗位、每一个职工，形成一级抓一级、一级对一级负责的目标责任管理体系，并同经济效益挂钩，确保将安全文明施工目标的实施落到实处，形成自下而上层层保证的目标体系。

（4）坚持以现场管理为重点，强化安全过程控制

项目部在开工之前，根据工程施工特点有针对性地做好进场职工的安全教育，组织职工学习各项安全规程及文明施工规定，熟悉本工种安全操作规程，并进行安全教育培训考试，合格后方能上岗工作。

项目部坚持每月一次的专项安全检查，对施工现场的作业性违章、指挥性违章、装置性违章、二次污染违章、文明施工违章进行严查，并根据奖惩制度对责任单位和人进行"查""罚""育""奖"的四重管理，消除隐患，做到防患于未然。

3. 质量管理总结

工程施工质量始终处于受控状态，质量管理工作的主要做法和特点可归纳为如下三点：

（1）完善措施制度，加强检查力度

工程建设伊始，项目部就编制了《质量通病防治措施》《标准工艺实施策划》，

施工过程中,项目部根据现场实际情况,按月对措施进行细化,编制月度进度计划。

除公司每月质量例行检查、项目部质量例行检查外,项目部专职质量员采取不定时巡查方式,对施工现场的质量保证措施执行情况进行详细的检查,对于不符合要求的给予整改处理,确保施工质量。

(2)把好源头质量,严把质量第一关

针对本工程材料品种多、批量大,项目部加强材料全数入场检验,入库材料摆放"定置化",材料房内和材料堆场上的材料堆放按型号、规格分区堆放,并设置材料标识牌,标明名称、规格、产地、数量、检验状态等。要求送达现场的工程材料检验报告齐全并符合国家标准及设计技术要求。

(3)细化过程控制,确保施工质量

在作业指导书中,细化施工质量控制措施,并在技术交底时仔细说明。按规定的程序进行巡视检查,及时处理施工中的有关问题,在现场检查中,重点检查施工人员是否按规程、规范、图纸、工艺进行施工。

4. 工程质量亮点

(1)变电站整体布局

变电站整体布局简洁美观、功能区域划分合理、用地节约。

图 31-2 茶庵 220 kV 变电站 3D 鸟瞰图

(2)主变压器安装

主变本体牢固稳定,附件安装齐全正确、平面光滑、无锈、无渗漏油现象,外壳、机构箱及本体的接地牢固,导通良好。各法兰接头、连接管无锈迹,保证干燥、干净。接地扁铁与主变采用螺栓搭接,搭接面紧密,无缝隙,接地扁铁横平竖直、工艺美观。

图 31-3 主变压器接地准确标识美观　　图 31-4 主变压器散热器安装　　图 31-5 主变压器散热器设置鲜明辨识序标

(3)GIS 安装

对 GIS 组合电器温度、湿度、洁净度进行实时监测,部件装配严格采取防尘、防潮措施。设备安装牢固可靠、定位准确,相间距离误差符合设计要求,色相标识正确。

(4)无功补偿装置安装

各无功补偿装置铭牌、编号、顺序符合设计,相色完整。无功补偿装置外壳与固

图 31-6 GIS 安装及标准工艺记录注解牌

定电位连接牢固可靠,工艺美观。

图31-7　无功补偿装置安装

（5）高压开关柜安装

屏柜设备及附件型号规格正确,符合设计要求并校验合格。仪表、继电器安装准确、牢固、美观。盘面平整齐全,盘上标识正确齐全、清晰、不脱色。

图31-8　10 kV移开式高压开关柜

（6）屏柜安装

屏柜外观无破损,内部附件无位移和损伤。屏柜型钢底座与接地引线连接牢靠。导线与电气元件间连接牢固可靠,屏面排列整齐、色泽一致。

（7）二次电缆接线

电缆牌采用专用的打印机进行打印,电缆牌打印排版合理,标识齐全、打印清晰。电缆线束经绑扎后横平竖直,走向合理,整齐美观。

图31-9　主控制室屏柜安装

图31-10　二次电缆接线工艺展示

（8）电缆敷设

电缆沟转弯、电缆层井口处的电缆弯曲弧度一致、过渡自然,转角处增加绑扎点,确保电缆平顺一致、美观、无交叉。

图31-11　室内电缆沟电缆敷设　　图31-12　电缆层高压电缆敷设

（9）电缆支架

电缆支架固定平稳,确保电缆排列有安全间隔。

图31-13　支立型电缆支架安装　　图31-14　电缆支架安装

（10）接地装置制作

设备接地位置规范、统一，连接可靠，接地标识明显、准确，防腐漆涂刷符合规范要求。

图31-15　GIS组合电器接地装置　　图31-16　主变本体接地装置

（11）防火封堵

盘柜底部封堵厚度符合标准，隔板安装平整牢固、严实可靠、工艺美观。

图31-17　采用防火专用泥、板进行防火封堵　　图31-18　高密度防火涂料防火封堵

（12）蓄电池安装

蓄电池排列整齐，高低一致，放置平稳。

图31-19　蓄电池安装　　图31-20　蓄电池组安装

（13）新装备

新装备的使用有力地改善电气室环境质量。

图31-21　GIS组合器电气室除尘风淋机　　图31-22　尘埃粒子检测仪时刻监测安装环境

 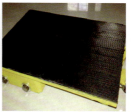

图31-23　地坦克1　　图31-24　地坦克2

（14）现场工器具管理

现场器具存放有序，摆放整齐。

图31-25　材料分类别管理　　图31-26　工器具统一管理

图31-27　安全工器具标准化管理

五、总结及提高

该工程在施工工艺、施工组织、质量水平、技术措施等方面都力求创新并取得了一定突破，工程建设水平达到了一定高度，获得了徐州市政府建筑主管部门和建设管理单位的一致好评。创建精品工程，工程策划、构思是先导，过程控制是基础，严格规范验收是保障，科技创新是支撑，综合协调管理是关键。我公司以这次茶庵220 kV变电站工程获得"扬子杯"优质工程为引导，力争在今后的电力建设中创造出更多的精品工程，给顾客、用户创造一个健康、安全、舒适和环保的高品质使用环境。

（朱元周　黄善先　刘子洲）

32　常州西太湖 220 kV 变电站工程
——常州润源电力建设有限公司

一、工程简介

近年来常州西南部地区的开发蓬勃发展，西太湖科技产业园与西太湖电子产业园遥相呼应，揽月湾边商务旅游配套如雨后春笋般冒出，城市建设在取得巨大成就的同时也暴露出电力建设的滞后。为了缓解城市发展过快与电网滞后这一矛盾问题，常州供电公司经调研后在常州西太湖增设以西太湖（湖滨）220 kV 变电站为主，漕鬲 110 kV 变电站为辅的输电网络，弥补了常州西南部地区供电不足的现状。

西太湖（湖滨）220 kV 变电站新建工程按最终规模一次征地，站址总征地面积 18.75 亩，总建筑面积 1 780 m²。其中 110 kV GIS 综合楼采用钢筋混凝土框架结构。220 kV 构架、主变构架、220 kV GIS 基础按终期规模建设，主变基础、设备支架按本期规模建设。构支架基础均采用现浇混凝土基础，主变基础采用钢筋混凝土大块式基础。

西太湖（湖滨）220 kV 变电站采用智能化变电站标准。远景规模为 3 台 240 MVA 的主变压器，220 kV 出线 8 回，110 kV 出线 14 回，35 kV 出线 12 回。本期建设规模为 1 台 180 MVA 主变压器，电压等级为 220 kV/110 kV/35 kV。220 kV 出线本期 2 回，选用户外 GIS 组合电器，双母线接线形式；110 kV 出线本期 8 回，选用户内 GIS 组合电器，双母线接线形式；35 kV 出线本期 3 回，选用户内金属封闭手车式开关柜，单母线分段接线；安装 3 组 10 Mvar 低压并联电容器。配备相应的继电保护、监控、通信、无功补偿装置。

高新—湖滨 220 kV 线路工程，新建线路自高新变西侧 220 kV 出线构架，至西太湖（湖滨）变东侧 220 kV 构架。新建及改造线路总长度 6.055 km，其中新建线路 5.676 km，包括 220 kV/110 kV 混压四回路钢管杆 1.836 km、220 kV 双回路钢管杆 3.379 km、220 kV 双回路角钢塔 0.461 km；220 kV 高新—武南/运村双回钢管杆线路改造 0.379 km。

整个工程静态投资 12 841 万元；工程动态投资 13 113 万元。

二、创精品工程

工程建设伊始就确定了工程质量目标为优良并"零缺陷"投运，分项工程合格率 100%，单位工程优良率 100%，达到市级及以上优质工程标准，争创江苏省优质工程"扬子杯"与"江苏省电力公司输变电工程项目管理流动红旗"。

为顺利完成目标，我公司组建了项目部，并明确了创优组织架构。整项工程创优工作由公司分管领导亲自主持，并抽调了一批具有丰富经验的安全、技术、质量管理人员和施工骨干充实到施工项目部各管理及专业班组长岗位，从而建立和完善了

32 常州西太湖 220 kV 变电站工程

创优组织体系，使得各项创优工作的策划、部署、实施、监督、考核的各个环节均有专人负责，有效推进。

工程开工前，依据国家电网公司有关规定的工程创优要求，结合润源公司前期工程创优经验，组织项目部人员围绕创优目标，编制了《西太湖（湖滨）220 kV 输变电工程—示范工程创建策划》，明确了现场临建布置、安全文明施工措施布置、现场施工管理标准、标准工艺应用方案等涉及创优的各项工作要求。以"规划"为引领，指导各项创优工作的开展。

项目实施过程中，项目部将施工周例会与施工关键管控环节相结合，不定期召开工程创优会议，及时总结分析前阶段创优工作开展情况，逐项分析创优规划的落地情况，分析创优工作当前存在的问题并提出整改解决方案，落实责任人及时整改，确保工程创优工作平稳有序开展，整项工程质量可控、在控。

加强创优宣传，让施工人员充分了解工程质量目标的要求，树立牢固的精品意识。编制本项工程的标准工艺应用方案，加强对各级施工人员的标准工艺应用培训，进一步明确各个分部分项工程的质量要求。严格执行创优工程首件样板制度，各分部工程首件样板制作完毕后，项目部及时组织验收，确认工艺质量符合要求，再进行后续施工，确保各项标准工艺的有效落地。

图 32-3　首件样板

严格落实施工班组自检、施工项目部检查、公司抽检三级质量控制制度。对于发现的问题实现零容忍，全部落实整改。每项整改工作落实责任人，落实整改期限，并且做到举一反三，实现工程全覆盖。建

图 32-1　项目部创优例会

图 32-2　施工班组创优例会

图 32-4　质检不定期突击检查

立质量奖惩制度,加强考核激励,加强员工质量管控的责任心,调动员工质量管控的积极性。

加强资料管理的力度,安排参与过多次达标投产、优质工程等活动的资料专职人员负责档案工作,为制作齐全规范、组卷合理的精品资料打下了基础。建立健全管理体系和档案管理制度,对施工人员进行现场档案资料综合知识培训,施工过程中加强监督指导和组织协调,以"严"为前提,以"细"为中心,以"实"为目的,做到档案管理"三同步",即文件材料形成与工程进度同步,相应阶段文件材料形成与工程阶段性验收同步,竣工档案资料验收与工程总体验收同步,保证了施工过程的档案资料管理质量。

图 32-5　创优档案管理

三、安全文明亮点展示

1. 临设标准化设置

根据常州地区《临建设施设计手册》,落实临时设施标准化设置。

图 32-6　临时办公区的标准化搭建图

2. 门禁系统

实行门禁系统,加强现场施工人员管理,防止外来人员误入施工区域。

图 32-7　刷卡门禁系统

3. 临时电源箱

三相五线制接线,均采用熔断器加漏电保护器配置,四周用硬质遮拦搭设,与其他设备保持一定距离,保证安全。

图 32-8　标准化临时二级电源箱

4. 电缆沟安全文明施工

在电缆沟内使用踏脚阶梯,跨越处使用跨桥,保证工作时通行安全。

图 32-9　跨越与进入电缆沟的安全通道

5. 标准工艺牌展示

在施工部位设立标准工艺及施工要求指示牌,时刻督促与提醒施工人的质量意识和创优目标。

图32-10　标准工艺展示牌与危险点警示牌

6. 成品保护

输电工程成品保护,为防止发生碰撞与污染成品构架,在构架底部做上成品保护,美观醒目。

图32-11　标准化成品保护

7. 预留孔洞

预留间隔孔洞防护,整体协调,安全可靠。

8. 附件堆放

设置设备附件堆放区域,美观整齐。

图32-12　附件堆放区及预留孔防护措施

9. 材料临时堆放区

机具、材料摆放整齐、有序,标识美观规范。

图32-13　临时堆放区管理

10. 工器具管理台账

现场电气设施使用前的安全检查和日常维护保养工作,建立管理台账,确保其安全可靠的使用状态。

图32-14　二级电源箱内管理台账齐全

四、安装工艺亮点展示

1. 35 kV柜安装亮点

为防止柜体快口损伤母线绝缘套,在快口处设置保护套。

使用红外线经纬仪定位,使柜体精准就位,误差小于规范要求。

35 kV开关柜紧急分闸按钮没有防误操作措施,自行加装防护罩以减少发生误操作的可能。

35 kV进线电缆沟设置透明观察盖板,美观实用。

图 32-15　施工防护小亮点

2. 220 kV 主变安装亮点

铁心与线圈接地上部刷黑色漆，底部刷黄绿漆，接地两端使用伸缩节连接，防止绝缘子因母排伸缩而损坏。

母排制作安装避免直角弯，采用2个45°折弯。尽量减少母线立弯，采用平弯的施工工艺。

土电交接阶段严格把关，使用红外线经纬仪测量基础，整体基础误差≤1 mm，整站未使用调整垫片或调整螺栓。

图 32-19　严控基础误差

图 32-16　母线排成品展示

主变重瓦斯跳闸线，线帽采用红色保护帽，同时加装绝缘保护罩，避免人员误碰时，瓦斯误动作。

220 kV室外GIS设备采用移动式防尘装置，满足GIS无尘化安装要求，美观轻巧，便于安装。

110 kV室内GIS设备安装采用GIS室全封闭模式，GIS室入口处设置风淋室，作业人员使用专用除尘通道，穿防尘服和防尘鞋，地面铺设防尘地毯。

图 32-17　瓦斯保护的小创新

图 32-20　室内、外GIS的防尘施工

3. GIS 安装亮点

GIS接地制作美观，长度超过2 m加装支柱绝缘子，防止接地排的变形。

4. 设备接地安装亮点

采用防松垫片，螺栓出丝满足要求。

图 32-18　接地排施工工艺展示

图 32-21　全所使用防松垫片

GIS设备接地引上采用垫块加压块的制作方式,全程无焊接,工艺美观,搭接面满足要求;设备接地铜排弯制弧度一致,黄绿标识间隔宽度、顺序一致。

图32-22 可拆式接地

主变隐蔽接地,使用90°平弯过渡,美观牢固。焊接面使用环氧富锌漆做防腐防锈处理。

图32-23 隐蔽工程的防腐处理

爬梯严格按照规定制作硬接地,防止人员攀爬时发生感应电触电事故。

图32-24 爬梯的接地施工

5. 蓄电池安装亮点

蓄电池裸露部位加装防护罩,防止发生人身触电事故。

图32-25 蓄电池的保护措施

6. 控制电缆敷设亮点

电缆应排列整齐,走向合理,不宜交叉,无下垂现象,并保证弯曲半径。

户外电容器端子箱进线采用槽盒,美观大方、防水防腐。

图32-26 电缆层施工工艺展示

7. 二次接线安装亮点

保证了每芯电缆的S弯一致、整齐、美观。其中,保护跳闸回路线芯采用红色线帽,合闸回路线芯采用黄色线帽,清晰醒目。

图32-27 控制屏二次接线展示

二次电缆、光缆号牌悬挂整齐,且光缆、控缆、动力电缆号牌底色区分。

二次接线备用线头使用线冒封头,美观安全。

屏柜内二次接地分别设置接地母线及等电位屏蔽母线,每个螺栓不超过两个接

图32-28 挂牌及备用线展示

线桩头,排列整齐,制作美观。

在光纤标牌上注明用途、对应设备、对应端口、起点和终点,方便有疑问时快速准确地查找。

电抗器接地禁止形成环网,保证安全运行,美观大方。

图32-29 光纤跟踪标签

8. 保护管套接亮点

穿缆钢管对接时采用保护管套接,管口使用护套,弯曲部分刷涂环氧富锌漆防腐防锈。

户外二次穿管,改用定制金属封头,避免使用封堵泥封堵后因日晒雨淋而导致封堵老化,美观耐用。

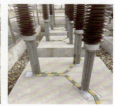

图32-31 室外施工工艺展示

图32-30 二次保护管施工展示

9. 封堵施工亮点

在封堵电缆孔洞时,封堵严实可靠平整,无明显的裂缝和可见的孔隙。

电缆沟内的防火墙,造型美观,质量优良。

10. 户外电容器组施工亮点

母线排制作美观,避免90°立弯。

所有接头加装保护罩,防雨防腐。

11. 充分应用公司QC成果

采用变压器轻瓦斯保护校验辅助装置、电流互感器辅助校验仪,提高效率。

图32-32 现场的QC成果展示

输电工程站外杆基防护,使用公司的发明专利技术,美观醒目、环保安全。

图32-33　室外钢构架基础成品保护

五、工程获得荣誉

在业主单位的领导下,经过各参建单位的努力,西太湖(湖滨)220kV新建输变电工程获得以下荣誉:

2017年7月由国网江苏省电力有限公司直接授予"流动红旗"称号(苏电建〔2017〕666号);

2018年8月获国网江苏省电力有限公司"达标投产输变电工程"命名(苏电建〔2018〕712号);

2018年8月获2017年度常州市优质工程奖"金龙杯"。

六、总结及提高

通过开展创建"扬子杯"优质工程活动,经过精心策划、科学组织和精细施工,我公司全体项目管理人员及施工人员的质量安全意识得到进一步提升,科学安全管理综合水平上了新的台阶,也基本达到了创建优质工程的要求。但对照上级领导提出的目标与要求,我们还存在许多有待改进的方面,在今后的施工过程中,我公司将进一步牢牢树立"抓、控、防"意识,发扬优点,克服不足之处,确保工程管理目标顺利实现!

(薛　刚　裴菊兰　吕静娴)